DIE MANNICH-REAKTION

VON

BENNO REICHERT

DR. PHIL.

APL. PROFESSOR AN DER UNIVERSITÄT MÜNCHEN

SPRINGER-VERLAG

BERLIN · GÖTTINGEN · HEIDELBERG

1959

ISBN-13: 978-3-642-86314-1   e-ISBN-13: 978-3-642-86313-4
DOI: 10. 1007/978-3-642-86313-4

MEINEM HOCHVEREHRTEN LEHRER

C. MANNICH

ZUM GEDENKEN

Vorwort

Eine die gegenwärtige Literatur umfassende Übersicht über die Bedeutung der Mannich-Reaktion und ihre vielseitige Anwendung fehlt — wenn man von dem durch R. SCHRÖTER bearbeiteten Abschnitt im HOUBEN-WEYL (Bd. 11/1) absieht — bisher.

Die von BÖHME in den Chemischen Berichten [**88**, I (1955)] verfaßte Zusammenstellung behandelt lediglich die Arbeiten C. MANNICHS; die Übersicht von BLICKE (Org. Reactions Bd. I, S. 303ff.) verwertet die bis zum Jahre 1942 bekannt gewordenen Mannich-Basen.

Bei der Bedeutung, die Mannich-Reaktionen für die Arzneimittelsynthese, für technische Zwecke und für Fragen der theoretisch organischen Chemie besitzen, erschien es angezeigt, in zusammenfassender Darstellung einen Überblick über die auf diesem Gebiete bis zum Jahre 1958 erschienenen Arbeiten zu geben.

Die vorliegende Monographie verfolgt in erster Linie den Zweck, die Vielgestaltigkeit der Reaktion, ihren breiten Anwendungsbereich, insbesondere ihre Bedeutung für die Arzneimittelsynthese und der unter ihrem Einfluß möglichen Alkaloidbiogenese kurz darzustellen.

In der Zusammenstellung stehen praktische Ergebnisse im Vordergrund. Das Buch wendet sich daher in erster Linie an den synthetisch arbeitenden Organiker.

Das Gesamttatsachenmaterial ist in vier Hauptabschnitte aufgeteilt. Im ersten Teil werden die C-Mannich-Basen nach dem chemischen Charakter ihrer CH-aciden Komponente behandelt. Das zweite Hauptkapitel umfaßt die N-Mannich-Basen, während im dritten Teil die wichtigsten Umsetzungen mit Mannich-Basen beschrieben werden. Im vierten Abschnitt findet sich eine Zusammenstellung der bekanntesten Mannich-Basen. Ihre Anordnung ist so gewählt worden, daß die CH- (bzw. NH-) acide Komponente in den Vordergrund tritt. Mit Hilfe der Zusammenstellung ist es möglich abzulesen, welche Amin- bzw. Aldehydkomponenten in der Reaktion verwendet worden sind.

Bei der Durchsicht der Literatur und den Korrekturen bin ich von meiner Frau bestens unterstützt worden. Ihr sei auch an dieser Stelle herzlich gedankt für ihre stete Hilfeleistung.

Dem Springer-Verlag bin ich für sein Entgegenkommen zu großem Dank verpflichtet.

München, August 1959

B. REICHERT

Inhaltsverzeichnis

A. Geschichtliche Entwicklung der Mannich-Reaktion

Im Jahre 1903 haben VAN MARLE und B. TOLLENS[1] festgestellt, daß Acetophenon, Formaldehyd und Ammoniumchlorid unter Bildung eines Kondensationsproduktes reagieren. Die endgültige Konstitution dieses Umsetzungsproduktes klärten SCHÄFER und TOLLENS[2] auf, die der Verbindung die Formel I zuerteilten (s. S. 28):

$$\begin{matrix} C_6H_5-CO-CH_2-CH_2 \\ C_6H_5-CO-CH_2-CH_2 \\ C_6H_5-CO-CH_2-CH_2 \end{matrix} \Big\rangle N \cdot HCl \qquad\qquad I.$$

Etwa zur gleichen Zeit wurden von PETRENKO-KRITSCHENKO und seinen Mitarbeitern[3] Arbeiten über die Synthese von Piperidonderivaten veröffentlicht, die unter Verwendung von primären Aminen (bzw. Ammoniumchlorid), Benzaldehyd und Acetondicarbonsäure als Reaktionspartner primär zu Verbindungen vom Typus der Mannich-Basen führten.

In weiteren Arbeiten haben PETRENKO-KRITSCHENKO und N. ZONEFF[4] feststellen können, daß bei der Kondensation von Acetondicarbonsäureestern mit Benzaldehyd in Gegenwart von Ammoniumchlorid γ-Piperidonderivate der allgemeinen Formel II entstehen:

$$\begin{array}{c} O \\ \| \\ C \\ \diagup \quad \diagdown \\ ROOC-HC \qquad CH-COOR \\ |\qquad\qquad | \\ H_5C_6-HC \qquad CH-C_6H_5 \\ \diagdown \quad \diagup \\ N \\ | \\ H \end{array} \qquad\qquad II.$$

Die vorstehend angeführten Veröffentlichungen, die den eigentlichen Arbeiten MANNICHS vorausgingen, hatten nicht nur die Umsetzung von Ketonen oder Ketodicarbonsäuren mit Aldehyden und Aminen zum

---

[1] VAN MARLE, C. M., u. B. TOLLENS: Ber. dtsch. chem. Ges. **36**, 1351 (1903).
[2] SCHÄFER, H., u. B. TOLLENS: Ber. dtsch. chem. Ges. **39**, 2181 (1906).
[3] PETRENKO-KRITSCHENKO, P., u. Mitarb.: Ber. dtsch. chem. Ges. **40**, 2882 (1907); ibid. **41**, 1629 (1908); ibid. **42**, 2020, 3683 (1909). — PETRENKO-KRITSCHENKO: Chem. Zbl. **1910**, I, 1725; **1916**, I, 1055.
[4] PETRENKO-KRITSCHENKO, u. N. ZONEFF: Ber. dtsch. chem. Ges. **39**, 1358 (1906).

Gegenstand. Auch CH-acide aliphatische Nitroverbindungen und NH-acide Substanzen waren seit langer Zeit bekannt[1-3].

Mannich-Basen mit *Phenolen* als acider sowie sekundären Aminen als Aminkomponente sind bereits 1895 patentrechtlich geschützt worden[4]. Die Konstitution der zuvor als Aminomethyläther der Phenole angesehenen Kondensationsprodukte wurde erst durch HILDEBRANDT[5] als die von o-Dialkyl-aminomethylphenolen richtig erkannt und später durch v. AUWERS[6] bewiesen.

Auch das von C. MANNICH vielfach bearbeitete *Dimethylaminobutanon* ist Gegenstand eines Patentes[7].

Keiner der Autoren hat die umfassende Bedeutung einer allgemeinen Gültigkeit der beobachteten Tatsache erkannt.

Den Anstoß, die Umsetzung zwischen CH-aciden Substanzen Formaldehyd und Aminen einer eingehenden Überprüfung zu unterziehen, ergab sich im Jahre 1912 aus dem Befund von C. MANNICH, daß Salipyrin (WZ) und Hexamethylentetramin in wäßriger Lösung unter Bildung eines in Wasser schwerlöslichen Niederschlages reagieren[8]. Die Konstitution der schwerlöslichen Verbindung konnte noch im gleichen Jahre aufgeklärt werden[9].

Der eigentliche Impuls, die Reaktion auf eine breite Basis zu stellen, ging jedoch auf die intuitive Erkenntnis von C. MANNICH zurück, als er 1917 vorausschauend erkannte, daß die Vereinigung von Aminsalzen, Formaldehyd und Verbindungen mit CH-acider Komponente — insbesondere von Ketonen — nicht nur zu Ketobasen führt, sondern daß bei geeigneter Wahl der Reaktionspartner Substanzen von alkaloidähnlichem Charakter entstehen können. C. MANNICH sah in der Umsetzung, die sich in vielen Fällen unter biologischen Bedingungen abspielt, den Weg vorgezeichnet, den die Natur beim Aufbau komplizierter N-haltiger Ringsysteme einschlagen dürfte. Den Beweis konnte er u. a. in der sich unter biologischen Bedingungen vollziehenden Synthese des Arecolin[10] liefern. C. SCHÖPF und Mitarbeiter[11] haben später in umfassenden Arbeiten die Vorstellungen MANNICHs bestätigen können. Die gleiche Auffassung der möglichen Alkaloidbiogenese wird auch von R. WOODWARD vertreten[12]. Auch in den Arbeiten von S. BUCK[13], von B. REICHERT und W. HOFFMANN[14] hat die Anschauung MANNICHs über die Biogenese

---

[1] HENRY, L.: Bull. Acad. roy. Belg. [3] **32**, 33 (1896); Ber. dtsch. chem. Ges. **38**, 2027 (1905).

[2] MOUSSEL, TH.: Bull. Acad. roy. Belg. [4] 622 (1901).

[3] DUDEN, P., K. BOCK u. H. J. REID: Ber. dtsch. chem. Ges. **38**, 2036 (1905).

[4] DRP 89979; 90907 (1895); 90908 (1896).

[5] Arch. Pharm. **44**, 278 (1900); Ber. dtsch. chem. Ges. **37**, 4456 (1904); Hoppe-Seiler's Z. physiol. Chem. **43**, 249 (1904).

[6] v. AUWERS, K., u. A. DOMBROWSKI: Liebigs Ann. Chem. **344**, 280 (1906).

[7] DRP 254714. — [8] Apotheker-Ztg. **27**, 535 (1912).

[9] MANNICH, C., u. W. KRÖSCHE: Arch. Pharmaz. Ber. dtsch. pharmaz. Ges. **250**, 647 (1912).

[10] Ber. dtsch. chem. Ges. **75**, 1480 (1942). — [11] Angew. Chem. **50**, 779, 797 (1937).

[12] Angew. Chem. **68**, 13 (1956).

[13] BUCK, S.: J. Amer. chem. Soc. **52**, 311 (1930).

[14] REICHERT, B., u. W. HOFFMANN: Arch. Pharmaz. Ber. dtsch. pharmaz. Ges. **274**, 217, 281 (1936).

von Alkaloiden experimentell ihre Bestätigung gefunden (innere Mannich-Kondensation).

Vom Jahre 1917 an beginnt eine große Reihe von Veröffentlichungen aus der Schule C. Mannichs[1], in denen besonders die Umsetzungen mit aliphatischen, fettaromatischen und alicyclischen Ketonen als acider Komponente eingehend erforscht wurden. Larocain (WZ), Syntropan (WZ) sind einige heute noch bekannte Arzneistoffe, die durch eine Mannich-Reaktion synthetisch zugänglich sind.

Der von Mannich[2] und Robinson[3] nahezu zur gleichen Zeit entdeckte Eliminierungs-Additions-Mechanismus[4] gab weiterhin Anlaß, die Mannich-Reaktion auf breiter Basis zu studieren. In Deutschland haben sich vornehmlich Butenandt, Hellmann und Thesing für die präparative Weiterentwicklung der Mannich-Reaktion verdient gemacht; in den USA sind zahlreiche Arbeiten über die Mannich-Reaktion von Brewster, Burckhalter, Eliel und Snyder erschienen.

B. Die Mannich-Reaktion und ihr Reaktionsmechanismus

In allgemeiner Formulierung versteht man unter der Mannich-Reaktion einen Kondensationsvorgang, an dem drei verschiedene Partner, nämlich eine CH- oder NH-acide Verbindung (= acide Komponente), Formaldehyd (gegebenenfalls auch andere Aldehyde) und eine basische Komponente — Ammoniak oder Amine (= Aminkomponente) — beteiligt sind.

So vereinigen sich *Aceton*, Formaldehyd und Dimethylaminhydrochlorid zum salzsauren Dimethylaminobutanon (C-Mannich-Base)[5]

$$CH_3-CO-CH_3 + CH_2O + HN{<}^{CH_3}_{CH_3} \cdot HCl \qquad CH_3-CO-CH_2-CH_2-N{<}^{CH_3}_{CH_3} \cdot HCl + H_2O$$

Phthalimid reagiert mit Formaldehyd und Dimethylamin unter Bildung von Dimethylaminomethylphthalimid (N-Mannich-Base)[6]

$$\text{Phthalimid} {>} NH + CH_2O + NH{<}^{CH_3}_{CH_3} \qquad \text{Phthalimid} \; N-CH_2-N{<}^{CH_3}_{CH_3}$$

Die Mannich-Reaktion ist eine unsymmetrische Kondensation. Ihr Gelingen ist nicht nur weitgehend von der Natur der eingesetzten aciden Komponente, sondern auch von den Reaktionsbedingungen, insbesondere von der Wasserstoffionenkonzentration abhängig. Das vielfach beobachtete Auftreten unerwünschter, durch Reaktion der aciden Komponente

---

[1] Eine Literaturzusammenstellung findet sich in der Veröffentlichung von H. Böhme: Chem. Ber. 88, A Nr. 5, I—XXVI (1955).
[2] Mannich, C.: Ber. dtsch. chem. Ges. 70, 355 (1937).
[3] Robinson, R.: J. chem. Soc. [London] 1937, 53. — [4] Siehe S. 116.
[5] Mannich, C.: Arch. Pharmaz. Ber. dtsch. pharmaz. Ges. 255, 266 (1917).
[6] Hellmann, H., u. I. Löschmann: Chem. Ber. 87, 1684 (1954).

mit dem Formaldehyd entstandener symmetrischer Reaktionsprodukte (Methylenbisverbindungen) kann in der Mehrzahl der Fälle durch Abänderung der Versuchsbedingungen vermieden oder zumindest zurückgedrängt werden.

Ursprünglich ist die Reaktion mit Ketonen als acider Komponente eingehend studiert worden. Ihr Anwendungsbereich erstreckt sich jedoch auf zahlreiche Körperklassen mit einem oder mehreren aciden Kohlenstoff- oder Stickstoffatomen im Molekül.

Als CH-acide Verbindungen sind hauptsächlich außer den schon erwähnten Ketonen in der Mannich-Reaktion verwendet worden:

Alkine, Aldehyde, Phenole, Chinone, Monocarbonsäuren, Di- und *Tricarbonsäuren* und ihre Ester, *Ketocarbonsäuren, Sulfinsäuren, Nitroverbindungen, Heterocyclen,* insbesondere *Indol, Pyrazolonabkömmlinge.*

Von *NH-aciden Komponenten* seien aufgeführt: *Benzamid, Benzhydroxamsäure, Phenylhydroxylamin, Benzsulfhydroxamsäure, Succinimid, Phthalimid, Isatin, Carbazol, Pyridazon, Maleinhydrazid, Phthalhydrazid, Benzoxazolon, Benzotriazol, Benzimidazol.*

Die Aminkomponente wird in der Mehrzahl der Fälle in Form der salzsauren Salze *sekundärer* Basen — gewöhnlich Dimethylamin, Diäthylamin, Piperidin, Morpholin — eingesetzt. Auch primäre Basen sind als Aminkomponente für die Mannich-Reaktion geeignet, sie gestalten aber den Reaktionsverlauf dadurch unübersichtlich, als die zunächst entstehende Mannich-Base (I) als sekundäres Amin abermals mit dem Formaldehyd und der aciden Komponente unter Bildung der tertiären Base (II) in Reaktion treten kann:

$$-\overset{|}{\underset{|}{C}}-H + CH_2 \quad \overset{H}{\underset{H}{\diagdown}}\hspace{-0.3em}\diagup N-R \xrightarrow{-H_2O} -\overset{|}{\underset{|}{C}}-CH_2-\underset{\underset{\text{I.}}{R}}{NH} \longrightarrow -\overset{|}{\underset{|}{C}}-CH_2-\underset{\underset{\text{II.}}{R}}{N}-CH_2-\overset{|}{\underset{|}{C}}-$$

Noch verwickelter liegen die Verhältnisse bei der Verwendung von Ammoniak. Hier können alle drei verfügbaren Wasserstoffatome nacheinander mit der aciden Komponente und dem Formaldehyd in Reaktion treten und zur Bildung schwer abtrennbarer Reaktionsprodukte führen. Anstelle der Amine sind neuerdings *Mercaptane* in der Mannich-Reaktion benutzt worden[1].

Der Mannich-Reaktion liegt ein komplizierter Reaktionsmechanismus zugrunde, der erst neuerdings durch die umfassenden Arbeiten von HELLMANN[2] weitgehend geklärt werden konnte (s. u.).

Erstmalig ist auf Anregung von MANNICH durch BODENDORF[3] und KORALEWSKI versucht worden, den Verlauf der Reaktion zu klären. Hierbei ist vorwiegend die Frage geprüft worden, ob bei der Reaktion zunächst der Fo maldehyd mit der CH-aciden Komponente unter Bildung einer Methylolverbindung reagiert oder ob der Formaldehyd mit dem

---

[1] POPPELSDORF, F., u. S. J. HOLT: J. chem. Soc. [London] **1954**, 1124; ibid. **1954**, 4094.

[2] Chem. Ber. **86**, 1346 (1953); Angew. Chem. **65**, 473 (1953); ibid. **68**, 265 (1956); daselbst weitere Lit.

[3] Arch. Pharmaz. Ber. dtsch. pharmaz. Ges. **271**, 101 (1933).

Amin eine N-Oxymethylverbindung eingeht, eine Annahme, die bereits von MANNICH auf Grund der Beobachtung, daß der p_H-Wert beim Zusammengeben der Reaktionspartner sinkt, ausgesprochen wurde. BODENDORF und KORALEWSKI kamen bei ihren experimentellen Studien zu dem Ergebnis, daß weder die Methylolverbindungen der Amine noch die Methylolverbindungen der Ketone die eigentlichen Zwischenprodukte der Mannich-Reaktion darstellen.

HELLMANN und OPITZ[1] konnten diese Befunde am Beispiel der Kondensation zwischen Antipyrin, salzsaurem Piperidin und Formaldehyd widerlegen und die Vermutung des Auftretens von N-Oxymethylpiperidin als Reaktionszwischenprodukt festigen. Auch BAILEY und Mitarbeiter[2] nehmen bei der Kondensation von 1,2-Dibenzoyläthan mit salzsaurem Morpholin und Formaldehyd N-Oxymethylmorpholin als primäres Reaktionsprodukt an. Diese Auffassung der Bildung eines N-Oxymethylamins als Zwischenprodukt wird ebenfalls von LIEBERMANN und WAGNER[3] und anderen[4] vertreten, die außer dem durch Vereinigung von Amin und Formaldehyd auftretenden Kation $R_2N\overset{|}{\overset{}{C}}{}^{\oplus}$ als Zwischenprodukt auch Methylenbisamin $R_2N-CH_2-NR_2$ annehmen. Diese Vermutung wird durch die Tatsache bestätigt, daß die MANNICH-Reaktion bei Verwendung von β-Naphthol, Antipyrin und Dibenzoylmethan als acider Komponente auch mit Methylenbisamin durchführbar ist. Für die Bildung von Mannich-Basen aus ω-Nitroacetophenon nehmen auch DORNOW und Mitarbeiter[5] als ersten Schritt der Reaktion die Knüpfung der C—N-Bindung unter Entstehung von Methylolamin oder Methylenbisamin an. Im Gegensatz zu diesen Auffassungen ist RUNTI[6] der Ansicht, daß bei der Reaktion zwischen Indol, Piperidin und Formaldehyd zunächst β-Indolcarbinol gebildet wird, das sich weiter mit dem Amin zur Indol-Mannich-Base umsetzt. Die bei dieser Reaktion erhaltenen Ausbeuten sind stark abhängig vom p_H der Reaktionslösung. Bereits LIEBERMANN und WAGNER[3] haben auf die große Abhängigkeit der Mannich-Kondensation von der Wasserstoffonenkonzentration hingewiesen und gezeigt, daß es für jede Mannich-Kondensation einen vom p_H abhängigen optimalen Bereich gibt. Ein Säurezusatz zu den Reaktionspartnern der Mannich-Reaktion ist um so niedriger zu bemessen, je stärker die eingesetzte Base und je acider die CH-acide Komponente ist. Diese Befunde und die von ALEXANDER und UNDERHILL[7] bei der

---

[1] HELLMANN, H., u. G. OPITZ: Chem. Ber. **89**, 81 (1956); Angew. Chem. **68**, 265 (1956).

[2] BAILEY, P. S., G. NOWLIN u. H. W. BOST: J. Amer. chem. Soc. **73**, 4078 (1951).

[3] LIEBERMANN, S. V., u. E. C. WAGNER: J. org. Chemistry **14**, 1001 (1949).

[4] ZIEF, M., u. J. P. MASON: J. org. Chemistry **8**, 1 (1943); BRUSON, H. A., u. G. B. BUTLER: J. Amer. chem. Soc. **68**, 2348 (1946); SENKUS, M.: J. Amer. chem. Soc. **68**, 10 (1946); ibid. **72**, 2069 (1950); JOHNSON, H. G.: J. Amer. chem. Soc. **68**, 14 (1946).

[5] DORNOW, A., A. MÜLLER u. S. LÜPFERT: Liebigs Ann. Chem. **594**, 191 (1955).

[6] RUNTI, C. S.: Gazz. chim. ital. **81**, 613 (1951).

[7] ALEXANDER, E. R., u. E. J. UNDERHILL: J. Amer. chem. Soc. **71**, 4014 (1949).

Untersuchung der Reaktionskinetik der Mannich-Reaktion zwischen Äthylmalonsäure, Formaldehyd und Dimethylamin erhaltenen Ergebnisse führten HELLMANN und Mitarbeiter[1] zur Aufstellung eines heute allgemein anerkannten Reaktionsmechanismus der Mannich-Reaktion.

Bei der Betrachtung des Reaktionsverlaufes ist zu berücksichtigen, daß der stark elektrophile Formaldehyd zwei nucleophilen Reaktionspartnern, der CH-aciden Verbindung und der Aminkomponente, gegenübersteht. Er wird zunächst mit der Verbindung reagieren, die das höhere nucleophile Potential besitzt. Ist der nucleophile Charakter bei der CH-aciden Verbindung stärker ausgeprägt als bei der Aminkomponente, so tritt letztere nicht mit dem Formaldehyd in Reaktion, es kommt vielmehr zur Verknüpfung einer —C—C-Bindung:

$$-\overset{|}{\underset{|}{C}}-H + O{=}CH_2 \longrightarrow -\overset{|}{\underset{|}{C}}-CH_2OH \qquad\qquad \text{I.}$$

unter Bildung des C-Oxymethylderivates I, das schließlich zur unerwünschten symmetrischen Methylenbisverbindung weiterreagiert:

$$-\overset{|}{\underset{|}{C}}-CH_2OH + H-\overset{|}{\underset{|}{C}}- \longrightarrow -\overset{|}{\underset{|}{C}}-CH_2-\overset{|}{C}- \qquad\qquad \text{II.}$$

Für das Zustandekommen einer Mannich-Reaktion muß die Aminkomponente ein höheres nucleophiles Potential besitzen als die acide Komponente.

In diesem Fall bildet der elektrophile Formaldehyd zunächst eine N-Oxymethylverbindung (III) mit dem nucleophilen Amin:

$$\overset{R}{\underset{R}{{>}}}N-H + O{=}CH_2 \longrightarrow \overset{R}{\underset{R}{{>}}}N-CH_2OH \qquad\qquad \text{III.}$$

Durch Einwirkung von Wasserstoffionen auf die N-Oxymethylverbindung bildet sich das nur in saurer Lösung metastabil existenzfähige mesomere Aminomethyl-[Carbenium-Imonium]-Ion (IV):

$$\overset{R}{\underset{R}{{>}}}N-CH_2OH \underset{H_2O}{\overset{H^{\oplus}}{\rightleftharpoons}} \left[\overset{R}{\underset{R}{{>}}}N^{-}{-}\overset{\oplus}{C}H_2 \longleftrightarrow \overset{R}{\underset{R}{{>}}}\overset{\oplus}{N}{=}CH_2\right] \quad \text{IV.}$$

das als das aminomethylierende Agens in der Mannich-Reaktion anzusehen ist. In der letzten Phase der Reaktion tritt das Carbenium-Imonium-Kation mit dem Carbeniat-Anion der nucleophilen CH-aciden Verbindung zur Mannich-Base elektrophil (S_E2-) zusammen[2].

Nach den Vorstellungen von HELLMANN[3] verläuft die Mannich-Reaktion zwischen Antipyrin (WZ), Formaldehyd und Piperidin unter Säurezusatz wahrscheinlich nach folgendem Reaktionsmechanismus:

$$\langle H\rangle NH + H_2C{=}O \rightleftharpoons \langle H\rangle N-CH_2OH$$

$$\Big\updownarrow H^{\oplus} \qquad\qquad \Big\Updownarrow$$

$$\langle H\rangle \overset{\oplus}{N}H_2 \qquad \left[\langle H\rangle \overset{\oplus}{N}-\overset{}{C}H_2 \longleftrightarrow \langle H\rangle \overset{\oplus}{N}{=}CH_2\right]$$

---

[1] HELLMANN, H.: Angew. Chem. **65**, 473 (1953); HELLMANN, H., u. G. OPITZ: ibid. **68**, 265 (1956); dort auch weitere Literaturangaben.

[2] Chem. Ber. **89**, 81 (1956).

[3] HELLMANN, H.: Angew. Chem. **68**, 265 (1956).

$$\left[\begin{array}{c} H_3C-C \cdots\!\!-C-H \\ \overset{\oplus}{H_3C}-N \quad C-\overset{\ominus}{O} \\ N \\ C_6H_5 \end{array}\right] \longleftrightarrow \left[\begin{array}{c} H_3C-C \cdots\!\!-\overset{\ominus}{C}-H \\ H_3C-N \quad C=\overset{..}{O} \\ N \\ C_6H_5 \end{array}\right] + \left[\begin{array}{c} H_2\overset{\oplus}{C}-\overset{..}{N}\!\!\big\langle\! H\big\rangle \\ H_2C=\overset{\oplus}{N}\!\!\big\langle\! H\big\rangle \end{array}\right]$$

$$\xrightarrow{\quad} \begin{array}{c} H \\ H_3C-C \cdots\!\!-\overset{|}{C}-CH_2-N\big\langle H\big\rangle \\ \overset{\oplus}{H_3C}-N \quad C=\overset{..}{O} \\ N \\ C_6H_5 \end{array} \qquad \xrightarrow[-H^\oplus]{} \begin{array}{c} H_3C-C \cdots\!\!-C-CH_2-N\big\langle H\big\rangle \\ \overset{\oplus}{H_3C}-N \quad C-\overset{\ominus}{O} \\ N \\ C_6H_5 \end{array}$$

Nach diesem Schema dürften alle durch Säuren katalysierten Mannich-Reaktionen verlaufen. Es ist indessen darauf hinzuweisen, daß bei den zahlreichen Variationsmöglichkeiten, die sich allein aus der Vielzahl der einer Mannich-Reaktion zugänglichen CH-aciden Verbindungen und ihrem nucleophilen Verhalten ergeben, ein einheitlicher Reaktionsmechanismus für die Mannich-Reaktion nicht aufgestellt werden kann. Hierfür spricht auch unter anderem die große p_H-Abhängigkeit der Reaktion, die den Verlauf durch Bildung verschiedener Reaktionsprodukte beeinflussen kann[1]. Der Mechanismus der säurekatalysierten Aminomethylierung entspricht vermutlich einem S_E2-.

Die Entstehung des Carbenium-Imonium-Ions erfordert, wie bereits erwähnt, ein Proton, das bei genügender CH-Acidität der aciden Komponente von dieser als Protonendonator in ausreichendem Maße zur Verfügung steht. Ist diese jedoch infolge zu geringer CH-Acidität nicht imstande, aus dem N-Oxymethylamin III oder aus dem weiterhin als Primärprodukte anzunehmenden Verbindungen V und VI [2]

$$\overset{R}{\underset{R}{>}}N-CH_2-N\overset{R}{\underset{R}{<}} , \qquad \overset{R}{\underset{R}{>}}N-CH_2OAlk$$

$$\text{V.} \qquad\qquad\qquad \text{VI.}$$

das Carbenium-Imonium-Ion zu bilden, so ist die Zugabe von Säure erforderlich[3]. Hierbei darf jedoch das nucleophile Potential der CH-aciden Verbindung nicht so weit verändert werden, daß das Reaktionsvermögen behindert wird (s. a. S. 11). Für das Gelingen der Mannich-Reaktion ist in jedem Falle eine günstige Korrelation der nucleophilen Potentiale der CH-aciden- und der Aminkomponente Voraussetzung. Wenn auch in vielen Fällen bereits Voraussagen darüber gemacht werden können, ob und unter welchen Voraussetzungen eine Mannich-Reaktion mit einer CH-aciden Komponente eintreten kann, so wird man doch weiterhin, besonders bei CH-aciden Verbindungen neu aufgefundener Körperklassen, gezwungen sein, die Empirie zu Hilfe zu nehmen. Die ersten

---

[1] BAILEY, P. S., G. NOWLIN u. H. W. BOST: J. Amer. chem. Soc. **73**, 4078 (1951); BAILEY, P. S., u. R. E. LUTZ: ibid. **70**, 2412 (1948); BAILEY, P. S., u. G. NOWLIN: ibid. **71**, 732 (1949). — THESING, J., H. ZIEG u. H. MAYER: Chem. Ber. **88**, 1978 (1955).

[2] Die Bildung der Verbindung VI kann bei der Durchführung der Reaktion in alkoholischer Lösung angenommen werden.

[3] WAGNER, E. C.: J. org. Chemistry **19**, 1862 (1954).

von H. Hellmann[1] unternommenen Versuche einer Klassifizierung CH-acider Verbindungen und die Bemühungen der Aufstellung von Nucleophilie-Konstanten sind wertvolle Ansätze und werden weiterhin unsere Kenntnisse über die verwickelten Verhältnisse bei der Mannich-Reaktion vertiefen und zu ihrer Klärung beitragen.

Die *N-Mannich-Basen* — Reaktionsprodukte NH-acider Verbindungen mit Formaldehyd und einem Amin — sind als N,N′ Vollacetale des Formaldehyds mit der Atomfolge $\overset{|}{N}-CH_2-N=$ aufzufassen; sie zeigen eine andere Verknüpfung der Partner wie die CH-aciden Mannich-Basen, deren Atomfolge $-\overset{|}{C}-CH_2-\overset{|}{N}$ ist. Nach Befunden von Zinner und Herbig[2] verläuft die Bildung der N-Mannich-Base nicht nach dem von Hellmann[3] postulierten Reaktionsmechanismus über das Carbenium-Imonium-Ion, sondern im Falle des Benzoxazolons VII

$$\text{VII.} \xrightarrow{CH_2O} \text{VIII.} \xrightarrow[+H^\oplus]{-H_2O \,+\, HN\langle^R_R} \text{IX.}$$

durch Primärreaktion mit dem Formaldehyd über die Hydroxymethylverbindung VIII, an welche sich in weiterer Reaktion unter Wasseraustritt das Amin zur N-Mannich-Base IX anlagert. Diese Annahme des Reaktionsverlaufes wird durch die Tatsache gestützt, daß Benzoxazolon beim Zusammengeben mit Formaldehyd in sehr guter Ausbeute die Verbindung VIII ergibt, die mit Aminen spontan Mannich-Basen bildet. Da die Bildung der Mannich-Base sogar in Gegenwart von Natriumalkoholat, also unter Bedingungen, die das Entstehen des Carbenium-Imonium-Ions IV ausschließt, erfolgt, gewinnt der Reaktionsverlauf VII—IX über die Oxymethylverbindung VIII weiter an Wahrscheinlichkeit. Aus dem Befund einer leichten durch verdünnte Säuren hervorgerufenen Spaltbarkeit von IX in Amin und die Verbindung VIII folgern die Autoren, daß zwischen dem Hydroxymethylbenzoxazolon und dem Amin einerseits und der N-Mannich-Base IX und Wasser andererseits ein Gleichgewicht vorliegt. Prinzipiell schließen die Autoren aber auch die Möglichkeit einer Bildung nach dem Hellmannschen Reaktionsschema nicht aus, da die Mannich-Reaktion des Benzoxazolons auch mit N-Methoxymethylpiperidin gelingt. Vermutlich handelt es sich um ein Konkurrenzphänomen beider Reaktionsverläufe, das in weitem Maße vom nucleophilen Potential der Reaktionspartner und damit vom p_H entschieden wird. Eine endgültige Klärung des verwickelten Verlaufs könnte der Einsatz von Reaktionspartnern mit markiertem C-Atom bringen.

---

[1] Hellmann, H., u. G. Opitz: Eine Studie zur Aufklärung und Einordnung der Mannich-Reaktion. Angew. Chem. **68**, 265 (1956).
[2] Zinner, H., u. H. Herbig: Chem. Ber. **90**, 1548 (1957).
[3] l. c.

LOGAN und Mitarbeiter[1] haben bereits in ihren Versuchen mit C-Mannich-Basen markierten Formaldehyd $H^{14}CHO$ verwendet, um die Frage zu klären, ob bei der Mannich-Reaktion eine Umstellung der C-Atome eintritt. Durch Kondensation von Acetophenon mit Dimethylamin und radioaktivem Formaldehyd wurde β-^{14}C-β-Dimethylaminopropiophenon erhalten. Eine Umstellung der C-Atome erfolgt demnach nicht.

C. Durchführung der Mannich-Reaktion

Die strukturelle Eigenart der einer Mannich-Reaktion zugänglichen CH- oder NH-aciden Komponenten gestattet es nicht, scharf umrissene Darstellungsverfahren für Mannich-Basen anzugeben. Es können daher lediglich kurze Hinweise über die Ausführung der Reaktion gegeben werden.

Einfluß des Lösungsmittels

Bei der Verwendung aliphatischer Ketone als acider Komponente wird in der Regel das Keton nicht nur als zu alkylierendes Agens, sondern gleichzeitig als *Lösungsmittel* verwendet. Es hat sich als zweckmäßig herausgestellt, aliphatische und gut zugängliche hydroaromatische Ketone in etwa 5- bis 10fachem Überschuß der berechneten Menge einzusetzen[2]. Bei fettaromatischen Ketonen wird im allgemeinen Äthylalkohol (96%) oder absoluter Alkohol als Solvens verwendet[3].

Eine derartige Arbeitsweise ist auch für andere CH-acide in Alkokol lösliche Komponenten üblich. Von PH. S. BAILEY u. R. E. LUTZ[4] wurde gezeigt, daß die Wahl des bei der Kondensation verwendeten Lösungsmittels einen entscheidenden Einfluß auf den Reaktionsverlauf auszuüben vermag. So erhielten die Verfasser bei der Mannich-Reaktion mit 1,2-Dibenzoyläthan in *benzolischer* Lösung mit Morpholinhydrochlorid als Aminkomponente bei Gegenwart von wenig Säure die Verbindung I

$$HOH_2C-C-\!-\!-C-CH_2 \cdot NC_4H_8O$$
$$H_5C_6-C \qquad C-C_6H_5 \qquad\qquad I.$$
$$\diagdown_O\diagup$$

während in *äthyl-* oder *isoamylalkoholischem* Medium vorwiegend die Verbindung II

$$HC-\!-\!-C-CH_2NC_4H_8O$$
$$H_5C_6-C \qquad C-C_6H_5 \qquad\qquad II.$$
$$\diagdown_O\diagup$$

gebildet wurde.

Die *Säureverhältnisse* können den Ausgang der Reaktion ebenfalls maßgeblich beeinflussen. In schwach saurem Medium tritt bei Gegen-

[1] LOGAN, A. V., J. L. HUSTON u. D. L. DORWARD: J. Amer. chem. Soc. **73**, 2952 (1951).
[2] MANNICH, C.: Arch. Pharmaz. Ber. dtsch. pharmaz. Ges. **255**, 266 (1917).
[3] MANNICH, C., u. G. HEILNER: Ber. dtsch. chem. Ges. **55**, 356 (1922).
[4] J. Amer. chem. Soc. **70**, 2412 (1948).

wart von Alkohol als Lösungsmittel die Verbindung III als Reaktionsprodukt auf:

$$C_6H_5 \cdot CO—CH_2—CH—CO—C_6H_5$$
$$| \qquad\qquad\qquad\qquad\qquad\qquad\text{III.}$$
$$CH_2 \cdot NC_4H_8O$$

FRY[1] verwendet bei der Mannich-Reaktion mit 2-Acetonaphthon und
Acetylanthrazenen ein Gemisch gleicher Teile Benzol und Nitrobenzol
als Lösungsmittel. Die Kondensation wird bei 110° ausgeführt und unter
Steigerung der Temperatur auf 145° in kurzer Zeit zu Ende geführt.
Bei höhermolekularen sekundären aliphatischen Aminen als Dibutylamin
benutzt man lediglich Benzol als Lösungsmittel.

Mannich-Reaktionen können auch unter Verwendung von *Dioxan*
als Lösungsmittel durchgeführt werden[2]. Der gegenüber den gebräuchlichen Alkoholen höhere Siedepunkt des Dioxans bewirkt eine Ab-
kürzung der Reaktionsdauer. Dioxan ist auch mit Erfolg bei der Kondensation mit *Alkoxyalkinen* verwendet worden[3]. In diesem Falle bedarf
die Reaktion der Zugabe eines Kupferacetatkontaktes sowie der Durchführung unter Luftabschluß bei 80—90° im verschlossenen Rohr.

Höhere Alkohole bis zum Amylalkohol haben L. RUBERG und
L. SMALL[4] bei der Mannich-Reaktion als Lösungsmittel vorgeschlagen.

NOLLER und BALIAH[5] benutzen anstelle von Alkohol Essigsäure, die
nicht nur als Lösungsmittel, sondern auch zur Neutralisation der Aminkomponente Verwendung findet. Die Autoren führen die Reaktion im
allgemeinen in der Weise aus, daß sie 0,2 Mol Amin (oder Aminacetat)
in 20 ml Eisessig mit 0,4 Mol Aldehyd — außer Formaldehyd wurden
auch aromatische Aldehyde verwendet — und 0,2 Mol Keton zum Sieden
erhitzen. Beim Abkühlen des Ansatzes soll häufig das Reaktionsprodukt
auskristallisieren. Fällt es als Öl an, so wird es direkt in das salzsaure
Salz der Mannich-Base übergeführt. Es wird angenommen, daß das
Aminacetat die Reaktion katalysiert.

Die Verwendung von Eisessig hat sich auch bei der Synthese des
Gramins[6] und bei N-substituierten Pyrrolen[7] bestens bewährt.

Zur Darstellung von Mannich-Basen, die Phenole als acide Komponente enthalten, wird die Anwendung von Standard-Reagenslösungen
empfohlen[8], die jeweils 4 Mol Dialkylamin und Paraform in alkoholischer
Lösung auf 1000 ml enthalten. Diese Stammlösungen sollen mehrere
Monate ohne Wertminderung haltbar sein.

Bei der Durchführung der Reaktion wird die berechnete Menge der
Standardlösung zur aciden Komponente zugegeben. Um festzustellen,
ob eine CH-acide Verbindung überhaupt eine Mannich-Kondensation
eingeht, verwenden BURCKHALTER und Mitarbeiter[8] Diäthylamin als

[1] J. org. Chemistry **10**, 259 (1945).
[2] BURCKE, W. J.: J. Amer. chem. Soc. **71**, 609 (1949).
[3] GUERMONT, J. P.: Bull. Soc. chim. France [5] **20**, 386 (1953); vgl. auch
E. R. H. JONES, J. MARSZAK u. H. BADER: J. chem. Soc. [London] **1947**, 1578.
[4] RUBERG, L., u. L. SMALL: J. Amer. chem. Soc. **63**, 736 (1941).
[5] J. Amer. chem. Soc. **70**, 3853 (1948).
[6] KUHN, H., u. O. STEIN: Ber. dtsch. chem. Ges. **70**, 567 (1935).
[7] HERZ, W., u. L. ROGERS: J. Amer. chem. Soc. **73**, 4921 (1951).
[8] BURCKHALTER, J. H., u. Mitarb.: J. Amer. chem. Soc. **68**, 1894 (1946).

Aminkomponente, da dieses nach ihrer Ansicht besonders leicht als Amin in der Mannich-Reaktion reagiert.

Eine der Kondensation vorangehende Vereinigung von Aminkomponente und Formaldehyd empfehlen H. HELLMANN und G. OPITZ[1] in Fällen, bei denen der nucleophile Charakter von acider und Aminkomponente ungünstig abgestuft ist. Amin und Formaldehyd werden zunächst unter Kühlung gemischt und zur aciden Komponente, der bisweilen zuvor etwas Säure beigefügt wurde, gegeben.

Noch zweckmäßiger verwendet man nach den Erfahrungen der Autoren die N-Halbacetale des Formaldehyds[2] (I), ihre mit Alkoholen erhältlichen stabileren N,O-Vollacetale (II) oder die Methylenbisamine (III)

$$HO—CH_2—NR_2 \qquad AlkO—CH_2NR_2 \qquad R_2N—CH_2—NR_2$$
$$\text{I.} \qquad\qquad \text{II.} \qquad\qquad \text{III.}$$

Nach H. HELLMANN und G. OPITZ[1] hat sich zur Aminomethylierung CH-acider Verbindungen folgendes Verfahren als das zweckmäßigste erwiesen:

In das Gemisch von 1,0 Mol acider Komponente mit 1,1—1,2 Mol Säure wird unter Rühren 1,0 Mol N-Oxymethylamin (I) oder N-Alkoxymethylamin (II) getropft.

Zu gleichen Ergebnissen kommen auch A. DORNOW[3] und Mitarbeiter, welche die Aminomethylierung des ω-Nitroacetophenons eingehend untersucht haben. Sie konnten zeigen, daß der Einsatz der fertigen Methylolamine oder Methylenbisamine anstelle der einfachen Reaktionspartner die Ausbeute an Mannich-Basen erhöht. Eine weitere Verbesserung erzielen die Autoren durch Zugabe von 0,01 Äquiv. n-Salzsäure. Durch weiteren Säurezusatz wird die Ausbeute herabgesetzt. Mit dem Hydrochlorid des Amins kommt die Umsetzung schließlich ganz zum Erliegen, um nach Pufferung mit Natriumacetat wieder in Gang zu kommen. Im vorliegenden Falle hat sich auch der Zusatz von 1 Äquiv. Essigsäure als sehr günstig erwiesen (s. a. S. 10).

Die Abhängigkeit der Ausbeuten an ω-Nitro-β-piperidino-propiophenon von der Säurekonzentration und der verwendeten Aminkomponente bei der Aminomethylierung des ω-Nitroacetophenons zeigt folgende Tabelle:

Auf 1 Mol ω-Nitroacetophenon	$HOCH_2 \cdot NR_2$	% Ausbeute Methylenbisamin
0,2	19	—
0,1	19	54
0,05 Äquiv. n-HCl	19	54
0,01	22	71
0	19	56
0,05	14	46
0,1 Äquiv. n-NaOH	8	35
1 Äquiv. CH_3COOH	61	77

[1] Angew. Chem. **68**, 265 (1956).
[2] BÖHME, H., u. N. KREUTZKAMP: Marburger Sitzungsberichte **76**, 19 (1953).
[3] DORNOW, A., u. Mitarb.: Liebigs Ann. Chem. **594**, 191 (1955).

Bei Verwendung der Methylenbisamine (III) fügt man zu dem Gemisch von 1,0 Mol acider Komponente und 2,1 — 2,2 Mol Säure unter Rühren tropfenweise 1,0 Mol des Methylenbisamins hinzu.

Bisweilen wird die Kondensation in Gegenwart von *alkoholischer Salzsäure* durchgeführt. Nach einem englischen Patent[1] läßt sich *Phenylaceton* in Salzsäure-Alkohol gut aminomethylieren.

Wahl der Mittelkomponente (Formaldehyd in der Mannich-Reaktion)

Bei aliphatischen Ketonen wird häufig als Aldehydkomponente die offizinelle Formaldehydlösung verwendet. Sie erscheint im allgemeinen immer angezeigt, wenn die CH-acide Verbindung im Überschuß (ungefähr 5 Mol) eingesetzt wird. Fettaromatische Ketone lassen sich besser kondensieren, wenn anstelle der Formaldehydlösung *Paraform*, zumeist in absolut alkoholischer Lösung, angewendet wird.

Nach J. F. WALKER und A. F. CHADWICK[2] bietet *Trioxan* gegenüber Paraform und der Formaldehydlösung Vorteile. Trioxan soll sich besonders in der Mannich-Reaktion mit Acetophenon als acider und Piperidin als Aminkomponente bewährt haben.

Wahl der Aminkomponente

Im allgemeinen wird bei der Aminomethylierung CH-acider Verbindungen *Piperidin* als Aminkomponente bevorzugt. Auch die Verwendung von Morpholinsalzen ergibt in vielen Fällen gut kristallisierende Aminomethylierungsprodukte.

Salzsaures Dimethylamin führt, insbesondere bei aliphatischen Ketonen als acider Komponente, häufig zu hygroskopischen Salzen, die sich schwer reinigen lassen. Zur Charakterisierung der mit Dimethylaminhydrochlorid dargestellten Mannich-Basen haben sich die entsprechenden Golddoppelsalze bewährt.

D. Mannich-Reaktion mit CH-acider Komponente

I. Ketone als acide Komponente

1. Aliphatische Ketone

α) Mit sekundären Aminen. *Aceton.* Längeres Erhitzen eines Gemisches von salzsaurem Dimethylamin, wäßriger Formaldehydlösung und überschüssigem Aceton führt in glatter Reaktion zum Dimethylamino-(1)-butanon-(3) (I)[3],

$$CH_3COCH_3 + CH_2O + (CH_3)_2NH \cdot HCl \longrightarrow CH_3 \cdot CO \cdot CH_2 \cdot CH_2 \cdot N(CH_3)_2 \cdot HCl + H_2O \qquad I.$$

---

[1] E. P. 693128 (1951); vgl. Chem. Zbl. **1955**, 10808.
[2] Ind. Engng. Chem., ind. Edit. **39**, 974 (1947); Chem. Zbl. **1948**, I, 443.
[3] MANNICH, C.: Arch. Pharmaz. Ber. dtsch. pharmaz. Ges. **255**, 261 (1917).

einer Base, die als Ausgangsmaterial für zahlreiche Untersuchungen Verwendung gefunden hat. Sie ist gleichfalls durch Kondensation von acetessigsaurem Dimethylamin mit Formaldehyd zugänglich[1], in diesem Falle verläuft die Reaktion nicht einheitlich, sondern es bildet sich in gleicher Menge ein Diamin der Konstitution II:

$$CH_3COCH\begin{cases}CH_2 \cdot N(CH_3)_2 \\ CH_2 \cdot N(CH_3)_2\end{cases} \qquad\qquad II.$$

Die Base II läßt sich leichter durch Kondensation des Acetons in *alkalischem* Medium gewinnen[2], sie erscheint hierbei neben Dimethylaminobutanon (I) als Hauptprodukt.

Darstellung von Dimethylaminobutanon[3]: Man kocht 8,15 g (0,1 Mol) salzsaures Dimethylamin, 8,5 g Formaldehydlösung von 35% (0,1 Mol), 29 g Aceton (0,5 Mol) und 16 ccm Wasser 12 Stunden lang[4] am Rückflußkühler. Der beim Eindampfen hinterbleibende Sirup wird mit Wasser aufgenommen und mit einer konzentrierten Kaliumcarbonatlösung versetzt, wodurch Kaliumchlorid ausgefällt wird, während die Ketobase als Carbonat zunächst in Lösung bleibt. Erst beim Erwärmen scheidet sie sich unter Kohlensäureentwicklung als Öl ab. Statt mit Kaliumcarbonatlösung kann man die Base auch durch konzentrierte Kalilauge unter Kühlung in Freiheit setzen. Die mit Pottasche getrocknete Base geht bei 13 mm in der Hauptsache zwischen 50 und 52° über, im Kolben bleibt ein geringer Rückstand von höher siedenden Produkten.

Eigenschaften. In Wasser unter Erwärmung lösliches farbloses Öl von eigenartigem Geruch. — Das kristalline salzsaure Salz ist äußerst hygroskopisch. Zur Charakterisierung eignet sich das Goldsalz, das nach dem Umlösen aus Alkohol bei 124—126° schmilzt.

Die Aminkomponente ist bei der Mannich-Reaktion mit Aceton häufig variiert worden. Die salzsauren Salze des Diäthylamins[5], Piperidins[6] und Morpholins[7] lassen sich glatt mit Formaldehyd und Aceton umsetzen.

Von komplizierter gebauten sekundären Aminen sind von C. MANNICH und O. HIERONIMUS[8] die bromwasserstoffsauren Salze des [3,4-Methylendioxybenzyl]-[cyclohexanolyl-(2)-methyl]-amins und des Benzyl-(2-cyclohexanolylmethyl)-amins sowie β-Acetyläthylbenzylamin-hydrochlorid verwendet worden. Diese sind, wie auf S. 22 näher ausgeführt ist, ihrerseits durch Mannich-Reaktion zugänglich, eine abermalige Kondensation mit Formaldehyd und Aceton (doppelte Mannich-Reaktion) führt

---

[1] MANNICH, C., u. K. CURTAZ: Arch. Pharmaz. Ber. dtsch. pharmaz. Ges. **264**, 741 (1926).

[2] MANNICH, C., u. O. SALZMANN: Ber. dtsch. chem. Ges. **72**, 507 (1937).

[3] MANNICH, C.: Arch. Pharmaz. Ber. dtsch. pharmaz. Ges. **255**, 266 (1917).

[4] Nach eigenen Befunden ist es zur Erhöhung der Ausbeuten vorteilhafter, die Komponenten 16 Stunden unter Rückfluß zu erhitzen.

[5] DU FEU, MCQUILLIN u. R. ROBINSON: J. chem. Soc. [London] **1937**, 53.

[6] MANNICH, C., u. W. HOF: Arch. Pharmaz. Ber. dtsch. pharmaz. Ges. **265**, 589 (1927).

[7] HARRADENCE, R. H., u. F. LIONS: J. Proc. Roy. Soc. New South Wales **72**, 233 (1938). — [8] Ber. dtsch. chem. Ges. **75**, 49 (1942).

unter Benutzung des β-Acetyläthylbenzylamins als Aminkomponente
zum Piperidinabkömmling III:

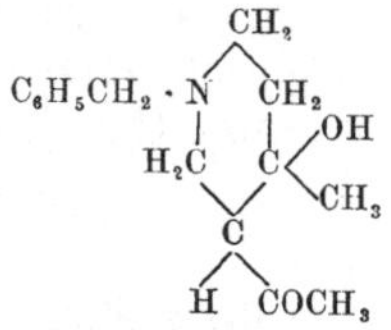

$$C_6H_5CH_2\cdot N \qquad III.$$

Dieser Vorgang, der als Ketolkondensation[1] zu deuten ist, läßt sich
auch in einem Arbeitsgang durchführen, wenn man vom Benzylamin
ausgeht und dieses mit 2 Mol Formaldehyd und 2 Mol Aceton umsetzt.

Bei der Verwendung des [3,4-Methylendioxybenzyl]-[cyclohexanolyl-
methyl]-amins führt die Reaktion mit Aceton und Formaldehyd zum
Dekahydroisochinolinderivat IV

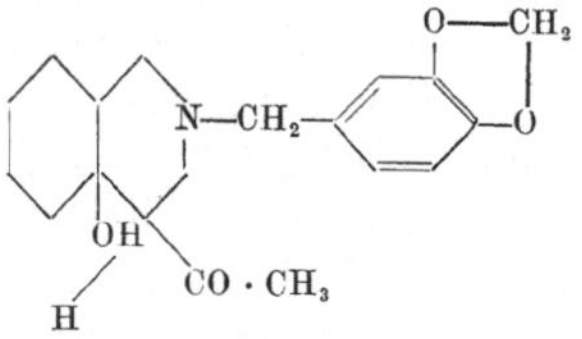

$$IV.$$

Aus der Verbindung IV, in der die tertiäre Alkoholgruppe nicht nach-
weisbar ist, läßt sich ein Mol Wasser abspalten. Die Wasserabspaltung
verläuft indessen nicht in einer Richtung. Es wird einerseits das Wasserstoffatom, welches der tertiären Alkoholgruppe benachbart am Heteroring haftet, eliminiert, andererseits tritt der Hydroxylrest mit dem benachbarten Wasserstoff des Cyclohexanringes als Wasser aus. Die Reduktion der so entstehenden ungesättigten Ketone

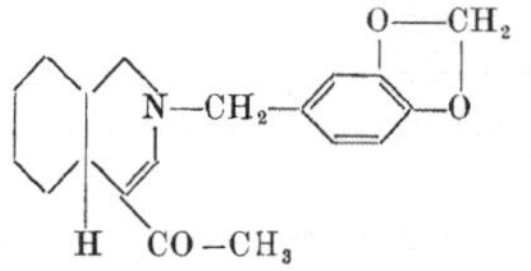

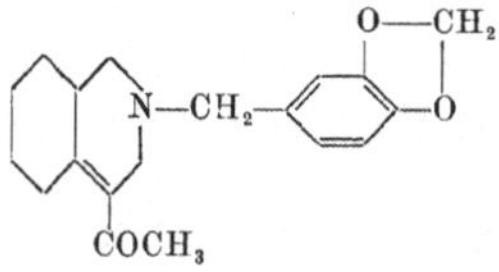

führt zum gleichen Produkt V:

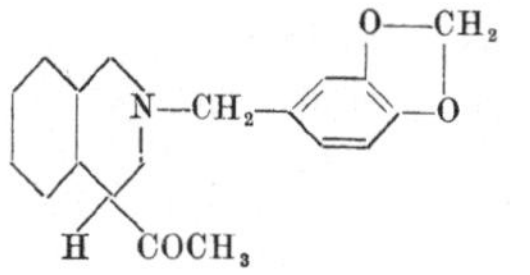

$$V.$$

Die aus den einfachen Bausteinen Aceton, Cyclohexanon, Formaldehyd und Methylendioxybenzylamin zugängliche alkaloidähnliche Verbindung V zeigt spasmolytische Wirkung. Ihr Wirkungswert entspricht
etwa dem halben des bekannten Spasmolyticums Papaverin bei geringerer
Giftigkeit.

Die Verwendung von *Methylalkylketonen* als acider Komponente
führt bei der Mannich-Reaktion im allgemeinen (z. B. beim Methyl-

---

[1] MANNICH, C., u. G. HEILNER: Ber. dtsch. chem. Ges. **55**, 365 (1922).

äthylketon, Methylpropylketon, Allylmethylketon[1]) zu Gemischen von zwei Strukturisomeren, die sich durch die Eintrittsstelle des Alkylaminomethylrestes voneinander unterscheiden[1].

So erhält man aus *Methyläthylketon*, salzsaurem Dimethylamin und Paraform die Hydrochloride der Basen I und II,

$$CH_3COCHCH_2N(CH_3)_2 \qquad I. \qquad\qquad CH_3CH_2COCH_2CH_2N(CH_3)_2 \qquad II.$$
$$\underset{CH_3}{|}$$

wobei I bevorzugt gebildet wird.

Nach CARDWELL[2] soll indessen bei der Mannich-Reaktion mit Methyläthylketon nicht die Base II, sondern ein Diamin entstehen, von dessen möglichen Konstitutionsformen III oder IV der Formel IV der Vorzug gegeben wird.

$$CH_3-CO-C\underset{\underset{CH_3}{|}}{\overset{CH_2 \cdot N(CH_3)_2}{\diagdown\, CH_2 \cdot N(CH_3)_2}} \quad III. \qquad (CH_3)_2N-CH_2-CH_2-CO-\underset{\underset{CH_3}{|}}{CH}-CH_2-N(CH_3)_2 \quad IV.$$

Bei der Kondensation von Methyläthylketon, Formaldehyd und Dimethylamin — in alkalischem Medium — erhielt G. MERLING[3] 80% der Base I neben 20% des Diamins III.

Beim Methylpropylketon und beim Allylmethylketon überwiegt die Kondensation in der Methylengruppe.

R. JAQUIER und Mitarbeiter[4] haben am Beispiel des Methylisobutylketons und des Isopropylmethylketons gezeigt, daß die Mannich-Reaktion an dem Kohlenstoffatom einsetzt, das am wenigsten substituiert ist. So entsteht aus Isopropylmethylketon, salzsaurem Dimethylamin und Paraform die Verbindung V

$$\underset{H_3C}{\overset{H_3C}{\diagup}}{\diagdown}CH-CO-CH_2-CH_2N(CH_3)_2 \qquad\qquad V.$$

Die aus der Ketobase I erhältliche Alkoholbase hat in Form ihres p-Aminobenzoesäureesters unter dem Namen *Tutocain* (WZ)[5] als Lokalanaestheticum Eingang in den Arzneischatz gefunden.

Ketobasen vom Typ I sind auch durch Kondensation monoalkylsubstituierter Acetessigsäuren mit Formaldehyd und sekundären Aminen erhältlich[6].

Mit *Pinakolin*, $CH_3COH(CH_3)_3$, tritt ebenfalls Mannich-Reaktion ein[7].

Die höheren Methylketone der Fettsäurereihe, *Methylheptylketon, Methylnonylketon, Methylundecylketon und Methylpentadecylketon* sowie *Diheptylketon, Dinonylketon und Diundecylketon* sind der Mannich-Reaktion zugänglich.

[1] MANNICH, C., u. W. HOF: Arch. Pharmaz. Ber. dtsch. pharmaz. Ges. **265**, 589 (1927).

[2] CARDWELL, H. M. E.: J. chem. Soc. [London] **1950**, 1056.

[3] DRP 254714; DRP 266656; DRP 267347.

[4] JAQUIER, R., M. MOUSSERON u. S. BOYER: Bull. Soc. chim. France [5] **23**, 1653 (1956).

[5] DRP 457272.

[6] MANNICH, C., u. K. CURTAZ: Arch. Pharmaz. Ber. dtsch. pharmaz. Ges. **264**, 741 (1926).

[7] MANNICH, C., u. G. BALL: Arch. Pharmaz. Ber. dtsch. pharmaz. Ges. **264**, 65 (1926).

Die hierbei entstehenden Aminoketone sind instabil; sie lassen sich durch Reduktion mit Natriumborhydrid oder Lithiumaluminiumhydrid in die beständigen entsprechenden Aminoalkohole überführen[1].

An der Dimethylamin-Mannich-Base des 2-Tridecanons konnte gezeigt werden, daß bei den höheren Ketonen die Aminomethylierung an der der Carbonylgruppe benachbarten Methylengruppe an der langen Kette erfolgt. Die energische Reduktion liefert nicht *3-Tetradecanol*, sondern, wie aus dem Infrarotspektrum hervorgeht, *3-Methyl-2-tridecanol*[2].

β) **Mit primären Aminen.** Während die Reaktion aliphatischer Ketone mit Formaldehyd und *sekundären* Aminen im allgemeinen glatt und in einer Richtung unter Bildung tertiärer *β*-Ketobasen verläuft, treten bei der Umsetzung mit *primären* Aminen mehrere Kondensationsprodukte auf. Bei der Verwendung von Aceton als CH-acider Komponente, salzsaurem Methylamin und Formaldehyd wäre die sekundäre Base

$$CH_3 \cdot CO \cdot CH_2 \cdot CH_2 \cdot NHCH_3 \qquad\qquad \text{I.}$$

als primäres Reaktionsprodukt zu erwarten gewesen. Als sekundäres Amin ist die Base I befähigt, mit je einem weiteren Mol Formaldehyd und Aceton unter Bildung der tertiären Diketonbase

$$\begin{matrix} CH_3 \cdot CO \cdot CH_2 \cdot H_2C \diagdown & \\ & {\scriptstyle>}N{-}CH_3 \qquad \text{II.} \\ CH_3 \cdot CO \cdot CH_2 \cdot H_2C \diagup & \end{matrix}$$

eine Mannich-Reaktion einzugehen. Weder die Base I noch die Verbindung II konnten aus dem Reaktionsansatz erhalten werden. Es lassen sich vielmehr zwei Verbindungen isolieren, die Isomere der Base II sind. In ihnen besitzt nur *ein* Sauerstoffatom Ketocharakter, während das zweite in Form einer alkoholischen Hydroxylgruppe vorliegt[2].

Bei der Reaktion ist demnach die Bildung von ringförmigen Verbindungen (III) aus der Base II nach Art einer inneren Aldolkondensation anzunehmen.

$$\begin{matrix} & HO{\diagdown}\ H_2C & \!\!\!\!\!\!\!\!\!\! CH_2 & \\ & C^* & \!\!\! N{-}CH_3 & \\ H_3C{\diagup} & & CH_2 & \\ & C^* & & \\ H{\diagup}\ & {\diagdown}COCH_3 & & \end{matrix} \qquad \alpha\text{- und } \beta\text{-Form} \qquad \text{III.}$$

Die Tatsache, daß bei der Cyclisierung, die durch die saure Reaktion des Reaktionsansatzes begünstigt wird, zwei asymmetrische Kohlenstoffatome gebildet werden, erklärt das Auftreten zweier stereoisomerer Formen.

Die Annahme, daß beide Basen Stereoisomere darstellen, konnte durch folgende Befunde gestützt werden: Bei der Einwirkung von wasserabspaltenden Mitteln auf die *α*- und *β*-Form der Ketoalkoholbase entsteht jeweils die gleiche *un*gesättigte Ketobase der Struktur IV oder IVa

$$\begin{matrix} & H_2C{-\!\!-}CH_2 & & \\ CH_3 \cdot C & \qquad N{-}CH_3 \quad \text{IV,} & \\ & C{-\!\!-}CH_2 & & \\ & CO \cdot CH_3 & & \end{matrix} \qquad\qquad \begin{matrix} & CH{-\!\!-}CH_2 & & \\ H_3C \cdot C & \qquad N{-}CH_3 \quad \text{IVa.} & \\ & C{-\!\!-}CH_2 & & \\ & H\ \ COCH_3 & & \end{matrix}$$

[1] MATT, J., u. E. P. GUNTHER: J. Amer. chem. Soc. **77**, 3655 (1955).
[2] MATT, J., u. E. P. GUNTHER: s. Fußnote 1.

Durch die Wasserabspaltung wird die *Stereoisomerie* eines der beiden asymmetrischen Kohlenstoffatome aufgehoben, so daß das gleiche Reaktionsprodukt gebildet wird.

Während bei der Mannich-Reaktion von *Aceton* mit Methylamin und Formaldehyd die als primär entstehend angenommene sekundäre Base I und die tertiäre Diketobase II nicht isoliert werden konnten, gelingt die Darstellung ihrer Analoga bei der Einwirkung von salzsaurem Methylamin und Formaldehyd auf *Diäthylketon*[1].

Insgesamt lassen sich aus dem Reaktionsansatz, wenn die Mol-Verhältnisse Keton : Aminsalz : Formaldehyd 1 : 1 : 1,1 gewählt werden, 4 Ketobasen und ein stickstofffreies Keton durch mühsame fraktionierte Vakuumdestillation herausarbeiten.

Außer dem aus 1 Mol Diäthylketon, 1 Mol Formaldehyd und 1 Mol Methylammoniumchlorid gebildeten Primärprodukt V

$$\begin{array}{c}\qquad\qquad\qquad CH_3 \\ \qquad\qquad\qquad | \\ H_3CHN{-}CH_2{-}CH{-}CH{-}CO{-}CH_2{-}CH_3 \qquad V. \\ \qquad\qquad | \\ \qquad\qquad CH_3 \end{array}$$

Methylamino-(1)-methyl-(2)-pentanon-(3)

und der vermutlich durch Kondensation von 1 Mol V mit 1 Mol Formaldehyd und 1 Mol Diäthylketon entstandenen Diketobase VI, die als Hauptprodukt auftritt, wenn man 1 Mol Aminsalz mit 2 Mol Diäthylketon und 2,2 Mol Formaldehyd zur Reaktion bringt,

$$\begin{array}{c}\qquad CH_3 \\ \qquad | \\ CH_2{-}CH{-}CO{-}CH_2{-}CH_3 \\ / \\ CH_3N \qquad\qquad\qquad VI. \\ \backslash \\ CH_2{-}CH{-}CO{-}CH_2{-}CH_3 \\ | \\ CH_3 \end{array}$$

bildet sich aus 2 Mol salzsaurem Methylamin, 2 Mol Formaldehyd und 1 Mol Diäthylketon ein Diaminoketon $C_9H_{20}ON_2$, dem die Formel VIIa oder VIIb zukommen dürfte:

$$\begin{array}{ccc} H_3C \qquad\qquad CH_3 & & CH_2 \cdot NHCH_3 \\ \backslash\qquad\qquad / & & / \\ CH{-}CO{-}CH \qquad VIIa. & C_2H_5 \cdot CO \cdot C{-}CH_3 \qquad VIIb. \\ /\qquad\qquad\quad \backslash & & \backslash \\ HN \cdot CH_2 \qquad CH_2 \cdot NH & & CH_2 \cdot NHCH_3 \\ |\qquad\qquad\qquad | \\ CH_3 \qquad\qquad\quad CH_3 \end{array}$$

Weiterhin gelingt die Isolierung eines Piperidonderivates VIII aus dem Ansatz in mäßiger Ausbeute

$$\begin{array}{c} O \\ \| \\ C \\ /\quad\backslash \\ H_3C \cdot CH \qquad CH \cdot CH_3 \qquad VIII. \\ |\qquad\qquad | \\ H_2C \qquad CH_2 \\ \backslash\quad / \\ N \\ | \\ CH_3 \end{array}$$

1 3,5-Trimethylpiperidon(4)

<hr>

[1] Mannich, C.: Arch. Pharmaz. Ber. dtsch. pharmaz. Ges. **255**, 261 (1917)

An seiner Bildung sind als Reaktionspartner 1 Mol Diäthylketon, 2 Mol Formaldehyd und 1 Mol salzsaures Methylamin beteiligt.

Das stickstofffreie Keton $C_6H_{10}O$ ist vermutlich durch Zerfall der primär gebildeten Ketobase V entstanden:

$$\underset{\text{CH}_3}{\text{CH}_3\text{NH}-\text{CH}_2-\overset{|}{\text{CH}}-\text{CO}-\text{C}_2\text{H}_5} \qquad \underset{\text{CH}_3}{\text{CH}_2=\overset{|}{\text{C}}-\text{CO}-\text{C}_2\text{H}_5}$$

γ) Mit Ammoniak. Bei der Umsetzung mit Ammoniumchlorid, Formaldehyd und *Aceton* werden alle drei verfügbaren Wasserstoffatome der Aminkomponente alkyliert[1]. Als Reaktionsprodukt tritt die Triketobase I

$$N \begin{cases} \text{CH}_2 \cdot \text{CH}_2 \cdot \text{CO} \cdot \text{CH}_3 \\ \text{CH}_2 \cdot \text{CH}_2 \cdot \text{CO} \cdot \text{CH}_3 \\ \text{CH}_2 \cdot \text{CH}_2 \cdot \text{CO} \cdot \text{CH}_3 \end{cases} \qquad \text{I.}$$

auf, die durch Kondensation von 1 Mol Ammoniumchlorid, 3 Mol Formaldehyd und 3 Mol Aceton entstanden ist. Außerdem läßt sich aus dem Reaktionsansatz das bereits oben (S. 16) erwähnte Tetrahydropyridinderivat IV isolieren, das MANNICH und BALL[2] unter den bei der Einwirkung von salzsaurem Alkohol auf die bei der Mannich-Reaktion mit Aceton und Methylammoniumchlorid erhaltenen Reaktionsprodukte gefunden haben. Die Bildung der im vorliegenden Falle auftretenden cyclischen Base findet eine Erklärung in einer vorausgehenden Methylierung des Ammoniumchlorids zum Methylammoniumchlorid, welches mit Aceton und Formaldehyd unter Entstehung von IV weiter reagiert. Die Isolierung definierter Reaktionsprodukte ist durch die Tatsache, daß die Kondensationsprodukte außerordentlich leicht zum Verharzen neigen, erschwert.

Auch die Kondensationsprodukte aus *Diäthylketon*, Ammoniumchlorid und Formaldehyd[3] zeigen ähnliche Erscheinungen. Man erhält lediglich aus den niedrig siedenden Anteilen eine einheitliche cyclische Verbindung, II, die wahrscheinlich nach vorangegangener Methylierung des Stickstoffatoms durch Formaldehyd entstanden ist:

$$\text{NH}_4\text{Cl} + 4\,\text{CH}_2\text{O} + \text{CH}_3\text{CH}_2 \cdot \text{CO} \cdot \text{CH}_2 \cdot \text{CH}_3 \longrightarrow$$

$$\begin{array}{c}
\text{O} \\
\parallel \\
\text{C} \\
\text{H}-\overset{}{\text{C}}\diagdown\quad\diagup\overset{}{\text{C}}-\text{H} \\
\text{H}_3\text{C}\quad\quad\quad\text{CH}_3 \\
\text{H}_2\text{C}\diagdown\quad\diagup\text{CH}_2 \\
\text{N} \\
| \\
\text{CH}_3
\end{array} \qquad \text{II.} \qquad +\,2\,\text{H}_2\text{O} + \text{HCOOH}$$

2. Substitutionsprodukte aliphatischer Ketone

Von Phenyl-Substitutionsprodukten des Acetons sind außer Phenyl-aceton[4] *1.1-Diphenylaceton*[5] und *1,3-Diphenylaceton*[6] als acide Kom-

[1] MANNICH, C., u. K. RITSERT: Arch. Pharmaz. Ber. dtsch. pharmaz. Ges. **264**, 164 (1926); vgl. auch C. MANNICH: ibid. **255**, 268 (1917).

[2] MANNICH, C., u. G. BALL: Arch. Pharmaz. Ber. dtsch. pharmaz. Ges. **264**, 65 (1926).

[3] MANNICH, C.: ibid. **255**, 268 (1917).

[4] WILSON, W., u. ZU YOONG KYI: J. chem. Soc. **1952**, 1321; weitere Literatur s. Zusammenstellung S. 136.

[5] KATZ, L., u. L. S. KARGER: J. Amer. chem. Soc. **74**, 4085 (1952).

[6] ZU YOONG KYI, u. W. WILSON: J. chem. Soc. **1953**, 798.

ponente insbesondere im Hinblick auf die vermutliche analgetische Eigenschaften der zu erwartenden Kondensationsprodukte verwendet worden.

Die aus 1,1-Diphenylaceton und 1,3-Diphenylaceton entstehenden Basen 2,4-Diphenyl-1-piperidinobutanon (3) und 1,1-Diphenyl-4-dimethyl-aminobutanon (2) zeigten zwar keine analgetische Wirkung, sie erwiesen sich aber als wirksame Lokalanaesthetica mit 4—5mal stärkerer Wirkung als Procain.

Bei der Mannich-Reaktion von 1,1-Diphenylaceton sind theoretisch zwei Verbindungen I bzw. II zu erwarten:

$$R_2N—CH_2—C(C_6H_5)_2—CO \cdot CH_3 \qquad I.$$
$$R_2N—CH_2—CH_2—CO—CH—(C_6H_5)_2 \qquad II.$$

$$R = Alkyl$$

Nach JILEK und PROTIVA[1] sollen Verbindungen vom Typus I entstehen. KATZ und KARGER[2] beweisen II als die richtige Konstitutionsformel. Für II spricht der negative Ausfall der Jodoformprobe nach ADACHI[3] sowie das refraktäre Verhalten des ähnlich aufgebauten Diphenylacetonitrils[4], eine Mannich-Reaktion einzugehen. Ein weite-er Beweis läßt sich durch den Abbau des Jodmethylates der aus 1,1-Diphenylaceton gebildeten Basen erbringen. Als Abbauprodukt tritt 3-Phenylbuten-(3)-on-(2) (III) auf, das sich schnell zum Dihydropyranderivat IV dimerisiert:

$$2 H_2C=CH—CO—CH_3 \qquad III.$$

$$IV.$$

3. Kondensation mit α, β-ungesättigten Ketonen

Die Kondensation α, β-ungesättigter Ketone vom Typ des Arylidenacetons verläuft nach C. MANNICH und M. SCHÜTZ[5] im allgemeinen recht glatt, wenn man unter Ausschluß von Wasser arbeitet und den Formaldehyd als Paraform mit dem Aminsalz und der Ketonkomponente in Reaktion bringt. Es ist erforderlich, einen Überschuß von Paraformaldehyd einzusetzen, da sich ein Teil mit dem als Lösungsmittel verwendeten Alkohol zu Methylendiäthyläther acetalisiert.

Aus *Benzylidenaceton*, Paraform und Piperidin entsteht die ungesättigte 1,3-Ketobase I

$$C_6H_5 \cdot CH=CH \cdot CO—CH_2—CH_2—NC_5H_{10} \qquad I.$$

Eine Aminomethylierung am Benzolkern oder eine Kondensation am β-Kohlenstoffatom der Seitenkette zur Base II

$$C_6H_5—CH=C—CO—CH_3$$
$$|$$
$$CH_2 \cdot NC_5H_{10} \qquad II.$$

konnte ausgeschlossen werden.

[1] JILEK, J. O., u. M. PROTIVA: Chem. Listy Vĕdu Průmysl **44**, 49 (1950); ibid. **45**, 207 (1951). — [2] Siehe Fußnote 5 S. 18.

[3] J. chem. Soc. Japan, pure Chem. Sect. **71**, 566 (1950); C. A. **45**, 6541 (1951).

[4] BOCKMÜHL, M., u. G. EHRHARDT: Liebigs Ann. Chem. **561**, 52 (1949).

[5] Arch. Pharm. **265**, 684 (1927); vgl. auch C. MANNICH u. O. SCHILLING: ibid. **276**, 582 (1938).

Die freien *ungesättigten* 1,3-Ketobasen, z. B. (I), sind leicht zersetzlich. Als beständiger erweisen sich die zugehörigen *gesättigten Keto*basen, die durch katalytische Hydrierung in quantitativer Ausbeute erhältlich sind. Auch die durch weitere Reduktion nach WISLICENUS mittels aktiviertem Aluminium in feuchtem Äther aus den gesättigten Aminoketonen zugänglichen *Alkohol*basen sind ziemlich beständige, im Vakuum unzersetzt destillierbare Flüssigkeiten.

J. H. BURCKHALTER und S. H. JOHNSON[1] haben festgestellt, daß das aus *Benzalaceton*, Paraform und Dimethylamin erhältliche 5-Dimethylamino-1-phenyl-penten-(1)-on-(3) antibakterielle, aber keine analgetischen Wirkungen zeigt. Eine Einführung von Nitro-, Chlor- oder Methoxylgruppen in den Benzolkern vermag die antibakterielle Wirksamkeit nicht zu steigern. Auch die aus *Furfural-* und *Methylfurfuralaceton*, verschiedenen Aminsalzen und Paraform erhältlichen 1,3-ungesättigten Ketobasen wirken in vitro nach Befunden von R. ANDRISANO und B. TORNETTA[2] bactericid.

NISBET und Mitarbeiter[3] sowie LEVVY und NISBET[4] verwenden ungesättigte 1,3-Ketobasen als Ausgangsprodukte für Pyrazolinabkömmlinge mit basischer Seitenkette, die bemerkenswerte lokalanästhetische Eigenschaften zeigen. Beim Behandeln der Phenylhydrazone der ungesättigten Aminoketone (I) mit n-Salzsäure in der Wärme tritt nach kurzer Zeit Isomerisierung zum Pyrazolinderivat (II) ein:

I. $n \cdot HCl \longrightarrow$ II.

R = Alkyl

Als besonders wirksam hat sich das n-Butoxyderivat (II, $R' = n\text{-}C_4H_9$; $NR_2 = $ Piperidyl) erwiesen, das eine größere lokalanästhetische Wirksamkeit als Cocain bei geringerer Giftigkeit besitzt.

Im allgemeinen steigt die lokalanästhetische Wirkung mit wachsender Kettenlänge der Aminkomponente, in geringerem Maße nimmt dabei auch die Toxizität zu. Die Einführung von Alkoxygruppen in den 5-Phenylrest steigert die anästhetische Wirksamkeit und setzt die Toxizität herab. Das 1-Phenyl-5-(4'-methoxy-3'-äthoxyphenyl)-3-β-piperidinoäthylpyrazolin ist nur wenig toxischer als Cocain, aber erheblich wirksamer[5].

Interessante Ringschlüsse mit Mannich-Basen aus α, β-ungesättigten Ketonen lassen sich auch erzielen, wenn man Ketone vom Typus des

---

[1] J. Amer. chem. Soc. **73**, 4835 (1951).

[2] Gazz. chim. ital. **85**, 400 (1955); über β-Aminoketone aus 5-Nitrofurfuryliden-(2)-aceton vgl. H. C. CALDWELL u. W. L. NOBLES: J. Amer. pharmac. Assoc., sci. Edit. **44**, 273 (1955).

[3] J. chem. Soc. **1933**, 839; **1938**, 1237, 1568.

[4] J. chem. Soc. **1938**, 1053, 1571.

[5] NISBET, H. B.: J. chem. Soc. **1938**, 1568.

o-Nitroveratrylidenacetons oder o-Nitropiperonylidenacetons als acide
Komponente verwendet. So erhielten C. MANNICH und O. SCHILLING[1]
z. B. aus der Nitrobase III durch Reduktion mit Zinnchlorür

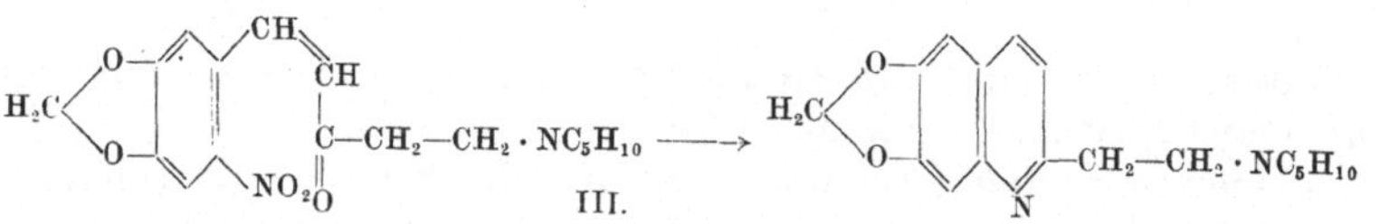

in salzsaurem Medium die Chinolinbase IV.

Ein anderer Weg, der ebenfalls zu Chinolinderivaten mit basischer
Seitenkette führt, wurde von C. MANNICH und B. REICHERT[2] durch
Kondensation von Dimethylaminobutanon mit o-Nitrobenzaldehyd und
nachfolgende Reduktion des Kondensationsproduktes V mit Zinnchlorür
in rauchender Salzsäure beschritten. Da die Kondensation des Nitro-
benzaldehyds an der Methylengruppe des Dimethylaminobutanon erfolgt, findet sich nach der Ringschlußreaktion die basische Seitenkette
in β-Stellung zum Chinolinstickstoff:

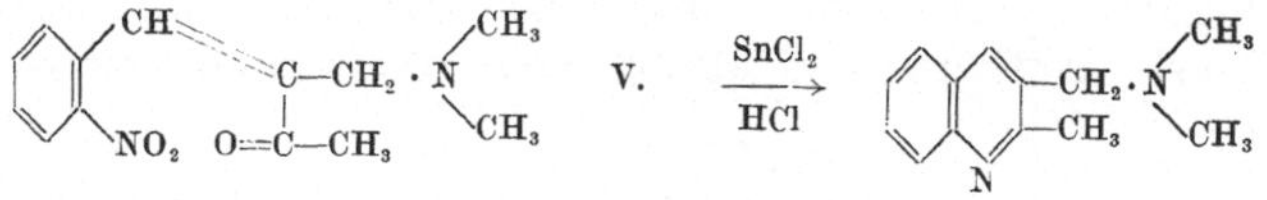

Bei der katalytischen Reduktion des Ketons V bildet sich nicht das
Chinolinderivat, sondern die Isoxim-Verbindung VII, die bei weiterer
energischer Reduktion mit Zinn(II)-salzen in die Base VI übergeht.

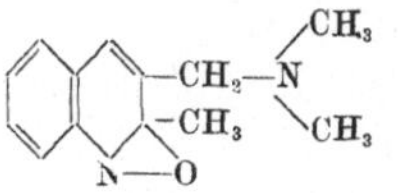

Die Kondensation von Mannich-Basen des Typus Dialkylamino-
butanon mit o-Nitrobenzaldehyd führt nicht immer zu ungesättigten
Nitroketonen der Konstitution V. Diäthylaminobutanon reagiert mit
o-Nitrobenzaldehyd unter Verwendung von Bromwasserstoff-Eisessig als
Kondensationsmittel mit 2 Mol o-Nitrobenzaldehyd unter Bildung
von VIII[3]

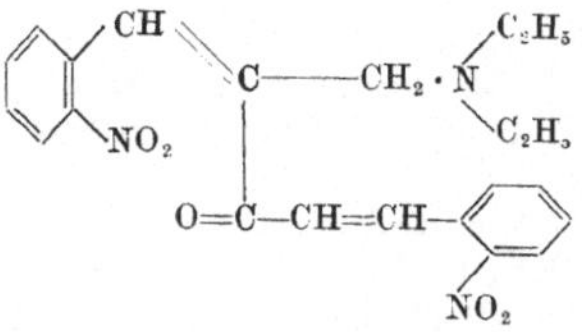

Während bei der Mannich-Reaktion mit Arylidenketonen als acider
Komponente die Kondensation ausschließlich an der Methylgruppe einsetzt, entstehen bei Verwendung von ungesättigten aliphatischen Ke-

---

[1] MANNICH, C., u. O. SCHILLING: Arch. Pharm. **276**, 582 (1933).
[2] MANNICH, C., u. B. REICHERT: Arch. Pharmaz. Ber. dtsch. pharmaz. Ges.
271, 116 (1933).
[3] REICHERT, B.: unveröffentlicht.

tonen, z. B. von Allylaceton[1] mit Formaldehyd und salzsaurem Piperidin, die beiden Basen I und II,

$$CH_2{=}CH{-}CH_2{-}CH_2{-}CO{-}CH_2{-}CH_2{-}NC_5H_{10}, \qquad CH_2{=}CH{-}CH_2{-}CH{-}CO{-}CH_3$$

I. $\overset{|}{C}H_2{-}NC_5H_{10}$ II.

die sich durch fraktionierte Destillation trennen lassen. Die Verbindung mit unverzweigter Kette hat den höchsten Siedepunkt.

4-(2-Thienyl)-3-buten-2-on und seine im Heteroring substituierten Derivate sind ebenfalls mit Formaldehyd und zahlreichen sekundären Aminen zu ungesättigten 1,3-Ketobasen umgesetzt worden[2].

4. Mannich-Reaktion mit alicyclischen Ketonen

Von den alicyclischen Ketonen lassen sich Cyclopentanon[3] und seine Derivate[4], Cyclohexanon[5] und dessen Substitutionsprodukte, Menthon[6], Cycloheptanon[7], Tropolon[8], Bromtropolon[8] und Cyclooctanon[9] aminomethylieren.

Von ihnen sind besonders die Mannich-Basen, die sich vom Cyclohexanon ableiten, eingehend bearbeitet worden.

Cyclohexanon, Formaldehyd und Salze *sekundärer* Amine vereinigen sich in stark exothermer Reaktion zum Dialkylaminomethylcyclohexanon:

$$\begin{array}{c}
CH_2\ H \\
H_2C \quad C{-}CH_2{-}NR_2 \qquad R_2 = \text{Alkylreste, Morpholin,} \\
H_2C \quad C{=}O \qquad\qquad\qquad \text{Piperidin u. a.} \\
CH_2
\end{array}$$

Der Aminrest ist in diesen Basen sehr locker gebunden. So genügt beim salzsauren Salz des Piperidinomethylcyclohexanons Erhitzen bis zum Schmelzpunkt (160°), um den Zerfall in salzsaures Piperidin und Methylencyclohexanon einzuleiten[10]:

$$\begin{array}{c}
CH_2\ H \\
H_2C \quad C \\
\qquad\qquad CH_2 \cdot NC_5H_{10} \xrightarrow[160°]{\Delta} \\
H_2C \quad C{=}O \\
CH_2
\end{array}
\qquad
\begin{array}{c}
CH_2 \\
H_2C \quad C{=}CH_2 \\
\qquad\qquad + HNC_5H_{10} \\
H_2C \quad C{=}O \\
CH_2
\end{array}$$

[1] MANNICH, C., u. W. HOF: Arch. Pharm. **265**, 589 (1927).

[2] BRITTON, S. B., H. C. CALDWELL u. W. L. NOBLES: J. Amer. pharmac. Assoc. **43**, 644 (1954).

[3] MANNICH, C., u. P. SCHALLER: Arch. Pharmaz. Ber. dtsch. pharmaz. Ges. **276**, 575 (1938). — MANNICH, C., u. O. HIERONIMUS: Ber. dtsch. chem. Ges. **75**, 49 (1942). — HARRADENCE, R. H., u. F. LIONS: J. Proc. Roy. Soc. New South Wales **72**, 233 (1938).

[4] DU FEU, E. C., F. J. McQUILLIN u. R. A. ROBINSON: J. chem. Soc. [London] **1937**, 53; vgl. Chem. Zbl. **1939**, I, 4958; Bull. Soc. chim. France [5] **13**, 328 (1946).

[5] MANNICH, C., u. R. BRAUN: Ber. dtsch. chem. Ges. **53**, 1874 (1920). — MANNICH, C., u. PH. HÖNIG: Arch. Pharmaz. Ber. dtsch. pharmaz. Ges. **265**, 598 (1927); weitere umfangreiche Literatur s. S. 145.

[6] MANNICH, C., u. PH. HÖNIG: Arch. Pharmaz. Ber. dtsch. pharmaz. Ges. **265**, 598 (1927).

[7] TREIBS, W., u. M. MÜHLSTAEDT: Chem. Ber. **87**, 407 (1954).

[8] HARTWIG, E.: Angew. Chem. **66**, 605 (1954).

[9] Deutsche Patentanmeldung 1004171 vom 14. 3. 57, BASF Ludwigshafen.

[10] MANNICH, C., u. PH. HÖNIG: Arch. Pharmaz. Ber. dtsch. pharmaz. Ges. **265**, 598 (1927).

Darstellung von Dimethylamino-methyl-(2)-cyclohexanon-(1)[1]: 49 g Cyclohexanon ($^1/_2$ Mol), 9 g Formaldehydlösung ($^1/_{10}$ Mol) und 9 g Dimethylammoniumchlorid ($^1/_{10}$ Mol) erwärmt man, bis nach etwa 5 Minuten die Reaktion eintritt. Ohne weitere Wärmezufuhr geht sodann der stark exotherme Prozeß unter lebhaftem Sieden zu Ende. Nach dem Abkühlen werden der homogen gewordenen Flüssigkeit 50 ml Wasser zugesetzt, das überschüssige Cyclohexanon abgetrennt bzw. durch Ausäthern entfernt. Die wäßrige Lösung wird dann im Vakuum zur Kristallisation eingedampft. Die Ausbeute an schon recht reinem Salz beträgt gegen 85% d. Th. Das salzsaure Salz ist hygroskopisch, leicht löslich in Wasser, Methanol, Äthanol, Chloroform und Aceton. Es kann aus der 8fachen Menge einer Mischung von 1 Teil Alkohol und 4 Teilen Aceton umgelöst werden.

Kristallschuppen vom Schmp. 152°.

Die freie Base destilliert bei 13 mm Druck gegen 100°. Wasserhelle, in Wasser mäßig lösliche Flüssigkeit von basischem Geruch. Sie ist nicht lange haltbar. Schon in 8 Tagen bilden sich reichlich höher siedende Produkte. Die leichte Veränderlichkeit ist dadurch bedingt, daß die Base unter dem Einfluß der eigenen alkalischen Reaktion Selbstkondensation erleidet.

Bei Verwendung von weniger Cyclohexanon und zu starker Erwärmung des Ansatzes bilden sich stickstofffreie Nebenprodukte, darunter eine Verbindung von der Bruttoformel $C_{14}H_{22}O_3$ (Schmp. 149°). Das Produkt stellt den Äther des Oxymethyl-2-cyclohexanon-(1) (I) dar:

$$\begin{array}{ccc}
\text{CH}_2\ \text{H} & & \text{H}\ \text{CH}_2 \\
\text{H}_2\text{C}\quad\text{C—CH}_2\text{—O—CH}_2\text{—C}\quad\text{CH}_2 & & \\
\text{H}_2\text{C}\quad\text{C}=\text{O}\qquad\qquad\text{O}=\text{C}\quad\text{CH}_2 & & \text{I.} \\
\text{CH}_2 & & \text{CH}_2
\end{array}$$

Das bei der thermischen Zersetzung von Salzen der Dialkylaminomethylcyclohexanone beobachtete o-Methylencyclohexanon, das auch bisweilen bei der Aufarbeitung größerer Reaktionsansätze auftreten kann[2], ist nur bei tiefer Temperatur für kurze Zeit beständig. Es dimerisiert sich bereits bei Zimmertemperatur in stark exothermer Reaktion[3]. Die Dimerisierung erfolgt nach Art einer Diensynthese zu einem Monoketon II[4]; das zweite Sauerstoffatom liegt in enolätherartiger Bindung vor:

$$\begin{array}{c}
\text{CH}_2\text{—CH}_2 \\
\text{H} \qquad\qquad\qquad \text{II.} \\
=\text{O}\quad\text{O—}
\end{array}$$

[1] MANNICH, C., u. R. BRAUN: Ber. dtsch. chem. Ges. **53**, 1874 (1920).

[2] REICHERT, B., unveröffentlicht.

[3] MANNICH, C.: Ber. dtsch. Chem. Ges. **74**, 554 (1941).

[4] MANNICH, C.: Ber. dtsch. Chem. Ges. **74**, 557 (1941); vgl. auch K. DIMROTH u. Mitarb.: Ber. dtsch. chem. Ges. **73**, 1399 (1940).

Säuren hydrolysieren die Verbindung II zum Diketoalkohol III,

$$\text{III.}$$

der nach längerer Einwirkung von Säuren (verd. Schwefelsäure) in der Wärme unter Ringverengung in das 1,3-Diketon IV übergeht[1]:

$$\text{IV.}$$

Ähnliche Erscheinungen einer Ringverengung haben auch Tarbell und Mitarbeiter[2] an der aus der Mannich-Base des Benzsuberons erhältlichen Methylenverbindung V beobachtet, die nach Dimerisierung über das Monoketon VI

$$\text{V.}$$

$$\text{VI.}$$

in das Diketon VII übergeht.

$$\text{VII.}$$

5. Fettaromatische Ketone

α) Mit sekundären Aminen. Die Mannich-Reaktion mit fettaromatischen Ketonen als acider Komponente ist eingehend untersucht worden[3]. Mit Dimethylaminsalz, Paraformaldehyd und Acetophenon entsteht in glatter Reaktion Dimethylaminopropiophenon[4] I:

$$C_6H_5 \cdot CO \cdot CH_2 \cdot CH_2 \cdot N(CH_3)_2 \qquad \text{I.}$$

Von kernsubstituierten Acetophenonen lassen sich weder o-Aminoacetophenon und m-Aminoacetophenon[5] noch p-Aminoacetophenon[6] aminomethylieren. Die Mannich-Reaktion gelingt auch nicht mit dem Acetyl-

[1] Mannich, C.: Ber. dtsch. chem. Ges. **74**, 565 (1941).

[2] Tarbell, D. S., F. H. Wilson u. E. Ott: J. Amer. chem. Soc. **74**, 6263 (1953).

[3] Ausführliche Literaturzusammenstellung s. S. 140.

[4] Mannich, C., u. G. Heilner: Ber. dtsch. chem. Ges. **55**, 356 (1922).

[5] Mannich, C., u. M. Dannehl: Arch. Pharmaz. Ber. dtsch. pharmaz. Ges. **276**, 206 (1938).

[6] Kermack, W. O., u. W. Muir: J. chem. Soc. [London] **1931**, 3089.

oder Benzoylderivat des o-Aminoacetophenon, wohl aber mit m-Acet-
und m-Benzamino-acetophenon[1].

Die Reaktion mit fettaromatischen Ketonen führt man zweckmäßig
unter Ausschluß von Wasser durch. Als Lösungsmittel dient vielfach
absoluter Alkohol; Paraformaldehyd und Ketonkomponente werden gewöhnlich im Überschuß eingesetzt. Die salzsauren Salze der Ketobasen
sind im allgemeinen ziemlich beständig; ihre wäßrigen Lösungen zersetzen sich jedoch beim Kochen unter Abspaltung des Aminrestes und
Bildung eines ungesättigten Ketons mehr oder weniger schnell[2]:

$$C_6H_5 \cdot CO \cdot CH_2 \cdot CH_2 \cdot NR_2 \cdot HCl \longrightarrow C_6H_5 \cdot CO \cdot CH{=}CH_2 + HNR_2 \cdot HCl$$

Die Zersetzungsgeschwindigkeit ist eingehend an dem unter dem Han-
delsnamen *Falicain* (WZ) bekanntgewordenen salzsauren Salz des
β-Piperidino-äthyl-p-propoxyphenylketons II

$$H_7C_3O-\langle\ \rangle-CO-CH_2-CH_2-N\langle\ H\ \rangle \qquad \cdot HCl \qquad\qquad II.$$

studiert worden[3].

Diese von E. PROFFT[4] erstmalig synthetisierte Verbindung (II) hat
sich als hochwirksames Lokalanaestheticum von großer Wirkungsbreite
erwiesen. Die Wirksamkeit ist abhängig von der Anzahl der am phenolischen Hydroxyl ätherartig gebundenen Kohlenstoffatome. Mit steigender Kettenlänge der Alkylgruppe des Äthers geht die lokalanästhetische
Wirkung stark zurück[5].

Bei der Verwendung von Thioäthern anstelle der Phenoläther entstehen Verbindungen vom Typ III

$$RS-\langle\ \rangle-CO-CH_2-CH_2-N\langle\ H\ \rangle \qquad\qquad III.$$

die ungiftiger als die entsprechenden Phenolätherbasen (II) sind. Von
ihnen besitzt das Isoamylderivat (III; $R = i-C_5H_{11}-$) vorzügliche
Netzwirkung. In seiner Oberflächenaktivität soll es das bekannte Schaum-
mittel *Gardinol* (WZ) übertreffen[6].

Mannich-Basen, die sich vom α-Phenoxyacetophenon und seinen
ringsubstituierten Derivaten sowie seinem höheren Homologen, dem
α-Phenoxypropiophenon, ableiten, sind relativ unbeständig[7]. Beim Versuch, die aus Piperidin, Formaldehyd und α-Phenoxyacetophenon zugängliche Ketobase im Vakuum zu destillieren, tritt Zersetzung unter
Abspaltung von α-Phenoxyacrylophenon ein.

Am Benzolkern nitrierte Acetophenone kondensieren im allgemeinen
glatt mit befriedigenden Ausbeuten[8,9]. Die Darstellung der freien Basen

[1] Siehe Fußnote 5 S. 24.

[2] MANNICH, C., u. D. LAMMERING: Ber. dtsch. chem. Ges. **55**, 3510 (1922).

[3] BRÄUNIGER, H., u. H. W. RAUDONAT: Arch. Pharmaz. Ber. dtsch. pharmaz.
Ges. **287**, 109 (1954).

[4] PROFFT, E.: Chem. Techn. **3**, 210 (1951); ibid. **4**, 241 (1952); ibid. **5**, 13 (1953).

[5] NAJER, H., P. CHABRIER u. R. GIUDICELLI: Bull. Soc. chim. France [5] **1956**, 613.

[6] PROFFT, E.: Chem. Techn. **5**, 239 (1953).

[7] WRIGHT, J. B., u. E. H. LINCOLN: J. Amer. chem. Soc. **74**, 6301 (1952).

[8] MANNICH, C., u. M. DANNEHL: Arch. Pharmaz. Ber. dtsch. pharmaz. Ges. **276**,
206 (1938).

[9] WHEATLEY, WM. B., WM. E. FITZGIBBON jr. u. LEE C. CHENEY: J. Amer.
chem. Soc. **76**, 4490 (1954).

gelingt indessen nicht. In den aus o- und m-Nitroacetophenon erhältlichen Kondensationsprodukten läßt sich die Nitrogruppe nicht normal reduzieren[1]. p-Nitro-β-dimethylaminopropiophenon liefert dagegen p-Amino-β-dimethylaminopropiophenon[2].

Von Homologen des Acetophenons sind in 4-Stellung verätherte Derivate des *Propiophenons* und *Butyrophenons* der Mannich-Reaktion unterworfen worden[3]. Mit steigender Kettenlänge ist die Reaktionsbereitschaft vermindert. Die Ausbeuten an Ketobasen liegen etwa bei 10% d. Th. Es wird vermutet, daß die Reaktion durch ungünstige sterische Verhältnisse erschwert ist[4].

Diese Tatsache findet eine weitere Bestätigung durch die Befunde von S. Winstein und Mitarbeiter[5], welche zeigen konnten, daß sich *Phenylisopropylketon* und auch *Naphthylisopropylketon* unter den üblichen Bedingungen der Mannich-Reaktion nicht umsetzen lassen.

Dagegen gelang H. R. Snyder und J. G. Brewster die Darstellung der Mannich-Base aus dem Phenylisopropylketon in 8%iger Ausbeute unter extremen Bedingungen durch Zusammenschmelzen der Reaktionspartner bei $150-160°$ [6].

Durch Halogen oder Methoxyl in 4-Stellung substituiertes *1-Acetonaphthon* läßt sich gut aminomethylieren, wenn die Kondensation in *Nitromethan* als Lösungsmittel durchgeführt wird[5]. Nach S. W. Pelletier[7] eignet sich auch *Isoamylalkohol* als Lösungsmittel bei der Reaktion mit 1- und 2-Acetonaphthon. Die erhaltenen Ausbeuten sind doppelt so hoch (50% d. Th.) als die, welche bei der Kondensation in äthylalkoholischer Lösung erhalten werden.

Darstellung von Dimethylaminopropiophenon: 40 g Acetophenon, 10 g feingepulvertes Paraform und 27,5 g Dimethylamin-hydrochlorid (je $^1/_3$ Mol) werden mit 50 ccm Alkohol am Rückflußkühler zum Sieden erhitzt. Unter lebhafter Reaktion geht das Paraform in Lösung. Nach kurzer Zeit ist nur noch wenig Ungelöstes in der Flüssigkeit vorhanden. Nach dem Filtrieren kristallisiert beim Erkalten ein Teil des Kondensationsproduktes (28 g). Die Mutterlauge liefert nach dem Eindampfen auf dem Wasserbad und Verreiben des von Kristallen durchsetzten, öligen Rückstandes mit Aceton noch eine beträchtliche Menge des Körpers (14 g). Das Salz ist sehr leicht löslich in Wasser, schwerer in absol. Alkohol, sehr schwer in Aceton. Aus Alkohol Blättchen, aus Aceton Nadeln vom Schmp. 156°.

Freie Base: Aus der wäßrigen Lösung des salzsauren Salzes mit Natronlauge in Freiheit gesetzt, bildet die Base ein farbloses, basisch riechendes Öl, vom Siedepunkt: 14 mm $110-112°$ (unzersetzt).

β) **Mit primären Aminen.** Wie bereits auf S. 16 beschrieben, verläuft die Mannich-Reaktion mit Ketonen bei Verwendung von primären

---

[1] Siehe Fußnote 8 S. 25. — [2] Siehe Fußnote 9 S. 25.

[3] Hannig, E.: Arch. Pharmaz. Ber. dtsch. pharmaz. Ges. **288**, 560 (1955).

[4] Hannig, E., u. G. Leuschner: Pharmaz. Zentralhalle Deutschland **96**, 570 (1957).

[5] J. org. Chemistry **11**, 215 (1946).

[6] J. Amer. chem. Soc. **71**, 1061 (1949).

[7] Pelletier, S. W.: J. org. Chemistry **17**, 313 (1952).

Aminen nicht einheitlich, sondern führt zu mehreren faßbaren Produkten. Für die Reaktion des Acetophenons mit salzsaurem Methylamin und Formaldehyd bilden sich gemäß den Reaktion:schemen A und B die Verbindungen I und II[1-4]:

A: $C_6H_5 \cdot CO \cdot CH_3 + CH_2O + CH_3NH_2 \cdot HCl \rightarrow C_6H_5COCH_2CH_2NHCH_3 \cdot HCl$ I.

B: $2 C_6H_5COCH_3 + 2 CH_2O + CH_3 \cdot NH_2 \cdot HCl \rightarrow (C_6H_5COCH_2 \cdot CH_2)_2 \cdot NCH_3 \cdot HCl$ II.

Die Verbindungen I und II werden nebeneinander erhalten; die Bildung der tertiären Base II ist dabei bevorzugt[5]. Nach dem Mischungsverhältnis A entsteht die ölige Base I in 29%iger, die kristalline Base II in 43%iger Ausbeute[3]. Bei der Destillation von II mit Wasserdampf erhält man I in nahezu 80%iger Ausbeute. WARNAT[2] beschreibt unter den Reaktionsprodukten eine weitere Verbindung III, deren Entstehung durch sekundäre Aldolkondensation aus II zu deuten ist:

$$
\begin{array}{ccc}
\text{II.} & \longrightarrow & \text{III.}
\end{array}
$$

Die Bildung von III stellt ein Analogon zu den von MANNICH und BALL[6] bei der Kondensation von Aceton mit Formaldehyd und Methylammoniumchlorid aufgefundenen Piperidinderivaten (s. S. 18) dar.

Nach Befunden von PLATI und WENNER[7] entsteht III aus II in ausgezeichneter Ausbeute, wenn man das tertiäre Amin II einige Zeit mit wäßrigem Alkali schüttelt.

Die Ausbeute an II ist weitgehend von der Art des verwendeten Lösungsmittels abhängig. So erhielten PLATI und WENNER[7] folgende Ausbeuten an II: In Benzol-Alkohol (63—88%), Tetrachloräthan (66%), Tetrachlorkohlenstoff (48%), überschüssiges Acetophenon (85%), Wasser (54—57%), ohne Lösungsmittel bei heftiger Umsetzung (70%).

Darstellung von Bis-(β-benzoyläthyl)-methylamin-hydrochlorid (II)[7]: In eine auf 80° erhitzte Mischung von 16,9 g Methylammoniumchlorid und 242 ml Acetophenon trägt man unter Rühren 16 g Paraformaldehyd in Anteilen von je 2 g innerhalb von 32 Minuten ein. Nach dem Abkühlen saugt man scharf ab, wäscht mit Petrolbenzin (Skellysolve B) und löst aus Alkohol um. Die Ausbeute beträgt 85% d. Th. — Schmp. 166—169°.

[1] MANNICH, C., u. G. HEILNER: Ber. dtsch. chem. Ges. 55, 356 (1922).

[2] WARNAT, W.: Festschrift Emil Barell 1936, S. 255.

[3] BLICKE, F. F., u. J. H. BURCKHALTER: J. Amer. chem. Soc. 64, 451 (1942).

[4] PLATI, J. T., u. W. WENNER: J. org. Chemistry 14, 543 (1949); vgl. auch J. org. Chemistry 14, 873 (1949).

[5] Vgl. dagegen C. MANNICH u. O. HIERONIMUS: Ber. dtsch. chem. Ges. 75, 49 (1942).

[6] MANNICH, C., u. G. BALL: Arch. Pharmaz. Ber. dtsch. pharmaz. Ges. 264, 65 (1926).

[7] l. c.

Ohne Lösungsmittel läßt sich Bis-(β-benzoyläthyl)-methylamin-hydrochlorid durch vorsichtiges (!) Erhitzen von 120 g Acetophenon, 32 g Paraformaldehyd und 34 g Methylammoniumhydrochlorid auf 80° unter Rühren erhalten (15—20 Minuten Erhitzen). Nach dem Durcharbeiten des Reaktionsproduktes mit 200 ml Alkohol im Mörser erhält man 116 g des salzsauren Salzes der Base II.

1-Methyl-3-benzoyl-4-hydroxy-4-phenylpiperidin (III)[1]: In eine Aufschwemmung von 14,4 g salzsaurem Bis-(β-benzoyläthyl)-methylamin in 160 ml Wasser tropft man bei Raumtemperatur innerhalb von 30 Minuten eine Lösung von 3,2 g Natriumhydroxyd in 32 ml Wasser unter Rühren ein. Nach etwa einer halben Stunde wird die anfangs ölig ausgeschiedene Base fest. Man saugt ab und kristallisiert aus 70 ml Methanol um. Nach dem Stehenlassen über Nacht erhält man 7,6 g Piperidinderivat (III). Aus der Mutterlauge lassen sich durch Verdünnen mit dem gleichen Volumen Wasser und Umlösen des Niederschlages aus 26 ml Aceton noch weitere 2,7 g Base erhalten. Der Schmelzpunkt der reinen Base liegt bei 138—140°. — Schmp. des in Wasser sehr leicht löslichen salzsauren Salzes der Base 194—196°.

Verwendet man bei der Mannich-Reaktion mit Acetophenon anstelle des Methylammoniumchlorids salzsaures Benzylamin als Aminkomponente, so entsteht bevorzugt die sekundäre Base IV in etwa 65%iger Ausbeute. Tertiäre Basen werden hierbei nur in geringer Menge gebildet[2].

$$C_6H_5 \cdot CO \cdot CH_2 \cdot CH_2 \cdot NHCH_2 \cdot C_6H_5 \qquad\qquad \text{IV.}$$

γ) Mit Ammoniak. Bereits SCHÄFER und TOLLENS[3] haben die Einwirkung von Ammoniumchlorid und Formaldehyd auf Acetophenon beschrieben. Sie erhielten das salzsaure Salz einer Base, die durch Kondensation von 3 Mol Acetophenon, 3 Mol Formaldehyd und 1 Mol Ammoniumchlorid entstanden war. Die von ihnen für die Base aufgestellte Konstitutionsformel I

$$\left.\begin{array}{l} C_2H_5{-}CO \cdot CH_2 \cdot CH_2 \\ C_6H_5 \cdot CO \cdot CH_2 \cdot CH_2 \\ C_6H_5 \cdot CO \cdot CH_2 \cdot CH_2 \end{array}\right\}N \qquad\qquad \text{I.}$$

ist nach Befunden von C. MANNICH und S. M. ABDULLAH[4] nicht richtig, vielmehr soll die wohl ursprünglich auftretende instabile Triketobase I durch innere Kondensation in das isomere stabile Piperidinderivat II übergehen,

$$\begin{array}{c} \text{OH} \\ | \\ C_6H_5{-}C{-\!\!-}CH_2{-}CH_2 \\ | \qquad\qquad\quad | \\ C_6H_5CO{-}CH{-}CH_2{-}N{-}CH_2{-}CH_2{-}CO{-}C_6H_5 \end{array} \qquad \text{II.}$$

das allein unter den von SCHÄFER und TOLLENS angewendeten Bedingungen als Reaktionsprodukt auftritt. Die acyclische instabile Triketoform I konnte von C. MANNICH und S. M. ABDULLAH erstmalig erhalten werden; sie stabilisiert sich leicht beim Aufkochen ihrer alkoholischen Lösung zu II.

---

[1] l. c.

[2] MANNICH, C., u. O. HIERONIMUS: Ber. dtsch. chem. Ges. **75**, 49 (1942).

[3] SCHÄFER, H., u. B. TOLLENS: Ber. dtsch. chem. Ges. **39**, 2181 (1906).

[4] MANNICH, C., u. S. M. ABDULLAH: ibid. **68**, 113 (1935).

Die salzsauren Salze der Basen I und II spalten bei der Wasserdampfdestillation leicht Phenylvinylketon $C_6H_5—CO—CH=CH_2$ ab, das in einer Ausbeute von 30% vom Ausgangsmaterial bequem zugänglich ist. Aus dem Destillationsrückstand läßt sich das salzsaure Salz einer sekundären Base III

$$C_6H_5 \cdot CO \cdot CH_2 \cdot CH_2 {\diagdown \atop \diagup} NH \qquad C_6H_5 \cdot CO \cdot CH_2 \cdot CH_2 \qquad\qquad III.$$

isolieren. Die Base III ist nur in Form ihrer Salze beständig. Sie addiert bereits bei niederen Temperaturen äußerst leicht Phenylvinylketon und geht in die Verbindung II über.

Darstellung von Tris-[β-benzoyl-äthyl]-amin (I): 50 g Acetophenon werden mit 75 ml 33%iger Formaldehydlösung und 16 g Ammoniumchlorid unter häufigem Umschütteln etwa 1 Stunde unter Rückfluß auf dem siedenden Wasserbad erwärmt. Aus der fast homogen gelben Flüssigkeit scheidet sich beim Abkühlen das salzsaure Salz der Base I als farblose Kristallmasse ab. Ausbeute 15—20 g. Schmp. nach dem Umlösen aus verdünntem Alkohol und Trocknen (75°, Vakuum): 145°.

Aus den Mutterlaugen des Ansatzes läßt sich das salzsaure Salz der Base II durch Extraktion mit Chloroform gewinnen. Schmp. 199—200°. — Schmp. der freien Basen: Base I: 67° (Essigester), Base II: 150° (Alkohol).

6. Mannich-Reaktion mit heterocyclischen Ketonen

Auch auf heterocyclische Ketone ist die Mannich-Reaktion allgemein anwendbar.

2-Acetylfuran —CO—CH₃ setzt sich mit Formaldehyd und zahlreichen sekundären Aminen zu den entsprechenden Mannich-Basen um[1, 2]. Mit Diäthylamin als Aminkomponente erfolgt *keine* Umsetzung. Von substituierten Acetylfuranen ist *5-Nitro-2-acetylfuran* mit Dialkyl- und sekundären heterocyclischen Aminen (2-Methylpiperidin) der Kondensation unterworfen worden[3, 4].

Bei der Darstellung der Aminomethylierungsprodukte werden die aciden Komponenten bei Gegenwart von Paraformaldehyd entweder mit den salzsauren Salzen der Basen in Alkohol erhitzt oder mit den freien Basen in alkoholischer Salzsäure 15 Minuten unter Rückfluß gekocht. Nach weiterem Zusatz von Paraformaldehyd kocht man abermals 30 Minuten.

Die salzsauren Salze der aus 5-Nitro-2-acetylfuran erhältlichen Mannich-Basen sind in Form ihrer Semicarbazone oder Thiosemicarbazone wegen ihrer Wasserlöslichkeit für die parenterale Applikation geeignet; sie sollen chemotherapeutisch wirksam sein[4].

---

[1] LEVVY, G. A., u. H. B. NISBET: J. chem. Soc. [London] **1938**, 1053.

[2] KNOTT, E. B.: J. chem. Soc. [London] **1947**, 1190.

[3] CALDWELL, H. C., u. W. L. NOBLES: J. Amer. pharmac. Assoc., sci. Edit. **44**, 273 (1955).

[4] A.P. 2663710 (1950), Eaton Laboratories Inc. Erf. K. J. HAYES: Chem. Zbl. **1955**, 7980.

Mit *α-Acetobenzofuran* als acider Komponente werden ebenfalls Mannich-Basen erhalten[1].

2-Acetylthiophen $\overset{\displaystyle\bigcap}{\underset{S}{\bigsqcup}}$–COCH₃ reagiert mit primären[2] und sekundären Aminen[3,4] in der Mannich-Reaktion. Von seinem Homologen ist das *2-Propionylthiophen* der Aminomethylierung unterworfen worden[2].

Auch *Acetylthionaphthen* –COCH₃ setzt sich mit Formaldehyd und sekundären Aminen zu den entsprechenden *β*-Ketobasen um[5].

Mit Mannich-Basen des *2-Acetyl-4-phenylthiazol*

sind weitere Umsetzungen durchgeführt worden. Die Einwirkung von Phenylhydrazin auf 4-Phenyl-2-thiazolyl-*β*-dialkylaminoäthylketon-hydrochlorid ergibt unter Abspaltung der Aminkomponente 1-Phenyl-3-(4′-phenyl-2′-thiazolyl)-pyrazolin I

I.

Die oben beschriebenen Thiophenderivate zeigen geringe lokalanästhetische Wirkung.

Vom *2-Acetyldibenzothiophen* sind Mannich-Basen mit kompliziert gebauten Aminen dargestellt worden[6]. Mit Formaldehyd und Tetrahydro-isochinolin-hydrochlorid entsteht die Ketobase II

II.

Ähnlich reagiert *4-Acetyldibenzothiophen*[6].

Mannich-Basen des 7-Acetonyl-theophyllin[7]: Je nach Art der Reaktionsbedingungen werden bei der Umsetzung mit 7-Acetonyl-theophyllin verschiedene Mannich-Basen erhalten. Wird die Aminkomponente in Form des salzsauren Salzes eingesetzt, so erfolgt Aminomethylierung an der Methylgruppe unter Bildung der Verbindung III:

III.

[1] Siehe Fußnote 2 S. 29.
[2] BLICKE, F. F., u. J. H. BURCKHALTER: J. Amer. chem. Soc. **64**, 451 (1941).
[3] LEVVY, G. A., u. H. B. NISBET: l. c.
[4] HARRADENCE, R. H., u. F. LIONS: J. Proc. Roy. Soc. New South Wales **72**, 233 (1938).
[5] BLICKE, F. F., u. SHEETS: J. Amer. chem. Soc. **71**, 2856 (1949).
[6] BURGER, A., u. H. W. BRYANT: J. Amer. chem. Soc. **63**, 1954 (1941).
[7] SPIEGELBERG, H., u. K. DOEBEL: Helv. chim. Acta **39**, 283 (1956).

mit *freien* sekundären Aminen tritt Aminomethylierung an der Methylengruppe ein, es entstehen Mannich-Basen vom Typ IV:

$$H_3C-N-C=O \quad \begin{array}{c} CH_2 \cdot NR_2 \\ | \\ CH-CO-CH_3 \end{array}$$

IV.

Die Darstellung der Theophyllin-Mannich-Basen wird durch 14 stündiges Erhitzen bei 85—90° in Nitrobenzol in Gegenwart von wasserfreiem Aluminiumchlorid durchgeführt.

Aus der Reihe der durch einen Acetylrest (in 2- und 3-Stellung)
substituierten *9-Methylcarbazole*

sind ebenfalls Mannich-Basen bekanntgeworden[1]. Die Reaktion gelingt
mit Dialkylaminen und Tetrahydroisochinolin.

Ebenso läßt sich das cyclische Keton 1-Keto-9-methyl-1,2,3,4-
tetrahydrocarbazol in 2-Stellung aminomethylieren[1]:

Bei Ketonen aus der *Morphin*reihe ist eine Aminomethylierung
nicht durchführbar. RAPOPORT und SMALL[2] haben bei der Behandlung
von Dihydrocodeinon (R=H) und 1-Bromdihydrocodeinon (R—Br) mit
Formaldehyd und den salzsauren Salzen sekundärer Amine nicht
die erwarteten Dimethylaminomethylverbindungen erhalten, sondern
7,7'-Methylenbis-(dihydrocodeinon) bzw. 7,7'-Methylenbis-(1-brom-di-
hydrocodeinon):

Versuche Dihydrodesoxycodein zu aminomethylieren schlugen ebenfalls fehl[2].

Darstellung von 7,7'-Methylenbis-(1-brom-dihydrocodeinon)[2]: Eine
Mischung aus 1,8 g Paraformaldehyd, 4,8 g salzsaurem Dimethylamin,
25 ml Benzol, 15 ml Nitrobenzol und 0,05 ml konz. Salzsäure wird unter
Rühren $^1/_2$ Stunde unter Rückfluß erhitzt. Hierauf fügt man 20 g
1-Brom-dihydrocodeinon hinzu und erhitzt weitere $1^1/_2$ Stunden (Wasser-

[1] RUBERG, L. A., u. L. F. SMALL: J. Amer. chem. Soc. **60**, 1591 (1938).
[2] RAPOPORT, H., u. L. SMALL: J. org. Chemistry **12**, 834 (1947).

abscheider). Das Reaktionsgemisch wird in 250 ml 2%ige Essigsäure
eingerührt. Die abgetrennte, die organische Lösungsmittel enthaltende
Schicht wird nochmals mit 2%iger Essigsäure, dann mit Wasser ausgeschüttelt. Man wäscht die vereinigten essigsauren Lösungen mit Äther
und alkalisiert mit Ammoniak. Das ausgefällte Reaktionsprodukt wird
in Essigester aufgenommen, die Essigesterschicht eingeengt und der
Abdampfrückstand mit Äthanol digeriert. Es werden 11,7 g (= 90%
d. Th.) 7,7'-Methylenbis-(1-brom-dihydrocodeinon) erhalten. Schmp.
nach dem Umlösen aus Aceton 274—275°. — Das Bishydrochlorid
kristallisiert mit 3 Mol Kristallwasser und schmilzt bei 273°.

II. Mannich-Reaktion mit Aldehyden

α) **Mit sekundären Aminen.** Die Umsetzung von aliphatischen
Aldehyden mit Formaldehyd und den Salzen sekundärer Amine führt
zu N-substituierten β-Aminoaldehyden. Es tritt, wie bei den Ketonen,
das der Aldehydgruppe benachbarte C-Atom in Reaktion. Bei Aldehyden,
die mehrere verfügbare Wasserstoffatome in Nachbarstellung zur Carbonylgruppe enthalten, nimmt die Reaktion zumeist einen komplizierten
Verlauf. So haben C. MANNICH, B. LESSER und F. SILTEN[1] zeigen können, daß bei der Verwendung von i-Valeraldehyd, n-Butylaldehyd und
Propionaldehyd außer den normal zu erwarteten N-substituierten
β-Aminoaldehyden auch durch weitere Aminomethylierung Diamino-
aldehyde oder Aminooxydaldehyde auftreten. Durch geeignete Mol-
konzentrationen der Ausgangskomponenten kann die Ausbeute am ge-
wünschten Aminoketon gelenkt werden.

i-Valeraldehyd reagiert mit salzsauren Aminsalzen und Formaldehyd
bei Verwendung von je einem Mol der Komponenten unter Bildung der
Verbindung

$$\begin{array}{c}CH_3 \\ \\ CH_3\end{array}\!\!>\!CH\!-\!CH\!-\!C\!<\!\begin{array}{c}H \\ \\ O\end{array} \qquad \underset{\displaystyle CH_2\!-\!NR_2}{} \qquad R=-CH_3;\ \ R_2-C_5H_{10} \qquad I.$$

Setzt man jedoch *zwei* Mol Formaldehyd ein, so entsteht die Verbindung II

$$\begin{array}{c} \\ \\ CH_2OH \\ | \\ CH_3\!\!>\!CH\!-\!C\!-\!C\!<\!\begin{array}{c}H\\O\end{array} \\ | \\ CH_2\cdot N\!<\!\begin{array}{c}CH_3\\CH_3\end{array} \end{array} \qquad II.$$

Im β-Oxy-β-aminoaldehyd II ist die $-CH_2OH$-Gruppe sehr locker gebunden. Es genügt die Einwirkung von wäßriger Natriumsulfitlösung,
um 1 Mol Formaldehyd aus II in Form der Bisulfitverbindung unter
Rückbildung von I herauszuspalten.

Gleich dem i-Valeraldehyd bilden sich auch die Mannich-Basen aus
dem n-Butyraldehyd und Propionaldehyd sehr leicht. Sie sind jedoch
recht unbeständig und spalten, besonders in Gegenwart von verdünnten
Säuren, schnell α-*Alkyl-acrolein* ab.

---

[1] MANNICH, C., B. LESSER u. F. SILTEN: Ber. dtsch. chem. Ges. **65**, 378 (1932).

Je nach Wahl der Molverhältnisse entstehen aus *Propionaldehyd* die Basen III und IV:

$$CH_3 \cdot \underset{\underset{CH_2 \cdot NR_2}{|}}{CH} - C \overset{H}{\underset{O}{<}} \quad III. \qquad CH_3 - \underset{\underset{CH_2 \cdot NR_2}{|}}{\overset{\overset{CH_2-NR_2}{|}}{C}} - C \overset{H}{\underset{O}{<}} \quad IV.$$

Für das aus 1 Mol Acetaldehyd, 3 Mol Formaldehyd und 2 Mol salzsaurem Dimethylamin unter Austritt von 1 Mol Wasser gebildete Reaktionsprodukt, das, gleich der dazugehörigen Base, sehr empfindlich ist, diskutieren C. MANNICH und Mitarbeiter die Formel V:

$$HOH_2C - \underset{\underset{CH_2 \cdot N<^{CH_3}_{CH_3}}{|}}{\overset{\overset{CH_2 \cdot N<^{CH_3}_{CH_3}}{|}}{C}} - C \overset{H}{\underset{O}{<}} \qquad V.$$

Diese Auffassung wird von LOGAN und SCHAEFFER[1] bestätigt.

Mit sehr guten Ausbeuten läßt sich *Isobutyraldehyd*, der nur ein verfügbares Wasserstoffatom besitzt, aminomethylieren. In Ausbeuten bis zu 80% entsteht bei Verwendung von salzsaurem Dimethylamin als Aminkomponente α, α-Dimethyl-β-dimethylamino-propionaldehyd; VI:

$$\overset{CH_3}{\underset{CH_3}{>}}N - CH_2 - \underset{\underset{CH_3}{|}}{\overset{\overset{CH_3}{|}}{C}} - C \overset{H}{\underset{O}{<}} \qquad VI.$$

Darstellung von α, α-Dimethyl-β-dimethylamino-propionaldehyd[2]: 17 g Isobutyraldehyd (über Paraverbindung gereinigt!), 16 g salzsaures Dimethylamin, 10 ml absol. Alkohol und 9 g Paraformaldehyd werden unter häufigem Schütteln 1 Stunde am Rückflußkühler gekocht. Nach weiterer Zugabe von 9 g Paraformaldehyd wird eine weitere Stunde erhitzt. Die Mischung wird hierbei homogen. Beim Erkalten kristallisiert aus dem Ansatz das salzsaure Salz der Base (VI) aus. Nach dem Umlösen aus Aceton schmilzt es zwischen 152—153° (sehr hygroskopisch). — Siedepunkt der freien Base: 142—144°.

LOGAN und SCHAEFFER[1] haben die Mannich-Reaktion unter Verwendung von Monochlor- und Dichloracetaldehyd als acider Komponente eingehend studiert, um festzustellen, ob die Aldolkondensation gegenüber der Aminomethylierung begünstigt ist, wenn die Zahl der verfügbaren Wasserstoffatome am α-Kohlenstoffatom des Aldehyds durch Substitution reduziert wird. Monochloracetaldehyd und Dichloracetaldehyd reagieren mit 2 Mol Formaldehyd und 1 Mol Dimethylaminsalz unter Bildung der α-Hydroxyaldehyde VII und VIII

$$\overset{CH_3}{\underset{CH_3}{>}}N - CH_2 - \underset{\underset{Cl}{|}}{\overset{\overset{CH_2OH}{|}}{C}} - C \overset{H}{\underset{O}{<}} \quad VII. \qquad \overset{CH_3}{\underset{CH_3}{>}}N - CH_2 - \underset{\underset{Cl}{|}}{\overset{\overset{Cl}{|}}{C}} - CH(OH) - C \overset{H}{\underset{O}{<}} \quad VIII.$$

---

[1] LOGAN, A. V., u. W. SCHAEFFER: J. Amer. chem. Soc. **74**, 5538 (1952).
[2] MANNICH, C., B. LESSER u. F. SILTEN: Ber. dtsch. chem. Ges. **65**, 381 (1932).

Da bei der Kondensation des Dichloracetaldehyds die entsprechende Mannich-Base in mehr als 80% Ausbeute entsteht, ist die Mannich-Reaktion der Aldolkondensation gegenüber begünstigt.

Von EILAR und MOC[1] ist angegeben worden, daß aliphatische, sekundäre Amine mit 12 und mehr Kohlenstoffatomen bei Verwendung von Acetaldehyd, Propionaldehyd und Isobutyraldehyd als acider Komponente Mannich-Basen in zwischen 80—90% liegenden Ausbeuten liefern sollen. Gegenüber Ketonreagenzien verhalten sich derartige Basen refraktär.

Von kompliziert aufgebauten Aldehyden haben HELLMANN und LINGENS[2] den γ-Acetamino-γ-carbäthoxy-γ-cyan-butyraldehyd IX der Mannich-Reaktion unterworfen,

$$\underset{\underset{CN}{|}}{\overset{\overset{NHCOCH_3}{|}}{H_5C_2OOC-C-CH_2-CH_2-C}}\diagdown{\overset{H}{\underset{O}{}}} \qquad IX.$$

um über die Mannich-Base zu der für den Stickstoffwechsel verschiedener Pflanzen bedeutungsvollen γ-Methylenglutaminsäure X

$$\underset{\underset{CH_2}{\|}\quad\underset{NH_2}{|}}{HOOC-C-CH_2-CH-COOH} \qquad X.$$

zu gelangen. Mit Dimethylamin als Aminkomponente entsteht die entsprechende Mannich-Base in 75%iger Ausbeute; die Umwandlung in X verläuft unbefriedigend.

Die Tatsache, daß Aldehyde eine Cannizzaro-Reaktion eingehen können, wird von CHENEY[3] bei einer mit der Mannich-Reaktion gekoppelten Umsetzung ausgenutzt. So läßt sich, ausgehend vom Isobutyraldehyd, Paraformaldehyd und salzsaurem Morpholin 2,2-Dimethyl-3-(4-morpholinyl)-1-propanol:

$$\begin{array}{cc} CH_2-CH_2 & CH_3 \\ \diagup \quad \diagdown & | \\ O \qquad N-CH_2-C-CH_2OH \\ \diagdown \quad \diagup & | \\ CH_2-CH_2 & CH_3 \end{array}$$

in einem Arbeitsgang gewinnen. Die Synthese derartiger Verbindungen verdient Interesse, da verschiedene β,β-Dimethyl-4-morpholinylpropylester substituierter Essigsäuren *Antispasmodia* von relativ geringer Toxizität darstellen[4].

Darstellung von 2,2-Dimethyl-3-(4-morpholinyl)-1-propanol durch gekoppelte Mannich-Cannizzaro-Reaktion: In einem 2-Liter-Tscherniakkolben, der einen Rückflußkühler, Rührer, Tropftrichter und ein Thermometer, das bis fast auf den Boden des Kolbens reicht, trägt, gibt man 123,6 g (= 1 Mol) salzsaures Morpholin, 86,5 g (= 1,1 Mol) Isobutyraldehyd, 30 g (= 1 äquivalent) Paraformaldehyd und 90 ml ab-

---

[1] EILAR, K. R., u. O. A. MOC: J. Amer. chem. Soc. **75**, 3841 (1953).
[2] HELLMANN, H., u. F. LINGENS: Chem. Ber. **89**, 77 (1956).
[3] CHENEY, L. C.: J. Amer. chem. Soc. **73**, 685 (1951).
[4] CHENEY, L. C., u. W. G. BYWATER: J. Amer. chem. Soc. **64**, 970 (1942). — ROWE: J. Amer. pharmac. Assoc., sci. Edit. **31**, 57 (1942). — CHASE, B. H., A. J. LEHMANN u. F. F. YONKMAN: Folia pharmacol. japon. **81**, 174 (1944).

soluten Alkohol. Die Mischung wird im Wasserbad unter Rückfluß und dauerndem Rühren 2 Stunden lang erhitzt. Hierauf fügt man nochmals 30 g Paraformaldehyd hinzu und erhitzt weitere 4 Stunden unter Rühren am Rückfluß. Das ölige Reaktionsgemisch wird nunmehr in Eis-Kochsalz gekühlt und mit einer Lösung von 66 g (1 Mol) 85%igem Kaliumhydroxyd in 80 ml Wasser versetzt. Die Temperatur steigt hierbei auf $8-10°$ an. Hierauf fügt man 100 ml Formalinlösung (35%) hinzu und versetzt anschließend vorsichtig mit einer warmen milchigen Suspension von 300 g (4,6 Mol) 85%igen Kaliumhydroxyd in 530 ml Methanol. Die Temperatur soll hierbei 60° nicht übersteigen. Man steigert sie allmählich auf 65 bis 70° und rührt abermals 4 Stunden. Durch anschließendes einstündiges Erhitzen auf $80-85°$ wird die Reaktion vervollständigt. Nunmehr destilliert man das Lösungsmittel mit Hilfe eines Ölbades ab. Sobald die Innentemperatur des Ansatzes 103° erreicht hat, kühlt man in Eiswasser ab und rührt 200 ml Äther und 400 ml Wasser ein. Nach dem Abtrennen des Äthers im Scheidetrichter extrahiert man die dunkelbraune wäßrige Phase dreimal mit je 200 ml Äther. Die vereinigten Ätherauszüge werden mit einer frisch bereiteten Natriumbisulfitlösung (aus 100 g Natriumbisulfit bereitet) geschüttelt, über wasserfreiem Kaliumcarbonat getrocknet und nach dem Abdampfen des Extraktionsmittels der Destillation unterworfen. Bei $101-102,5°$ unter 2,5 mm gehen 110,6 g ($= 63,7\%$) der Alkoholbase über. $n_D^{20} = 1,4639$.

β) **Mit primären Aminen.** Beim Stehenlassen einer wäßrigen Lösung von salzsaurem Methylamin, Formaldehyd und Acetaldehyd wird etwa $^1/_5$ der eingesetzten Aminkomponente zum Arecaidinaldehyd (II) umgesetzt[1]:

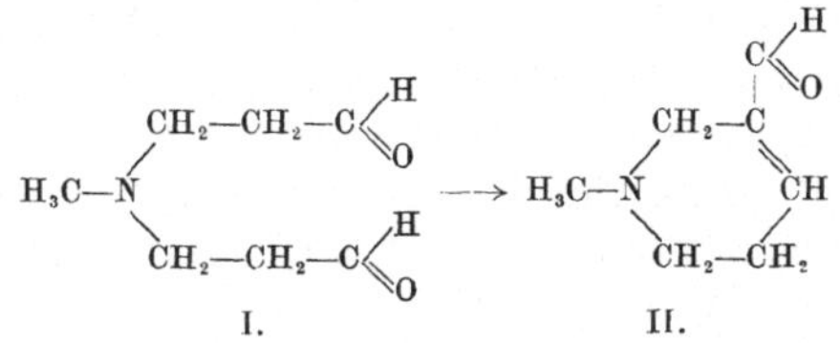

$$H_3C-N\begin{cases} CH_2-CH_2-CHO \\ CH_2-CH_2-CHO \end{cases} \longrightarrow \text{(II)}$$

I.   II.

Die Reaktion verläuft vermutlich über den nicht faßbaren Dialdehyd (I). Da sie sich bei einem p_H von etwa 3,0 vollzieht, wird angenommen, daß der Aufbau des Arecaidinaldehyds und damit des Arecanussalkaloids Arecolin auch in der Natur aus obigen Bausteinen erfolgt.

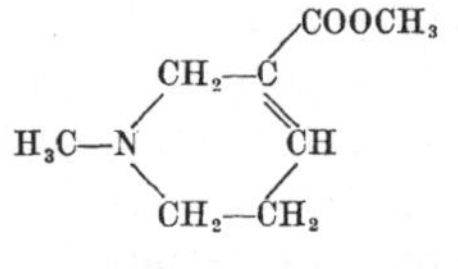

$$\text{Arecolin}$$

Die höchsten Ausbeuten an Arecaidinaldehyd erhält man, wenn man die Komponenten 15 Stunden auf 70° erhitzt.

Isobutyraldehyd, Paraformaldehyd und salzsaures Methylamin reagieren unter Bildung von β-Methylamino-α, α-dimethyl-propionaldehyd[2]

---

[1] MANNICH, C.: Ber. dtsch. chem. Ges. **75**, 1480 (1942).
[2] MANNICH, C., u. H. WIEDER: Ber. dtsch. chem. Ges. **65**, 385 (1932).

$$H_3C-NH-CH_2-\underset{\underset{CH_3}{|}}{\overset{\overset{CH_3}{|}}{C}}-C\underset{O}{\overset{H}{\diagup}}$$

Als Nebenprodukte treten höher kondensierte, nicht näher charakterisierte Verbindungen auf. Bei der Destillation der Rohbase erhält man außer hochsiedenden Produkten zwei Fraktionen. Neben dem Methylaminoaldehyd tritt eine durch Selbstkondensation entstandene Base auf, deren Konstitution als die eines inneren Äthers des 1,3,3,5,7,7-Hexamethyl-4-8-dioxy-bis-trimethylendiamins erkannt wurde:

Der aus 2 Metoxazinringen zusammengesetzte Äther wird durch Behandeln mit Salzsäure in den Methylaminoaldehyd zurückverwandelt.

Darstellung von β-Methylamino-α, α-dimethylpropionaldehyd: 34 g salzsaures Methylamin, 14 g Paraformaldehyd und 36 g Isobutyraldehyd, der über sein Polymeres gereinigt und frisch destilliert ist, werden unter häufigem Umschütteln im siedenden Wasserbad am Rückflußkühler erhitzt, bis eine homogene, gelbliche Flüssigkeit entstanden ist (3—4 Stunden). Beim Erkalten erstarrt das Kondensationsprodukt zu einer salbenartigen Masse, die nach längerem scharfem Trocknen im Exsiccator zu einem krümeligen Pulver wird. Es besteht in der Hauptsache aus dem salzsauren Salz der Aldehydbase.

Zur Darstellung des freien Aminoaldehyds löst man das salzsaure Salz in der doppelten Menge Wasser, äthert aus und versetzt mit 50%iger Kalilauge. Das sich abscheidende gelbbraune Öl wird in Äther aufgenommen und anschließend 2—3 Stunden über Kaliumcarbonat getrocknet. Nach dem Abdestillieren des Äthers wird der Rückstand im Vakuum destilliert. Der Methylaminoaldehyd geht bei 48°/12 mm über. Ausbeute 35%. Zwischen 105—112°/12 mm folgt in einer Ausbeute bis gegen 40% ein bald erstarrendes Öl, das aus dem inneren Äther des 1,3,3,5,7,7-Hexamethyl-4-8-dioxy-bis-trimethylendiamins besteht.

Als sekundäres Amin läßt sich der β-Methylamino-α, α-dimethylpropionaldehyd als Aminkomponente für eine abermalige Mannich-Reaktion (doppelte Mannich-Reaktion) verwenden[1]. Die Umsetzung des salzsauren Salzes der Aldehydbase mit Formaldehyd und Aceton führt über die 1,7-Dicarbonylverbindung

---

[1] MANNICH, C., u. E. BUCHHOLZER: Chem. Ber. **80**, 19 (1947).

$$H_3C-N\Big<\begin{matrix}CH_2-\overset{\displaystyle CH_3}{\underset{\displaystyle CH_3}{C}}-C\Big<\begin{matrix}H\\O\end{matrix}\\CH_2-CH_2-CO-CH_3\end{matrix}$$

unter Wasseraustritt zum 1,2,3-Trimethyl-5-acetyl-Δ-4,5-tetrahydro-pyridin

$$H_3C-N\Big<\begin{matrix}CH_2-C\big<\begin{matrix}CH_3\\CH_3\end{matrix}\\CH\\CH_2-C\end{matrix}\\CO-CH_3$$

Eine Ketolreaktion, wie sie von C. MANNICH und G. BALL[1] bei der Kondensation von Aceton, Formaldehyd und Methylamin beobachtet wurde, tritt im vorliegenden Fall nicht ein.

Die Reaktion des Aminoaldehyds mit Formaldehyd und Aceton verläuft nicht einheitlich. Unter den höher siedenden Anteilen konnte eine Verbindung isoliert werden, die durch Kondensation von 2 Mol der Aldehydbase und 1 Mol Formaldehyd ohne Beteiligung der aciden Komponente entstanden ist. Vermutlich handelt es sich um den Diaminodialdehyd

$$H_3C-N\Big<\begin{matrix}CH_2-\overset{\displaystyle CH_3}{\underset{\displaystyle CH_3}{C}}-C\Big<\begin{matrix}H\\O\end{matrix}\\CH_2\\\\H_3C-N\Big<\begin{matrix}\\CH_2-\overset{\displaystyle CH_3}{\underset{\displaystyle CH_3}{C}}-C\Big<\begin{matrix}H\\O\end{matrix}\end{matrix}\end{matrix}$$

Verwendet man anstelle von Aceton Acetophenon als acide Komponente, so erhält man folgende Ketobase[2]:

$$H_3C-N\Big<\begin{matrix}CH_2-\overset{\displaystyle CH_3}{C}-CH_3\\CH\\CH_2-C\end{matrix}\\CO-C_6H_5$$

III. Mannich-Reaktionen mit Alkinen

Das bewegliche Wasserstoffatom substituierter Acetylene vom Typus des Phenylacetylens läßt sich, wie C. MANNICH und F. T. CHANG[3] als erste gezeigt haben, durch den Dialkylaminomethylrest austauschen. Aus Phenylacetylen, Diäthylamin und Paraformaldehyd erhält man 1-Phenyl-3-diäthylamino-propin-(1):

$$C_6H_5\cdot C\equiv CH + CH_2O + HN\Big<\begin{matrix}C_2H_5\\C_2H_5\end{matrix} \rightarrow C_6H_5\cdot C\equiv C-CH_2-N\Big<\begin{matrix}C_2H_5\\C_2H_5\end{matrix}$$

[1] MANNICH, C., u. G. BALL: Arch. Pharmac. **264**, 65 (1926).
[2] REICHERT, B.: unveröffentlicht.
[3] MANNICH, C., u. FU TSONG CHANG: Ber. dtsch. chem. Ges. **66**, 418 (1933).

Die Reaktion verläuft ohne Schwierigkeiten und in bis zu 80% betragenden Ausbeuten, wenn man die Komponenten längere Zeit (5 bis 15 Stunden) auf 100° in Dioxan erhitzt. Auch im aromatischen Kern substituierte Phenylacetylene — o-Nitrophenylacetylen, p-Nitrophenylacetylen, p-Methoxyphenylacetylen und o-Aminophenylacetylen — gehen die Mannich-Reaktion ein.

Darstellung von 1-Phenyl-3-diäthylamino-propin-(1): 10,2 g Phenylacetylen, 8 g Diäthylamin, 3,6 g Paraformaldehyd und 15 ml Dioxan werden am Rückflußkühler 15 Stunden auf dem Wasserbad erhitzt. Nach dem Abkühlen säuert man an, verdünnt mit Wasser und äthert zur Entfernung nichtbasischer Anteile (etwa 1 g) aus. Die durch Kalilauge in Freiheit gesetzte Base destilliert unter 18 mm bei 137° als farbloses Öl. Die Ausbeute beträgt 15 g (80% d. Th.). — Das salzsaure Salz kristallisiert aus Aceton in farblosen Blättchen vom Schmp. 136 bis 137°.

Als Aminkomponente bei der Aminomethylierung des Phenylacetylens sind auch komplizierte Amine eingesetzt worden[1]. Der dem bekannten Analgeticum *Dolantin* (WZ) nahe verwandte 4-Phenylpiperidin-4-carbonsäureäthylester läßt sich mit Formaldehyd und Phenylacetylen zur Alkinbase (I) umsetzen:

$$H_5C_6 \quad COOC_2H_5$$

I.

$$CH_2-C{\equiv}C-C_6H_5$$

Die Verbindung I und ihre Analoga zeigen starke analgetische Wirkungen. Die Mannich-Reaktion mit dem *un*substituierten Acetylen ist von Reppe[2] eingehend studiert worden. Sie gelingt nach dem von Mannich und Chang[3] angegebenen Verfahren nicht, sondern erfordert im Gegensatz zu den Aryl- und Vinylacetylenen als acider Komponente zur Erhöhung der Protonenbeweglichkeit der Methinwasserstoffatome die Anwesenheit von Katalysatoren.

Als besonders geeignet haben sich hierbei die Metalle der ersten Nebengruppe des periodischen Systems, insbesondere Kupfer, erwiesen[4]. Man kann bei der Reaktion Kupferacetylid in fester Form als Katalysator verwenden oder aber auch irgendeine Kupferverbindung, die während der Reaktion in das Acetylid übergeführt wird. Bei Gegenwart von Kupferkatalysator bildet Acetylen bereits bei 25° in essigsaurem Medium mit Dimethylamin und wäßrigem 30%igem Formaldehyd 3-Dimethylamino-propin-(1) (II) neben wenig 1,4-Bis-(dimethylamino)-butin-(2) (III):

$$H_3C{\diagdown}N-CH_2-C{\equiv}CH \quad \text{II.} \qquad H_3C{\diagdown}N-CH_2-C{\equiv}C-CH_2-N{\diagup}CH_3 \quad \text{III.}$$

[1] Elpern, Bill, L. N. Gardner u. L. Grumbach: J. Amer. chem. Soc. **79**, 1951 (1957).
[2] Reppe, W., u. Mitarb.: Liebigs Ann. Chem. **596**, 1 (1956).
[3] Mannich, C., u. F. T. Chang: Ber. dtsch. chem. Ges. **66**, 418 (1933).
[4] DRP 724759.

Die Reaktion beschränkt sich nicht auf die Verwendung von Form-aldehyd, sie gelingt auch mit Acetaldehyd, n-Propylaldehyd und Benzaldehyd als Aldehydkomponente.

Mit primären Aminen verläuft die Reaktion weniger glatt.

Leichter als Acetylen reagiert Butin-(1)-ol-(3)[1] unter Bildung von 1-Dialkylamino-pentin-(2)-ol-(4) (IV) bei Gegenwart eines Kupfer-katalysators in essigsaurer Lösung:

$$H_3C-CH-C\equiv CH + HOCH_2NR_2 \rightarrow H_3C-CH-C\equiv C-CH_2-NR_2+H_2O \qquad IV.$$
$$\underset{OH}{|} \qquad\qquad\qquad \underset{OH}{|}$$

Diese Umsetzung verläuft auch in Dioxanlösung mit Hilfe von wasserfreiem Zinkchlorid oder primärem Natriumphosphat[2]; sie ist sogar *ohne* Anwesenheit eines Katalysators durchführbar[3].

Darstellung von 1-Diäthylaminopentin-(2)-ol-(4)[4]: Eine Aufschläm-mung von 30 g Paraformaldehyd in 80 g Dioxan wird mit 73 g Diäthyl-amin, 71 g Butin-(1)-ol-(3) und 20 g wasserfreiem primären Natrium-phosphat mehrere Stunden lang unter Rühren am Rückflußkühler er-hitzt. Bei der fraktionierten Destillation erhält man 25 g 1-Diäthyl-amino-pentin-(2)-ol-(4). — Siedepunkt: 118—122°/20 mm. — Die Aus-beute läßt sich durch Verwendung von 30 g wasserfreiem Zinkchlorid anstelle von primärem Natriumphosphat steigern.

Gut reagiert auch Monovinylacetylen mit Formaldehyd und sekun-dären Aminen[5]. Während die Ausbeute beim Einsatz aliphatischer sekundärer Basen oder Piperidin bis zu 90% betragen kann, erhält man bei der Verwendung von Dicyclohexylamin als Aminkomponente das gewünschte Produkt in nur 10%iger Ausbeute[6].

Die aus Monovinylacetylen zugänglichen Mannich-Basen werden als Insecticide verwendet.

α-Aminoalkine lassen sich in Gegenwart von Quecksilber-(II)-salzen enthaltender Schwefelsäure zu α-Amino-ketonen hydratisieren. Aus *3-Diäthylamino-propin*-(1)[7] und 3-Diäthylamino-butin-(1)[7] entstehen Diäthylamino-aceton bzw. 3-Diäthylamino-butanon-(2).

Beispiele für die Wasseranlagerung.

Diäthylamino-aceton: 222 g 3-Diäthylamino-propin-(1)[7] werden lang-sam in 500 g 50%ige mit 5 g Quecksilber-(II)-oxyd versetzte und auf 70—80° erwärmte Schwefelsäure eingetragen. Die Temperatur erhöht sich dabei auf etwa 100°. Nach einstündigem Stehen wird mit Natron-lauge neutralisiert, wobei sich zwei Schichten bilden. Die untere Schicht wird ausgeäthert und die ätherische Lösung mit der oberen Schicht ver-einigt. Man erhält 120 g Diäthylamino-aceton als farbloses, unangenehm riechendes Öl vom Sdpkt. 156—158° (unter Verfärbung und beginnen-der Zersetzung, i. v. unzersetzt destillierbar bei 61—64°/23).

----

[1] Siehe Fußnote 4. — [2] DRP 895595; 1943 BASF.
[3] Jones, E. R. H., u. Mitarb.: J. chem. Soc. [London] **1947**, 1578.
[4] Reppe, W., u. Mitarb.: Liebigs Ann. Chem. **596**, 20 (1956).
[5] Coffman, D. D.: J. Amer. chem. Soc. **57**, 1978 (1935).
[6] Carothers, W. H.: A.P. 2110199; Du Pont de Nemours & Co.; vgl. Chem. Zbl. **1938**, I, 3821.
[7] Darstellung nach Reppe u. Mitarb.: Liebigs Ann. Chem. **596**, 18 (1956).

3-Diäthylamino-butanon-(2): 250 g 3-Diäthylamino-butin-(1) werden in kleinen Anteilen zu 500 g mit 5 g Quecksilber-(II)-oxyd versetzter warmer 50%iger Schwefelsäure gegeben und das Gemisch $^1/_2$ Stunde sich selbst überlassen. Bei der Destillation geht das Diäthylaminobutanon als farblose, an der Luft sich bräunende Flüssigkeit über. Sdpkt. 168°.

An zahlreichen Beispielen ist auch gezeigt worden, daß substituierte Alkine der Mannich-Reaktion zugänglich sind. So haben DORNOW und ISCHE[1] aus Propargylaldehyd-diäthyl-acetal, Formaldehyd und sekundären Aminen Verbindungen vom Typ I

$$R_2N\text{—}H_2C\text{—}C\equiv CH \overset{\displaystyle OC_2H_5}{\underset{\displaystyle OC_2H_5}{|}} \qquad I.$$

erhalten.

Die aus 1-Methoxybuten-(1)-in(3) mit Dimethylamin und Formaldehyd entstehende Base II

$$HC\text{=}CH\text{—}C\equiv C\text{—}CH_2\text{—}N(CH_3)_2 \atop \underset{\displaystyle OCH_3}{|} \qquad II.$$

zeigt parasympathicomimetische Wirkung. 1-Methyl-buten-(1)-in(3) läßt sich dagegen nicht mit primären Aminen bzw. Ammoniak oder Ammoniumsalzen als Aminkomponente zu Mannich-Basen umsetzen.

Auch tertiäre Alkinbasen der allgemeinen Zusammensetzung III

$$HC\equiv C\text{—}(CH_2)_n\text{—}NR_2 \qquad III. \qquad\qquad n = 2 \text{ und } 3 \\ R = \text{—}CH_3; \ \text{—}C_2H_5$$

sind als acide Komponente in der Mannich-Reaktion verwendet worden[2]. Es bilden sich hierbei tertiäre Diamine vom Typ IV

$$R_2N\text{—}CH_2\text{—}C\equiv C\text{—}(CH_2)_n\text{—}NR_2 \qquad IV.$$

Über Mannich-Reaktionen mit Alkinolen und Alkinoläthern liegen mehrere Arbeiten vor [3-5].

Kurzkettige *Alkinsäureester* vom Typ des Monopropargyl- und Dipropargyl-essigsäuremethylesters, des Monopropargyl- und Dipropargylmalonsäurediäthylesters, ferner der Butyl-propargylessigsäuremethylester und der Butyl-propargylmalonsäurediäthylester sind unter Verwendung von Diäthylamin und Piperidin als Aminkomponente der Mannich-Reaktion unterworfen worden[6]. Von ihnen ließ sich der Monopropargylmalonsäurediäthylester nicht in eine Mannich-Base überführen. Während mit dem Dipropargylmalonsäurediäthylester 2 Mol

[1] DORNOW, A., u. F. ISCHE: Chem. Ber. **89**, 870 (1956).

[2] EPSZSTEIN, R., M. OLOMUCKI u. I. MARSZAK: Bull. Soc. chim. France [5] **20**, 952; Chem. Zbl. **1954**, 3678. — Literatur über weitere Arbeiten mit tertiären Alkinbasen als Ausgangsmaterial s. S. 133.

[3] PAUL, R., u. S. TSCHELITSCHEFF: Bull. Soc. chim. France [5] **20**, 417 (1953); vgl. Chem. Zbl. **1954**, 1450.

[4] JONES, E. R. H., J. MARSZAK u. H. BADER: J. chem. Soc. [London] **1947**, 1578.

[5] GUERMONT, J. P.: Bull. Soc. chim. France [5] **20**, 386 (1953); Chem. Zbl. **1954**, 4828,

[6] PACZKOWSKI, G,: Diss. Berlin 1956.

Diäthylamin in Reaktion treten, reagiert der Dipropargylessigsäure-methylester nur mit einem Mol Diäthylamin. Die Mannich-Basen des Butyl-propargyl-essigsäuremethylesters bzw. des Butyl-propargylmalon-säurediäthylesters zeigen lokalanästhetische Wirkung, die bei vollstän-diger Hydrierung der ungesättigten Bindungen erlischt.

IV. Mannich-Reaktion mit Monocarbonsäuren

Von substituierten Essigsäuren reagieren nur solche in der Mannich-Reaktion, deren Wasserstoffatome durch negative Gruppen weitgehend aufgelockert sind. Die Substitution durch einen Phenylrest genügt nicht, um die nötigen Voraussetzungen für eine Umsetzung zu schaffen.

Phenylessigsäure und *o-Nitrophenylessigsäure* verhalten sich refraktär. Dagegen lassen sich sowohl die *4-Nitrophenylessigsäure* als auch die *2,4-Dinitrophenylessigsäure* aminomethylieren[1].

Beim Versuch, *Cyanessigsäure* als acide Komponente in der Mannich-Reaktion einzusetzen, konnte kein definiertes Reaktionsprodukt er-halten werden[2]. *Phenylcyanessigsäure* (I)[3] läßt sich unter Abspaltung der Carboxylgruppe aminomethylieren. Im Reaktionsprodukt (II) ist der Aminrest sehr locker gebunden, er spaltet sich sehr leicht unter Bildung des ungesättigten Nitrils (III) ab:

$$\underset{\text{I.}}{C_6H_5-\underset{|}{\overset{|}{C}H}-COOH} \longrightarrow \underset{\text{II.}}{C_6H_5-\underset{\underset{CH_2-NR_2}{|}}{\overset{\overset{CN}{|}}{C}H}} \longrightarrow \underset{\text{III.}}{C_6H_5-\underset{\overset{\|}{CH_2}}{\overset{\overset{CN}{|}}{C}}}$$

Nitroessigsäure liefert, in Form ihres Kaliumsalzes mit Piperidin und Formaldehyd umgesetzt, eine kristalline Verbindung der vermutlichen Zusammensetzung[4]:

$$\begin{array}{l} C_5H_{10}N-CH_2 \\ C_5H_{10}N-CH_2 \end{array}\!\!\!\!\Big\rangle CH-NO_2$$

Die beiden optisch aktiven Formen der *ortho-Nitromandelsäuren* sollen bei der Umsetzung mit Formaldehyd und Piperidin die ent-sprechenden optisch aktiven Mannich-Basen geben[5]. Nach Befunden von J. MEINWALD und F. B. HUTTO[6] bildet sich aber statt der Mannich-Base I nur die salzartige Verbindung II:

I.   II.

[1] MANNICH, C., u. L. STEIN: Ber. dtsch. chem. Ges. **58**, 2659 (1925).

[2] MANNICH, C., u. E. GANZ: Ber. dtsch. chem. Ges. **55**, 3486 (1922).

[3] AVISON, A., u. A. L. MORRISON: J. chem. Soc. [London] **1950**, 1474.

[4] BUTENANDT, A., u. H. HELLMANN: Hoppe-Seyler's Z. physiol. Chem. **284**, 168 (1949).

[5] GRILLOT, G. F., u. RAYMOND I. BASHFORD: J. Amer. chem. Soc. **73**, 5598 (1951).

[6] MEINWALD, J., u. F. B. HUTTO: J. Amer. chem. Soc. **75**, 485 (1953).

In α-Stellung substituierte α-*Phenylsulfonyl-essigsäuren* der allgemeinen Zusammensetzung:

$$\langle\!\!\!\bigcirc\!\!\!\rangle\!-SO_2-CH-COOH \qquad R = Alkyl, Benzyl$$
$$\qquad\qquad\quad |$$
$$\qquad\qquad\quad R$$

sind der Mannich-Reaktion zugänglich[1]. Die Reaktion gelingt auch mit kernsubstituierten Phenylsulfonylessigsäuren.

7. Mannich-Reaktion mit Monocarbonsäureestern und -nitrilen

Von den Estern der Monocarbonsäuren haben H. HELLMANN und K. SEEGMÜLLER[2] aus Estern der unsubstituierten *Cyanessigsäure* mit Formaldehyd und sekundären Aminen durch sehr schnelle Arbeitsweise unter guter Kühlung Kondensationsprodukte erhalten. Diese stellen jedoch nicht die normalen Mannich-Basen

$$CN$$
$$|$$
$$CH-CH_2NR_2$$
$$|$$
$$COOR'$$

dar, sondern bestehen aus Mannich-Basen des Methylen-bis-cyanessigesters:

$$\qquad\quad CN \qquad\quad CN$$
$$\qquad\quad | \qquad\qquad |$$
$$R_2N-CH_2-C-CH_2-C-CH_2-NR_2 \qquad\qquad NR_2 = N(CH_3)_2;\ \text{Piperidyl; Morpholyl}$$
$$\qquad\quad | \qquad\qquad | \qquad\qquad\qquad\qquad\qquad R' = CH_3;\ C_2H_5$$
$$\qquad\ COOR' \quad\ COOR'$$

Über die Interpretation des Reaktionsverlaufes vgl. Lit.[3].

Phenyl- und *Benzylcyanessigester* lassen sich mit Piperazin als Aminkomponente in Mannich-Basen überführen.

Sehr glatt verläuft die Reaktion mit Acylaminocyanessigestern[4].

Nitroessigsäureester reagiert nicht, wenn als Aminkomponente *sekundäre* Basen eingesetzt werden. Dagegen läßt sich besonders bei Verwendung *primärer* Amine Aminomethylierung erzielen[5]. BUTENANDT und HELLMANN[4] haben bei der Mannich-Reaktion mit Nitroessigestern mit Piperidin nur ein glasiges nicht kristallines Produkt erhalten. Auch *Hippurester* widersteht der Aminomethylierung[4].

Von Derivaten der *Diphenylessigsäure* reagiert das *Diphenylacetonitril* bei niederen Temperaturen mit Formaldehyd und Dimethylamin in guter Ausbeute unter Bildung von α, α-Diphenyl-β-dimethylaminopropionitril[6]. Führt man die Kondensation bei höheren Temperaturen aus, so sinkt die Ausbeute. Das salzsaure Salz des α, α-Diphenyl-β-dimethylaminopropionitrils spaltet sich beim Erhitzen in wäßriger oder

[1] CHODROFF, S., u. W. F. WHITMORE: J. Amer. chem. Soc. **72**, 1073 (1950).

[2] HELLMANN, H., u. K. SEEGMÜLLER: Chem. Ber. **90**, 1363 (1957).

[3] HELLMANN, H., u. K. SEEGMÜLLER: Chem. Ber. **90**, 1363 (1957),

[4] BUTENANDT, A., u. H. HELLMANN: Hoppe-Seyler's Z. physiol. Chem. **284**, 168 (1949).

[5] DORNOW, A., u. A. FRESE: Liebigs Ann. Chem. **578**, 122 (1952); **581**, 211 (1953); DORNOW, A., D. HAHMANN u. B. OBERKOBUSCH: Liebigs Ann. Chem. **588**, 62 (1954).

[6] ZAUGG, H. E., BRUCE W. HORROM u. M. R. VERNSTEN: J. Amer. chem. Soc. **75**, 288 (1953).

schwach saurer Lösung in seine Ausgangskomponenten (rückläufige
Mannich-Reaktion); beim Erhitzen in 75%iger Schwefelsäure auf 140°
tritt keine rückläufige Mannich-Reaktion, sondern normale Nitrilverseifung zur α, α-Diphenyl-β-dimethylaminopropionsäure ein.

Es wird angenommen, daß sich im stark sauren Medium zunächst
ein salzähnliches Additionsprodukt bildet, in dem die Polarisierbarkeit
der Nitrilgruppe, die die rückläufige Mannich-Reaktion begünstigt, stark
reduziert ist.

Die starke Abhängigkeit bei der Mannich-Reaktion des Diphenylacetonitrils von der Temperatur und der Wasserstoffionenkonzentration
dürfte die negativen Befunde von L. KATZ und L. S. KARGER[1] mit
Diphenylacetonitril befriedigend erklären.

Mit Nitroacetonitril konnten W. RIED und E. KÖHLER[2] die entsprechenden Piperidin- und Morpholin-Mannich-Basen darstellen.

Aus *Benzylcyanid*, dem Nitril der Phenylessigsäure, läßt sich mit
Morpholin als Aminkomponente eine recht unbeständige Mannich-Base
gewinnen[3]:

$$C_6H_5\text{—}\underset{\underset{CN}{|}}{CH}\text{—}CH_2\text{—}N\!\!<\!\!\overset{}{H}\!\!>\!\!O$$

o-Nitrobenzylcyanid geht keine Mannich-Reaktion ein[4].

8. Mannich-Reaktion mit Oxo-monocarbonsäuren

Bei der Umsetzung der *Brenztraubensäure* mit Formaldehyd und
sekundären Aminen tritt nicht nur Ersatz eines Wasserstoffatoms der
Methylgruppe durch den Aminomethylrest ein, es erfolgt weitere Substitution eines weiteren Wasserstoffatoms durch Formaldehyd zur
Methylolverbindung und Wasserabspaltung unter Bildung eines γ-Lac-
tons[5]:

$$\begin{array}{ccc} O{=}C\text{———}CH & \text{—}CH_2\text{—}NR_2 \\ |\qquad\quad | \\ O{=}C\qquad CH_2 \\ \diagdown O \diagup \end{array}$$

Acetessigsäure wird nach Befunden von MANNICH und CURTAZ[6] unter
Verlust der Carboxylgruppe sowohl einfach als auch zweifach aminomethyliert. Aus acetessigsaurem Dimethylamin und Formaldehyd erhält
man Dimethylaminobutanon (I) (s. S. 13) und 1-Dimethylamino-2-(dimethylaminomethyl)-butanon-(3) (II):

$$CH_3\text{—}CO\text{—}CH_2\text{—}CH_2\text{—}N(CH_3)_2 \qquad\qquad CH_3\text{—}CO\text{—}CH\!\!\begin{array}{c} \diagup CH_2\text{—}N(CH_3)_2 \\ \diagdown CH_2\text{—}N(CH_3)_2 \end{array}$$
I.   II.

[1] KATZ, L., u. L. S. KARGER: J. Amer. chem. Soc. **74**, 4085 (1952).
[2] RIED, W., u. E. KÖHLER: Liebigs Ann. Chem. **598**, 145 (1956).
[3] ZIEF, M., u. J. PH. MASON: J. org. Chemistry **8**, 1 (1943).
[4] HELLMANN, H., u. E. RENZ: Chem. Ber. **84**, 901 (1951).
[5] MANNICH, C., u. M. BAUROTH: Ber. dtsch. chem. Ges. **57**, 1108 (1924).
[6] MANNICH, C., u. K. CURTAZ: Arch. Pharmaz. Ber. dtsch. pharmaz. Ges. **264**, 743 (1926).

Auch *monosubstituierte Acetessigsäuren* (Methyl-, Äthyl-, Allyl-, Benzyl-acetessigsäure) lassen sich in glatter Reaktion mit bis zu 60% betragenden Ausbeuten zu den entsprechenden Mannich-Basen umsetzen.

Präparativ werden zunächst die Äthylester eingesetzt, die vor der Durchführung der Kondensation mit 2,5%iger Kalilauge verseift werden. Als Ausführungsbeispiel ist nachstehend die Darstellung des 1-Piperidino-2-benzylbutanons-(3), $CH_3-CO-CH(CH_2C_6H_5)-CH_2-NC_5H_{1c}$ aufgeführt.

Darstellung von 1-N-Piperidino-2-benzyl-butanon-(3) [1]: 33 g (0,15 Mol) Benzylacetessigester werden mit 380 ml 2,5%iger Kalilauge so lange geschüttelt, bis der größte Teil des Esters in Lösung gegangen ist. Nach 2 tägigem Stehenlassen im Eisschrank (gelegentliches Umschütteln) wird vom Ungelösten (Benzylaceton) abgetrennt und sorgfältig mit Salzsäure neutralisiert. Zur neutral reagierenden gut gekühlten Flüssigkeit fügt man 18,3 g (= 0,15 Mol) salzsaures Piperidin und 15 ml 30%ige Formaldehydlösung hinzu. Eine alsbald auftretende alkalische Reaktion wird durch Zugabe geringer Mengen starker Salzsäure beseitigt. Man benötigt zur Vervollständigung der Reaktion, bei der lebhafte Kohlensäureentwicklung einsetzt, etwa 10 ml 38%ige Salzsäure.

Zur Beseitigung von Nebenprodukten wird ausgeäthert, anschließend mit starker Kalilauge alkalisch gemacht und mit Äther extrahiert. Man erhält bei der fraktionierten Destillation etwa 17 g Base, die zwischen 180—183° unter 14 mm Druck übergehen. Schmp. des in Wasser leicht löslichen Salzes (aus Aceton, Blättchen) 145°.

Die Mannich-Kondensation monosubstituierter Acetessigsäuren mit *primären* Aminen liefert Ketobasen, deren Trennung durch die nicht einheitlich verlaufende Umsetzung und durch die Labilität der entstehenden Basen erschwert ist.

Lävulinsäure, $CH_3-CO-CH_2-CH_2-COOH$, läßt sich mit sekundären Aminen und Formaldehyd glatt umsetzen [2]. Die Aminomethylierung erfolgt an der der Ketogruppe benachbarten Methylgruppe.

Die mit Dimethylamin als Aminkomponente erhältliche 6-Dimethylamino-4-ketocapronsäure ist für die Synthese cyclischer Ketone herangezogen worden. Die Kondensation der 6-Dimethylamino-4-ketocapronsäure mit Malonester ergibt nach Hydrolyse und Decarboxylierung in 56%iger Ausbeute γ-Ketosuberinsäure, die sich in Suberon überführen läßt [3]:

$$\begin{array}{c} H_5C_2OOC \\ \\ H_5C_2OOC \end{array}\!\!\!\!>\!CH_2 + \begin{array}{c} H_3C \\ \\ H_3C \end{array}\!\!\!\!>\!N-CH_2-CH_2-\underset{\underset{O}{\|}}{C}-CH_2-CH_2-COOH \longrightarrow$$

$$HOOC-(CH_2)_3-\underset{\underset{O}{\|}}{C}-(CH_2)_2-COOH \longrightarrow \quad \begin{array}{ccc} H_2C & \!\!\!-\!\!\!- & CH_2 \\ | & & | \\ H_2C & & CH_2 \\ | & & | \\ H_2C & -\underset{\underset{O}{\|}}{C}- & CH_2 \end{array} \qquad \text{Suberon}$$

---

[1] Siehe Fußnote 6 S. 43.

[2] MANNICH, C., u. M. BAUROTH: Ber. dtsch. chem. Ges. **57**, 1108 (1924).

[3] DODSON, R. M., u. P. SOLLMANN: J. Amer. chem. Soc. **73**, 4197 (1951).

Bei der *γ-Acetobuttersäure*, $CH_3-CO-CH_2-CH_2-CH_2-COOH$, tritt die Mannich-Reaktion wie bei der Lävulinsäure an der endständigen Methylgruppe[1] unter Bildung der entsprechenden Aminoketoönanthsäuren ein.

Benzoylessigsäure läßt sich, besonders wenn Piperidin als Aminkomponente verwendet wird, in Ausbeuten bis zu 90% in die entsprechenden Ketobasen überführen[2].

Benzoylessigsäure dient als acide Komponente bei der Synthese des Lobeliaalkaloids *Lobelamin*. Mit Glutardialdehyd als Mittelkomponente und Methylamin vereinigen sich 2 Mol Benzoylessigsäure mit je einem Mol der beiden anderen Komponenten unter Abspaltung von 2 Mol Wasser und 2 Mol Kohlendioxyd zu Lobelamin. Die unter physiologischen Bedingungen ausführbare Reaktion wird durch Sonnenbestrahlung bei Temperaturen zwischen 25—28° eingeleitet und gefördert. Sie liefert Lobelamin in bis zu 90% betragenden Ausbeuten[3].

$$C_6H_5-CO-CH_2-COOH + \text{(Glutardialdehyd, } CH_3-NH_2) + H_2C(HOOC)-CO-C_6H_5 \longrightarrow \text{Lobelamin}$$

9. Mannich-Reaktion mit Oxo-monocarbonsäureestern

Die Ester der Ketocarbonsäuren zeigen im Vergleich zu den freien Säuren ein abweichendes Verhalten in der Mannich-Reaktion. Nicht substituierte *Acetessigester* und *Benzoylessigester* lassen sich nicht mit sekundären Aminen und Formaldehyd umsetzen. Als Reaktionsprodukte erhält man lediglich die entsprechenden Methylenbisverbindungen, *Methylenbisacetessigester* bzw. *Methylenbisbenzoylacetessigester*[4].

Monoalkylierte Acetessigester reagieren mit sekundären Aminen unter Bildung normaler, aber sehr instabiler Mannich-Basen[5]. Ihr Verhalten steht im Gegensatz zu den Malonestern (s. S. 48), die keine Mannich-Reaktion eingehen.

Aus cyclischen Oxomonocarbonsäureestern lassen sich Mannich-Basen des *Cyclohexanoncarbonsäureäthylesters* und des *Cyclopentanoncarbonsäureäthylesters* darstellen[6].

[1] CHOUDHURI, N., u. P. C. MUKKARJI: J. Indian. chem. Soc. **29**, 336 (1952).

[2] MANNICH, C., u. K. CURTAZ: Arch. Pharmaz. Ber. dtsch. pharmaz. Ges. **264**, 741 (1926).

[3] KLOSA, J.: Pharmazie 8, 1030 (1953).

[4] KNOEVENAGEL, A.: Liebigs Ann. Chem. **281**, 94 (1894).

[5] BODENDORF, K., K. J. KRÜGER u. F. ZERNIAT: Liebigs Ann. Chem. **562**, 1 (1949).

[6] MANNICH, C., u. ED. STRAUSS: Arch. Pharmaz. Ber. dtsch. pharmaz. **Ges. 280** 361 (1942).

Die Umsetzung vollzieht sich sehr leicht und liefert ziemlich unbeständige Ketobasen:

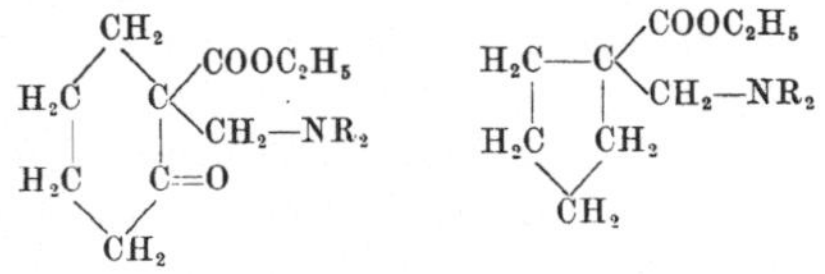

$$\begin{array}{ccc}
\text{CH}_2 & & \text{COOC}_2\text{H}_5 \\
\text{H}_2\text{C}\quad\text{C} & \quad & \text{H}_2\text{C}-\text{C} \\
\text{H}_2\text{C}\quad\text{C}=\text{O} & \text{CH}_2-\text{NR}_2 & \text{H}_2\text{C}\quad\text{CH}_2 \\
\text{CH}_2 & & \text{CH}_2
\end{array}$$

Von den Benzoesäureestern der den Ketobasen entsprechenden Alkoholbasen sind die vom Cyclohexanoncarbonsäureester abgeleiteten pharmakologisch indifferent, während die dem Cyclopentanoncarbonsäureester zugehörigen außerordentlich starke Lokalanaesthetica darstellen.

V. Mannich-Basen mit Dicarbonsäuren und ihren Estern

In der *Malonsäure* lassen sich beide verfügbaren Wasserstoffatome nach Befunden von C. MANNICH und B. KATHER[1] aminomethylieren. Unter den Bedingungen der Reaktion spaltet sich hierbei eine Carboxylgruppe der CH-aciden Verbindung als Kohlendioxyd ab.

Alkylsubstituierte Malonsäuren liefern ohne Eliminierung einer Carboxylgruppe normale Mannich-Basen[2]. Aus *Äthylmalonsäure*, Formaldehyd und Dimethylamin bildet sich Dimethylaminoäthylmalonsäure[1]

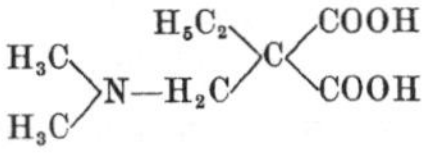

$$\begin{array}{c}
\text{H}_3\text{C} \\
\text{N}-\text{H}_2\text{C} \\
\text{H}_3\text{C}
\end{array}
\begin{array}{c}
\text{H}_5\text{C}_2 \quad \text{COOH} \\
\quad\text{C} \\
\quad\quad \text{COOH}
\end{array}$$

Phenyl-[3] und *Benzylmalonsäure*[2] gehen unter Verlust einer Carboxylgruppe in die entsprechenden Aminomonocarbonsäuren über[2, 4].

Von der durch eine basische Seitenkette monosubstituierten Malonsäure hat die 2-(α-Pyridyl)-allylmalonsäure für die Synthese des in einer großen Anzahl von Leguminosen vorkommenden Alkaloids *Cytisin* Bedeutung. Die Synthese dieser Pflanzenbase verläuft über folgende Stufen[5]:

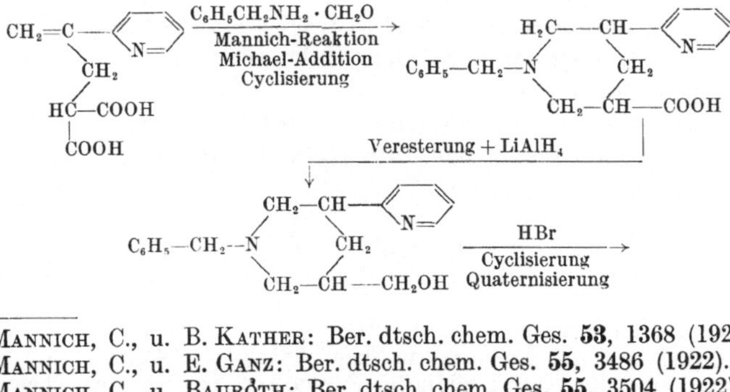

[1] MANNICH, C., u. B. KATHER: Ber. dtsch. chem. Ges. **53**, 1368 (1920).
[2] MANNICH, C., u. E. GANZ: Ber. dtsch. chem. Ges. **55**, 3486 (1922).
[3] MANNICH, C., u. BAURÓTH: Ber. dtsch. chem. Ges. **55**, 3504 (1922).
[4] HARDEGGER, E., u. M. CORRODI: Helv. chim. Acta **39**, 980 (1956).
[5] VAN TAMELEN, E., u. J. S. BARAN: J. Amer. chem. Soc. **77**, 4944 (1955).

Die Mannich-Reaktion der *Tartronsäure*, $HO-\overset{\displaystyle COOH}{\underset{\displaystyle COOH}{CH}}$, mit primären,

sekundären Aminen und Ammoniak als Aminkomponente vollzieht sich bei Verwendung des *sauren* Aminsalzes der Säure unter ganz milden Bedingungen. Die erhaltenen Kondensationsprodukte zeigen eine noch größere Neigung, Kohlendioxyd abzuspalten als die Mannich-Basen der Malonsäure. Auch der Aminrest ist sehr locker gebunden und wird beim Erwärmen der Basen mit Natronlauge oder Wasser eliminiert.

Der Zerfall der Dimethylaminomethyltartronsäure bei der Einwirkung von Wasser verläuft in zwei Richtungen. Etwa 50% der eingesetzten Menge gehen unter Verlust von Dimethylamin und Kohlendioxyd in Brenztraubensäure über:

$$HO-\overset{\displaystyle COOH}{\underset{\displaystyle COOH}{C}}-CH_2-N(CH_3)_2 \longrightarrow H_2C=\overset{\displaystyle OH}{C}-COOH + CO_2 + HN(CH_3)_2$$

Aus der anderen Hälfte wird lediglich Kohlendioxyd unter Bildung von β-Dimethylamino-α-oxy-propionsäure (=N-Dimethyl-i-serin) abgespalten:

$$HOOC-\overset{\displaystyle OH}{CH}-CH_2-N(CH_3)_2$$
N-Dimethyl-i-serin

Auch die aus Methylamin, Formaldehyd und Tartronsäure zugängliche Methylaminomethyltartronsäure erleidet beim Erhitzen mit Wasser eine analoge Spaltung. N-Methyl-i-serin bildet sich hierbei als Hauptprodukt:

$$HO-\overset{\displaystyle COOH}{\underset{\displaystyle COOH}{C}}-CH_2-NHCH_3 \longrightarrow HO-\overset{\displaystyle COOH}{CH}-CH_2-NHCH_3 + CO_2$$
N-Methyl-i-serin

Darstellung von Dimethylamino-methyltartronsäure[1]: 3,6 g *Tartronsäure* (= 0,03 Mol) werden mit 1,5 g kaltem Wasser angerührt, unter Eiskühlung genau mit 50%iger Dimethylaminlösung neutralisiert und weitere 3,6 g Tartronsäure zugegeben. Zu der so erhaltenen Lösung des sauren Dimethylaminsalzes der Tartronsäure werden 6 g Formaldehydlösung DAB VI (0,06 Mol) zugefügt. Bereits nach 1 tägigem Stehenlassen

---

[1] MANNICH, C., u. M. BAUROTH: Ber. dtsch. chem. Ges. **55**, 3504 (1922).

ist der Formaldehydgeruch nur noch schwach wahrnehmbar, die Masse erstarrt allmählich. Nach weiteren 2 Tagen werden die Kristalle scharf abgesaugt und mit wenig verd. Methanol gewaschen. Die Ausbeute beträgt 6 g. Zur Reinigung löst man die Substanz in etwa der $3^1/_2$fachen Menge Wasser von $60-70°$, fügt den gleichen Raumteil Methanol und so viel Äther hinzu, als zur beginnenden Kristallabscheidung erforderlich ist.

Die Verbindung kristallisiert in Tafeln und zersetzt sich bei etwa $115°$ unter stürmischer Kohlendioxydabspaltung.

Spaltung in N-Dimethyl-i-serin. Eine Lösung von 3,6 g (Dimethylaminomethyl)-tartronsäure in 10 ml Wasser wird auf dem Wasserbade etwa 1 Stunde lang erwärmt, darauf mit 2,5 ml konz. Salzsäure versetzt und zur Trockne eingedampft. Beim Anreiben des Abdampfrückstandes mit absol. Alkohol gehen die Spaltstücke Brenztraubensäure und salzsaures Dimethylamin in Lösung, während das salzsaure Salz des **N-Di**methyl-i-serins in einer Ausbeute von 1,5 g kristallin zurückbleibt. Aus heißem Alkohol erhält man büschelförmig angeordnete Stäbchen vom Schmp. $145-146°$. Die Substanz ist sehr leicht löslich in Wasser, schwer in kaltem Alkohol, unlöslich in Aceton.

Malonsäureester. a) *Mono*ester der Malonsäure:

Mit Malonsäurehalbester läßt sich die Mannich-Reaktion durchführen. Bei der Umsetzung tritt indessen gleichzeitig Decarboxylierung ein[1].

$$\begin{array}{c} COOC_2H_5 \\ | \\ CH_2 \\ | \\ COOH \end{array} \quad + CH_2O + NR_2 \longrightarrow \quad \begin{array}{c} COOC_2H_5 \\ | \\ CH_2 \end{array}-CH_2 \cdot NR_2 + CO_2 + H_2O$$

*Mono*substituierte Malonsäurehalbester ergeben keine Mannich-Basen, sondern lediglich *Acrylester*[1].

Die als Zwischenprodukte anzunehmenden Mannich-Basen spalten spontan sekundäres Amin und Kohlendioxyd ab:

$$\underset{H}{\overset{Alk}{>}}C\underset{COOH}{\overset{COOC_2H_5}{<}} + CH_2O + HNR_2 \longrightarrow \left[\underset{CH_2NR_2}{\overset{Alk}{>}}C\underset{COOH}{\overset{COOC_2H_5}{<}}\right] \longrightarrow \underset{CH_2}{\overset{Alk}{>}}C\overset{COOC_2H_5}{<}$$

b) *Di*ester der Malonsäure und ihre Substitutionsprodukte:

Verwendet man in der Mannich-Reaktion unsubstituierte oder monoalkyl- bzw. monoarylsubstituierte Malonsäuredialkylester, so erhält man keine Aminomethylierungsprodukte[2].

Bei den nichtsubstituierten Estern beobachtet man das Auftreten von Methylen-*mono*-malonester (I) und Methylen-*bis*-malonester (II):

$$H_2C=C\underset{COOC_2H_5}{\overset{COOC_2H_5}{<}} \quad I. \qquad \underset{H_5C_2OOC}{\overset{H_5C_2OOC}{>}}HC-CH_2-CH\underset{COOC_2H_5}{\overset{COOC_2H_5}{<}} \quad II.$$

[1] MANNICH, C., u. K. RITSERT: Ber. dtsch. chem. Ges. **57**, 1116 (1924).
[2] MEERWEIN, H., u. W. SCHÜRMANN: Liebigs Ann. Chem. **398**, 215 (1913).

VI. Mannich-Basen mit Tri- und Tetracarbonsäuren und ihren Estern

Mit Äthantricarbonsäure und Dimethylamin erhält man bei der Mannich-Reaktion die entsprechende Base

$$\text{HOOC}-\text{H}_2\text{C}-\overset{\displaystyle \text{COOH}}{\underset{\displaystyle \text{COOH}}{\overset{|}{\underset{|}{\text{C}}}}}-\text{CH}_2-\text{N}\big\langle{\!}^{\text{CH}_3}_{\text{CH}_3}$$

die leicht unter Abspaltung einer Carboxylgruppe in Dimethylamino-methylbernsteinsäure übergeht[1].

Auch mit primären Aminen (Methylamin) ist die Kondensation mit Äthantricarbonsäure als acider Komponente mit Erfolg durchgeführt worden[2].

Verwendet man *Äthantetracarbonsäure* in der Mannich-Reaktion, so spaltet sich bereits während der Kondensation eine Carboxylgruppe ab; es entstehen die entsprechenden Mannich-Basen der Äthantricarbonsäure[1].

Von Tricarbonsäure*estern* konnten H. HELLMANN und K. SEEG-MÜLLER[3] eine Umsetzung des Methyltricarbonsäureäthylesters mit Piperazin unter Bildung des Piperazino-bis-[N,N'-methyl-methantricarbonsäure-äthylesters]

$$\text{H}_5\text{C}_2\text{OOC}-\overset{\displaystyle \text{H}_5\text{C}_2\text{OOC}}{\underset{\displaystyle \text{H}_5\text{C}_2\text{OOC}}{\overset{|}{\underset{|}{\text{C}}}}}-\text{CH}_2-\text{N}\big\langle\bigcirc\big\rangle\text{N}-\text{CH}_2-\overset{\displaystyle \text{COOC}_2\text{H}_5}{\underset{\displaystyle \text{COOC}_2\text{H}_5}{\overset{|}{\underset{|}{\text{C}}}}}-\text{COOC}_2\text{H}_5$$

in 86%iger Ausbeute erzielen.

VII. Mannich-Reaktion mit Ketodicarbonsäureestern

Nach P. PETRENKO-KRITSCHENKO und Mitarbeitern[4] kondensieren Acetondicarbonsäureester mit aromatischen Aldehyden und primären *aromatischen* oder Aralkylaminen zu Bis-(aminomethyl)-verbindungen, die beim Erhitzen 1 Mol des Amins unter Ringschlußbildung zum substituierten Piperidondicarbonsäureester (I) abspalten:

$$
\begin{array}{ccc}
\text{C}_6\text{H}_5-\text{CH}-\text{CH}-\text{COOCH}_3 \\
\text{R}-\text{NH}\quad \text{C}{=}\text{O} \\
\text{C}_6\text{H}_5-\text{CH}-\text{CH}-\text{COOCH}_3
\end{array}
$$

$$
\begin{array}{ccc}
\text{C}_6\text{H}_5-\text{CH}-\text{CH}-\text{COOCH}_3 \\
\text{R}-\text{N}\quad \text{C}{=}\text{O} \qquad + \text{H}_2\text{N}-\text{R} \qquad \text{I} \\
\text{C}_6\text{H}_5-\text{CH}-\text{CH}-\text{COOCH}_3
\end{array}
$$

Auch sekundäre Amine liefern Bis-(aminomethyl)-derivate.

---

[1] MANNICH, C., u. B. KATHER: Ber. dtsch. chem. Ges. **53**, 1368 (1920).

[2] MANNICH, C., u. F. GANZ: Ber. dtsch. chem. Ges. **55**, 3486 (1922).

[3] HELLMANN, H., u. K. SEEGMÜLLER: Chem. Ber. **90**, 1363 (1957).

[4] PETRENKO-KRITSCHENKO, P., u. Mitarb.: Ber. dtsch. chem. Ges. **39**, 1358 (1906); ibid. **40**, 2882 (1907); ibid. **41**, 1692 (1908); ibid. **42**, 3683 (1909).

Primäre *aliphatische* Amine gehen direkt in Piperidoncarbonsäureester vom Typus I über [1,2]. Anstelle von Benzaldehyd ist auch *Acetaldehyd* als Aldehydkomponente verwendet worden [2,3].

Darstellung von 1,2,6-Trimethyl-4-oxo-piperidin-3,5-dicarbonsäuredimethylester [4]: Eine Mischung aus 22 g Acetondicarbonsäuredimethylester, 20 g frisch destilliertem Acetaldehyd und einer Lösung von 10 g salzsaurem Methylamin in 15 ml Wasser und 10 ml Methanol läßt man 24 Stunden bei Raumtemperatur stehen. Nach dem Abdestillieren des überschüssigen Aldehyds und Alkohols wird die Piperidonbase durch Kaliumcarbonat ausgefällt. Ausbeute: 75%. Schmelzpunkt nach dem Umlösen aus Petroläther (1 + 9) 76°.

Ammoniumchlorid, Acetondicarbonsäureester und Acetaldehyd liefern bei der Kondensation 2,6-Dimethyl-4-piperidon-3,5-dicarbonsäureester in 40%iger Ausbeute. Die Ausbeute an Kondensationsprodukt läßt sich steigern, wenn statt Ammoniumchlorid Ammoniumbromid eingesetzt wird [5].

α-Phenyläthylamin geht mit Acetondicarbonsäureester und Acetaldehyd vermutlich infolge sterischer Hinderung keine Kondensation ein [5].

Die an den Piperidondicarbonsäureestern (I) befindlichen reaktionsfähigen Wasserstoffatome lassen sich abermals aminomethylieren. Es gelingt durch Einwirkung von Formaldehyd und primären Aminen an den Piperidonring einen weiteren Ring unter Bildung eines bicyclischen Ringsystems (II) anzuheften, in dem zwei Piperidinringe derart miteinander kondensiert sind, daß drei Kohlenstoffatome beiden Ringen gemeinsam sind. Substanzen vom Typ II werden als *Bispidone*, das sauerstofffreie Ringsystem als *Bispidin* bezeichnet [6]:

$$\begin{array}{c}
COOC_2H_5 \\
| \\
C_6H_5-\underset{8}{CH}-\underset{1}{C}\text{------}\underset{2}{CH_2} \\
| \qquad | \qquad | \\
R-N^7 \quad C=O \quad {}^3N-R' \\
| \qquad | \qquad | \\
C_6H_5-\underset{6}{CH}-C^5\text{------}{}^4CH_2 \\
| \\
COOC_2H_5
\end{array}
\qquad \text{II.} \qquad
\begin{array}{l}
R \ = \text{Methyl oder Allyl} \\
R' = \text{Methyl oder Allyl}
\end{array}$$

Die Bildung der Bispidonderivate vollzieht sich sehr leicht in 60- bis 70%igen Ausbeuten beim Stehenlassen der Ausgangskomponenten in methanolischer Lösung. Der Formaldehyd scheint bei der Synthese des Bispidonringes nicht durch andere Aldehyde ersetzbar zu sein.

In den Bispidonen läßt sich die Ketogruppe mit dem gebräuchlichen Ketonreagenzien nicht nachweisen. Die Bispidone unterliegen sehr leicht einer Hydrolyse. Sie tritt bereits beim Kochen mit Wasser ein, vollständiger mit Säure. Dabei wird nur der alkylsubstituierte Ring unter

[1] PETRENKO-KRITSCHENKO, P., u, Mitarb.: Ber. dtsch. chem. Ges. **39**, 1358 (1906); ibid. **40**, 2882 (1907); ibid. **41**, 1692 (1908); ibid. **42**, 3683 (1909).
[2] Diss. P. PECKELHOFF, Stuttgart; DRP 510184.
[3] MANNICH, C.: Arch. Pharmaz. Ber. dtsch. pharmaz. Ges. **272**, 332 (1934).
[4] MANNICH, C.: Arch. Pharmaz. Ber. dtsch. pharmaz. Ges. **272**, 337 (1934).
[5] Diss. P. PECKELHOFF, Stuttgart 1933.
[6] MANNICH, C., u. P. MOHS: Ber. dtsch. chem. Ges. **63**, 608 (1930).

Abspaltung von primärem Amin und Aldehyd angegriffen, man erhält *Piperidondicarbonsäureester*[1], z. B.

$$
\begin{array}{ccc}
& \text{COOCH}_3 & \\
& | & \\
\text{CH}_3\text{—CH——C——CH}_2 & & \\
| \quad\quad\quad | \quad\quad | & & \\
\text{H}_3\text{CN} \quad\quad \text{C=O N—CH}_3 & & \\
| \quad\quad\quad | \quad\quad | & & \\
\text{CH}_3\text{—CH——C——CH}_2 & & \\
& | & \\
& \text{COOCH}_3 &
\end{array}
\longrightarrow
\begin{array}{c}
\text{COOCH}_3 \\
| \\
\text{HC—CH}_2 \\
| \quad\quad | \\
\text{O=C} \quad \text{N—CH}_3 \\
| \quad\quad | \\
\text{HC—CH}_2 \\
| \\
\text{COOCH}_3
\end{array}
+\ 2\,\text{CH}_3\text{C}\!\!<^{\text{H}}_{\text{O}} +\ \text{H}_2\text{NCH}_3
$$

der nicht substituierte Ring erweist sich als beständig. Damit ist die Möglichkeit gegeben, auf dem Umweg über die Bispidone zu in 2,6-Stellung *nicht substituierten* 1,4-Piperidonen zu kommen, während nach dem Verfahren von PETRENKO-KRITSCHENKO[2] nur 2,6-substituierte Derivate erhalten werden.

Darstellung von 3,6,7,8-Tetramethyl-9-oxo-bispidin-1,5-dicarbonsäuredimethylester[3]: 52 g feingepulverter 1,2,6-Trimethyl-4-oxo-piperidin-3,5-dimethylester (s. S. 50) werden in 60 ml Wasser aufgeschlämmt, mit einer Lösung von 15 g Methylammoniumchlorid in 30 ml Wasser und 38 g Formaldehydlösung (35%ig) so lange geschüttelt, bis nahezu alles in Lösung gegangen ist (etwa 30 Minuten). Nach Filtrieren setzt man Salzsäure bis zur kongosauren Reaktion hinzu, äthert aus und scheidet aus der wäßrigen Phase durch Zugabe von Kaliumcarbonat die Base ab. Nach dem Umlösen aus Petroläther erhält man die Base in großen bei 112° (u. Zers.) schmelzenden Rhomben. — Ausbeute: 70%.

Schmelzpunkt des nach analogem Verfahren dargestellten Diäthylesters 89°.

Verwendet man bei der Mannich-Reaktion des Acetondicarbonsäuredimethylesters *Succindialdehyd* als Aldehyd- und Methylamin als Aminkomponente, so erhält man den Tropinondicarbonsäuredimethylester[4-6]:

$$
\begin{array}{ccl}
\text{CH}_2\text{——CH——CH—COOCH}_3 & & \\
| \quad\quad\quad | \quad\quad\quad | & & \\
\quad \text{H}_3\text{C—N} \quad\quad \text{C=O} & & \text{III.} \\
| \quad\quad\quad | \quad\quad\quad | & & \\
\text{CH}_2\text{——CH——CH—COOCH}_3 & &
\end{array}
$$

Dieser enthält ein ähnlich reaktionsfähiges System wie der Piperidoncarbonsäureester I (s. S. 49). Eine abermalige Aminomethylierung führt unter Anheftung eines weiteren Piperidinringes zu einer tricyclischen Substanz, einem kondensierten Bispidonderivat:

$$
\begin{array}{ccl}
& \text{COOCH}_3 & \\
& | & \\
\text{CH}_2\text{——CH——C——CH}_2 & & \\
| \quad\quad\quad | \quad\quad | \quad\quad | & & \\
\quad \text{H}_3\text{C—N} \quad \text{C=O} \quad \text{N—CH}_3 & & \text{IV.} \\
| \quad\quad\quad | \quad\quad | \quad\quad | & & \\
\text{CH}_2\text{——CH——C——CH}_2 & & \\
& | & \\
& \text{COOCH}_3 &
\end{array}
$$

---

[1] MANNICH, C., u. F. VEIT: Ber. dtsch. chem. Ges. **68**, 506 (1935).

[2] l. c.

[3] MANNICH, C., u. F. VEIT: Ber. dtsch. chem. Ges. **68**, 508 (1935).

[4] ROBINSON, R.: J. chem. Soc. [London] **1917**, 762.

[5] WILLSTÄTTER, R., O. WOLFES u. H. MÄDER: Liebigs Ann. Chem. **434**, 111 (1923).

[6] MANNICH, C., u. F. Veit: Ber. dtsch. chem. Ges. **68**, 508 (1935).

4*

Darstellung von 3-Oxotropan-2,4-dicarbonsäure-dimethylester[1] (III):
19 g Acetondicarbonsäuredimethylester werden mit einer Lösung von
8,6 g Methylammoniumchlorid in 10 ml Wasser, 6,8 g frisch destilliertem
Succindialdehyd[2] und 10 ml Methanol versetzt und anschließend 4 Stunden auf dem Wasserbad erhitzt. Nach dem Eindampfen im Vakuum
bis zur Trockne (!!) wird der feste Rückstand mit 30 ml Aceton an-
gerieben und unter Rückfluß gründlich ausgekocht. Nach dem Absaugen
des Acetonlöslichen und Waschen mit kaltem Aceton löst man in wenig
Wasser und scheidet aus der filtrierten Lösung die Esterbase mit festem
Kaliumcarbonat ab. Nach 5- bis 6maligem Extrahieren mit Chloroform
und Abdestillieren des Extraktionsmittels führt man den öligen Rückstand in das gut kristallisierende salzsaure Salz über. Schmelzpunkt
des Hydrochlorids (aus Alkohol) 160°. Die Ausbeute ist abhängig von
der Beschaffenheit des Succindialdehyds (der vermutlich als Diacetal
eingesetzt wurde). Sie kann bis zu 60% betragen.

*Darstellung von 3,7-Dimethyl-6,8-äthylen-9-oxo-bispidin-1,5-dicarbon-
säure-dimethylester*[1]: 8 g salzsaures Salz der Esterbase III werden in
20 ml Wasser gelöst und mit 1,6 g einer 50%igen Methylaminlösung
sowie 5 g einer 35%igen Formaldehydlösung versetzt. Nach zweistündigem
Stehenlassen bei Raumtemperatur scheidet man die Bispidonbase mit
Kaliumcarbonat als dickes, bald erstarrendes Öl ab. — Aus Äther erhält
man flache Rhomben vom Schmelzpunkt 113°. — Ausbeute: 45/50%.

Von den Salzen zeigen das Hydrobromid und Perchlorat gutes
Kristallisationsvermögen.

α,α'-*dialkylierte Acetondicarbonsäureester* lassen sich ebenfalls amino-
methylieren[3]. Die Kondensation ist bei gewöhnlicher Temperatur mit
Formaldehyd und freiem Methylamin durchführbar; der Formaldehyd
ist nicht durch andere Aldehyde vertretbar. Die Synthese eröffnet die
Möglichkeit der Darstellung von 3,5-substituierten Piperidonen, da die
primär gebildeten Esterbasen durch längeres Erwärmen mit 25%iger
Salzsäure verseift und als β-Ketosäuren zu den entsprechenden 3,5-
Piperidonen decarboxyliert werden:

$$
\begin{array}{ccc}
\overset{\displaystyle R}{\underset{\displaystyle}{|}} & & \overset{\displaystyle R}{\underset{\displaystyle}{|}}\\
HC\!-\!COOC_2H_5 & & CH_2\!-\!C\!-\!COOC_2H_5\\
\diagdown & \xrightarrow[\;H_2NCH_3\;]{\;CH_2O\;} \quad H_3C\!-\!N & \diagup \qquad \diagdown\\
C\!=\!O & & C\!=\!O\\
\diagup & & \diagup \qquad \diagdown\\
HC\!-\!COOC_2H_5 & & CH_2\!-\!C\!-\!COOC_2H_5\\
\underset{\displaystyle R}{\overset{\displaystyle}{|}} & & \underset{\displaystyle R}{\overset{\displaystyle}{|}}
\end{array}
\qquad R = C_2H_5;\;\; C_3H_7;
$$

$$
\begin{array}{c}
\overset{\displaystyle R}{|}\\
CH_2\!-\!CH\\
H_3C\!-\!N \qquad\qquad C\!=\!O\\
CH_2\!-\!CH\\
\underset{\displaystyle R}{|}
\end{array}
$$

---

[1] MANNICH, C., u. F. Veit: Ber. dtsch. chem. Ges. **68**, 511 (1935).
[2] Darstellung nach C. MANNICH u. H. BUDDE: Arch. Pharmaz. Ber. dtsch. pharmaz. Ges. **270**, 285 (1932). Nach eigenen Versuchen ist zur Erzielung der in der
Vorschrift angegebenen Ausbeuten unbedingt schnelles Arbeiten und peinliche
Innehaltung der angeführten Versuchsbedingungen erforderlich.
[3] MANNICH, C., u. P. SCHUMANN: Ber. dtsch. chem. Ges. **69**, 2299 (1936).

Die in 3- und 5-Stellung am Piperidonring haftenden Substituenten stehen in cis-Stellung zueinander. Über die Beweisführung der sterischen Anordnung vgl.[1].

Der aus Diallyl-acetondicarbonsäure-diäthylester, Formaldehyd und Methylamin in etwa 70%iger Ausbeute erhältliche 1-Methyl-3,5-(cis)-diallyl-4-oxo-piperidin-3,5-dicarbonsäure-diäthylester (I) liefert bei der Einwirkung von Salzsäure nicht das zu erwartende 1-Methyl-3,5-diallyl-4-oxo-piperidin, sondern eine Base von der Konstitution eines Oxetonderivates (II)[2]

$$+H_2O \longrightarrow -2C_2H_5OH; \quad 2CO_2$$

I.   II.

Als typisches Acetal kann die Verbindung II unter Erhaltung des Piperidinringes aufgespalten werden. Mit Bromwasserstoff-Eisessig (75°, 18 Stunden, Einschlußrohr) entsteht die Verbindung III,

III.

die durch Kochen mit Wasser in das Oxeton II zurückverwandelt wird.

Das Jodmethylat von II läßt sich unter Erhaltung des Oxetonringes zur ungesättigten Base IV abbauen, die durch erneute Methylierung und anschließende Abspaltung von Trimethylamin in das zweifach ungesättigte Oxetonderivat V übergeht

IV.   V.

VIII. Mannich-Basen mit Phenolen

Für die Aminomethylierung von Phenolen gelten bestimmte Substitutionsregeln. Im allgemeinen ist die ortho-Stellung zur phenolischen Hydroxylgruppe für den Eintritt des Aminomethylrestes begünstigt. Am Benzolring vorhandene Methylgruppen erschweren oder verhindern eine Mannich-Reaktion. Bei Anwendung eines Überschusses von Formaldehyd und Amin können mit Phenol als acider Komponente auch *zwei* bzw. *drei* Aminomethylreste in den Kern eintreten. Die Substitution erfolgt hierbei in 2,6- und in 2,4,6-Stellung, niemals allein in 4-Stel-

[1] Siehe Fußnote 3 S. 52.
[2] MANNICH, C., u. P. SCHUMANN: ibid. **69**, 2306 (1936).

lung[1-3]. Bei Phenolen, die in 2- und 5-Stellung Substituenten tragen, tritt der Aminomethylrest nicht in die ortho-, sondern in die p-Stellung zur Hydroxylgruppe an den Benzolkern[4, 5].

Gewöhnlich übt ein in ortho-Stellung zur phenolischen Hydroxylgruppe befindlicher Substituent einen entscheidenden Einfluß auf den Reaktionsverlauf aus. So bildet sich bei der Reaktion von 2,4-Di-tert.-butyl-5-methylphenol mit N,N-Dimethylolmethylamin stets N,N-Bis-(3,5-di-tert.-butyl-2-hydroxy-6-methylbenzyl)-methylamin. Die Bildung dieser Verbindung erfolgt auch dann, wenn das molekulare Verhältnis der Reagenten 1:1 gewählt wird[6]. SAYGER und HUNT[7] haben gezeigt, daß die Konstitution des in ortho-Stellung zur phenolischen Hydroxylgruppe befindlichen Alkylreste für den Eintritt der Reaktion von Bedeutung ist. Befindet sich eine tertiäre Butylgruppe in Nachbarstellung zur —OH-Gruppe, so ist die Aminomethylierung begünstigt. Ein Isopropylrest oder eine am Benzolkern haftende Methylgruppe behindern den Reaktionsverlauf insbesondere dann, wenn ein Methylrest in para-Stellung zum phenolischen Hydroxyl am Benzolring haftet. Von *Diphenolen*, die sich in der Mannich-Reaktion refraktär verhalten, sei das 2,5-Dimethylhydrochinon erwähnt.

Die *Verätherung* des Phenolhydroxyls bewirkt eine verminderte Reaktionsfähigkeit. Mit p-Nitrophenol als acider und Piperidin als Aminkomponente erfolgt normale Kondensation in ortho-Stellung zur phenolischen Hydroxylgruppe[8, 9]. Im Überschuß eingesetztes p-Nitrophenol bildet mit dem Aminomethylierungsprodukt das Addukt I:

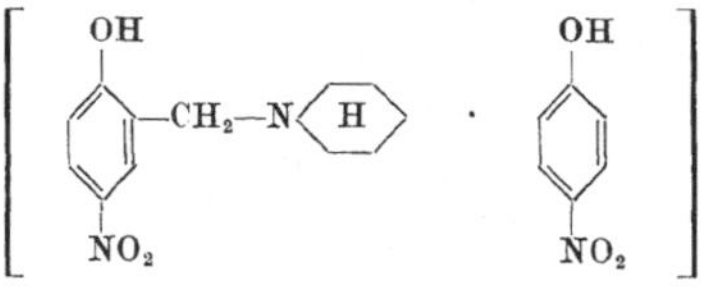

$$\left[\overset{\text{OH}}{\underset{\text{NO}_2}{\bigcirc}}-\text{CH}_2-\text{N}\langle\text{H}\rangle \ \cdot \ \overset{\text{OH}}{\underset{\text{NO}_2}{\bigcirc}} \right] \qquad \text{I.}$$

Auch die mit Diäthylamin als Aminkomponente erhältliche Mannich-Base addiert 1 Mol der aciden Komponente. Behandlung mit verdünnter Salzsäure liefert unter Abspaltung von p-Nitrophenol die entsprechende Mannich-Base zurück.

Der Beweis, daß der Piperidinomethylrest in I in ortho-Stellung zum phenolischen Hydroxyl eingetreten ist, ergibt sich daraus, daß die gleiche Piperidin-Mannich-Base durch Umsetzung von α-Chlor-4-nitro-o-kresol mit Piperidin erhalten werden kann.

---

[1] MADINAVEITIA, A.: An. Soc. españ. Física Quím. **19**, 259 (1921); Chem. Zbl. **1923**, III, 915.

[2] DÉCOMBE, J.: Compt. rend. **196**, 866 (1933); ibid. **197**, 258 (1933).

[3] BRUSON, H. A., u. W. C. McMULLEN: J. Amer. chem. Soc. **63**, 270 (1941).

[4] CALDWELL, W. T., u. T. R. THOMPSON: J. Amer. chem. Soc. **61**, 765, 2354 (1939).

[5] FELDMAN, J. R., u. E. C. WAGNER: J. org. Chemistry **7**, 43 (1942).

[6] BURKE, W. J., u. C. W. STEPHENS: J. Amer. chem. Soc. **74**, 1518 (1952).

[7] SAYGER, D. W., u. C. K. HUNT: J. Amer. chem. Soc. **67**, 303 (1945).

[8] BURCKHALTER, J. H.: J. Amer. chem. Soc. **72**, 1308 (1950); vgl. auch J. Amer. chem. Soc. **70**, 1363 (1948).

[9] CHANG-TSING YANG: J. org. Chemistry **10**, 67 (1945).

Von in para-Stellung durch einen komplizierten Aminrest substituiertem Phenol reagiert das 2,6-Dimethyl-3,5-dicarbäthoxy-4-(4'-hydroxyphenyl)-1,4-dihydropyridin II mit sekundären Aminen in ortho-Stellung zum Phenolrest unter Bildung normaler Mannich-Basen[1]

$$
\begin{array}{c}
\text{OH}\\
\text{H}\\
\text{H}_5\text{C}_2\text{OOC}\text{---}\quad\text{---COOC}_2\text{H}_5\\
\text{H}_3\text{C---}\quad\text{---CH}_3\\
\text{N}\\
\text{H}
\end{array}
\qquad \text{II.}
$$

Die Verbindung II tritt hierbei nicht als Aminkomponente in Reaktion. Eine vermutete physiologische Wirkung der leicht zugänglichen Mannich-Base scheint sich nicht bestätigt zu haben.

Darstellung von 2,4,6-Tri-(dimethylaminomethyl)-phenol[2]: Zu einem auf 20° abgekühlten Gemisch von 94 g Phenol (1 Mol) und 720 g einer 25%igen wäßrigen Dimethylaminlösung (4 Mol) läßt man unter mechanischem Rühren innerhalb von 30 Minuten 350 g einer 30%igen Formaldehydlösung eintropfen. Die Temperatur soll hierbei 30° nicht übersteigen. Nachdem man den Ansatz eine weitere Stunde gerührt hat, erhitzt man anschließend noch 2 Stunden auf dem Wasserbad unter Rückfluß. Das Aminomethylierungsprodukt wird hierauf durch Zugabe von 200 g Kochsalz abgeschieden und nach Trennung von der wäßrigen Phase im Hochvakuum fraktioniert. Sdpkt.$_{1\,mm}$ 130—135°. — Ausbeute 228 g = 86% d. Th.

Darstellung von 1-Morpholinomethyl-2-naphthol[3]: 49 g Morpholin und 33 g Paraformaldehyd werden bei einer Temperatur von 5° mit einer auf ebenfalls 5° abgekühlten Lösung von 68 g β-Naphthol in 450 ml 95%igen Alkohol versetzt. Das Aminomethylierungsprodukt -1-Morpholinomethyl-2-naphthol fällt in 75%iger Ausbeute an. Schmp. 115 bis 116°. In analoger Weise erhält man *2-Morpholinomethyl-1-naphthol*. Schmp. 71,5—72,5°. — Schmp. des salzsauren Salzes 172—173° (u. Zers.).

α) Mannich-Kondensation von Phenolen mit sekundären Aminen. Kondensationsprodukte aus Phenol, substituierten Phenolen mit Formaldehyd und sekundären Aminen sind schon seit langem bekannt. Die ursprünglich als Aminomethyläther angesehenen Verbindungen[4] sind erstmalig als Reaktionsprodukt mit kernständigem Aminomethylrest durch H. HILDEBRANDT[5] und v. AUWERS und DOMBROWSKI[6] erkannt worden.

---

[1] PHILLIPS, A. P.: J. Amer. chem. Soc. **73**, 3522 (1951).

[2] BRUSON, H. A., u. C. W. McMULLEN: J. Amer. chem. Soc. **63**, 270 (1941).

[3] SHRINER, R. L., G. F. GRILLOT u. W. O. TEETERS: J. Amer. chem. Soc. **68**, 946 (1946).

[4] DRP 89979 (1895); DRP 90907 (1895); DRP 90908 (1896).

[5] Arch. Pharmaz. Ber. dtsch. pharmaz. Ges. **44**, 278 (1900); Ber. dtsch. chem. Ges. **37**, 4456 (1904).

[6] Liebigs Ann. Chem. **344**, 280 (1906).

Für das Aminomethylierungsprodukt des *Guajacols* haben sowohl v. AUWERS und DOMBROWSKI[1] als auch A. MADINAVEITIA[2] als Eintrittsstelle der Aminomethylgruppe die para-Stellung zum Phenolrest angegeben. J. DÉCOMBE[3] postuliert als die richtige Konstitutionsformel (I) als die eines in ortho-Stellung substituierten Guajacols:

$$H_3CO-\underset{}{\overset{OH}{\bigcirc}}-CH_2NR_2 \qquad R = Alkyl \qquad I.$$

Diese Auffassung konnte von E. L. ELIEL[4] durch Überführung des Kondensationsproduktes in o-Vanillylalkohol (II) mit Hilfe von Acetanhydrid

$$H_3CO-\underset{}{\overset{OH}{\bigcirc}}-CH_2OH \qquad II.$$

bewiesen werden.

In der Base I kann der Dialkylaminrest leicht durch Piperidin ausgetauscht werden (Aminaustausch).

2-Benzylphenol läßt sich mit Dimethylamin als Aminkomponente aminomethylieren (Ausbeuten über 70%). Der Aminoalkylrest tritt auch hier in die ortho-Stellung zum Phenolhydroxyl unter Bildung von 2-Benzyl-6-dimethylaminomethylphenol

$$\overset{CH_2C_6H_5}{\underset{CH_2-N(CH_3)_2}{\bigcirc}}-OH$$

Ähnlich wie bei den Mannich-Basen des *o-Kresol*[5] lassen sich auch die aus 2-Benzylphenol darstellbaren nur unter hohen Verlusten durch Destillation reinigen. Es tritt stets weitgehende Verharzung ein.

2-Benzyl-4-chlorphenol gibt bei der Mannich-Reaktion mit Dimethylamin 2-Benzyl-4-chlor-6-dimethylaminomethylphenol in 76%iger Ausbeute[6].

Mit *o-Oxydiphenyl* werden bei der Umsetzung mit Formaldehyd und Diäthylamin die *drei* Aminomethylierungsprodukte I, II und III erhalten[7]. Bei Anwendung eines Überschusses von Formaldehyd und Diäthylamin stellt III das Hauptprodukt dar:

$$H_5C_6-\underset{}{\overset{OH}{\bigcirc}}-CH_2N(C_2H_5)_2 \qquad I. \qquad\qquad H_5C_6-\underset{CH_2\cdot N(C_2H_5)_2}{\overset{OH}{\bigcirc}} \qquad II.$$

$$H_5C_6-\underset{CH_2N(C_2H_5)_2}{\overset{OH}{\bigcirc}}-CH_2N(C_2H_5)_2 \qquad III.$$

[1] Siehe Fußnote 6 S. 55. — [2] An. Soc. españ. Física Quím. **19**, 259 (1921). [3] Compt. rend. **197**, 258 (1933). — [4] J. Amer. chem. Soc. **73**, 43 (1951). [5] CARLIN, R. B., u. H. P. LANDERL: J. Amer. chem. Soc. **72**, 2762 (1950). [6] WHEATLEY, W. B., u. L. C. CHENEY: J. Amer. chem. Soc. **74**, 2940 (1952). [7] BURCKHALTER, J. H.: J. Amer. chem. Soc. **72**, 5309 (1950).

Die in ortho-Stellung zur Phenolgruppe durch einen Dialkylamino-methylrest substituierten Phenyl- oder Halogen- oder Alkylphenole unterscheiden sich von den in para-Stellung substituierten in ihrem Verhalten gegenüber 5%iger Sodalösung. Die Phenyl-, Halogen- oder Alkyl-α-dialkylamino-o-kresole sind bei Raumtemperatur *unlöslich* in 5%iger Natriumcarbonatlösung, während die isomeren und analogen p-Kresole löslich sind. Dieses Verhalten kann sowohl zur Trennung als auch zur Konstitutionsbestimmung substituierter Phenol-Mannich-Basen herangezogen werden[1].

4-Chlor-2-phenylphenol liefert die Mannich-Base IV, *2-Chlor-6-phenylphenol* die Verbindung V

$$\text{H}_5\text{C}_6\text{—}\underset{\underset{\displaystyle\text{Cl}}{|}}{\overset{\overset{\displaystyle\text{OH}}{|}}{\bigcirc}}\text{—CH}_2\text{N}(\text{C}_2\text{H}_5)_2 \qquad \text{IV.} \qquad\qquad \text{H}_5\text{C}_6\text{—}\underset{\underset{\displaystyle\text{CH}_2\text{N}(\text{C}_2\text{H}_5)_2}{|}}{\overset{\overset{\displaystyle\text{OH}}{|}}{\bigcirc}}\text{—Cl} \qquad \text{V.}$$

Darstellung von α-*Diäthylamino-6-phenyl-p-kresol-hydrochlorid (II) und* α-*Diäthylamino-6-phenyl-o-kresol-hydrochlorid (I)*[2]: Die para-Verbindung II erhält man durch 3stündiges Erwärmen einer alkoholischen Lösung äquimolekularer Mengen von o-Phenylphenol, Diäthylamin und Formaldehydlösung auf dem Wasserbad. Man extrahiert nach dem Abdestillieren des Alkohols und Zugabe von Wasser mit Äther. Der Ätherextrakt (A) wird mit 2n-Natronlauge ausgeschüttelt. Nach dem Ansäuern des alkalischen Auszuges mit Salzsäure erhält man II in 13%iger Ausbeute. Schmp. (aus Methanol) 223—225°. Die para-Verbindung gibt positive Millon-Reaktion.

Zur Darstellung von I fällt man die von II durch alkalische Extraktion befreite Ätherlösung A mit alkoholischer Salzsäure. Hierbei fällt gleichzeitig das Dihydrochlorid von III aus. Durch fraktionierte Kristallisation aus Aceton, Isopropanol oder Äthanol erhält man I in 42%iger Ausbeute vom Schmp. 148—149°. Die in Alkalien unlösliche Verbindung gibt keine positive Millon-Reaktion. — Nach obigem Darstellungs-verfahren fällt III in 8,5%iger Ausbeute an. Schmp. 204—206°.

Eine große Anzahl (109) von Phenol-Mannich-Basen sind von BURCKHALTER und seinen Mitarbeitern[3] im Hinblick auf ihre Eignung als Antimalariamittel hergestellt worden. Die einzelnen substituierten Phenole sind in der Zusammenstellung aufgeführt (s. S. 150ff.). Als Aminkomponente wurde zumeist Diäthylamin, das besonders leicht mit Phenolen in der Mannich-Reaktion reagieren soll, verwendet.

Unter den dargestellten Aminomethylierungsprodukten erwiesen sich die folgenden 1—4mal so wirksam wie Chinin:

4-t-Butyl-α-diäthylamino-6-phenyl-o-kresol,
4,4'-Oxy-bis-(α-diäthylamino-o-kresol),
6,6'-Diallyl-α,α'-bis- dimethylamino)-4,4'-bi-o-kresol,
2-Diäthylaminomethyl-1-naphthol.

---

[1] BURCKHALTER, J. H., u. Mitarb.: J. Amer. chem. Soc. **68**, 1894 (1946).

[2] BURCKHALTER, J. H.: J. Amer. chem. Soc. **72**, 5309 (1950).

[3] BURCKHALTER, J. H., F. H. TENDICK, E. M. JONES, P. A. JONES, W. F. HOLCOMB u. A. L. RAWLINS: J. Amer. chem. Soc. **68**, 1894 (1946).

Als sehr geeignet zur Bekämpfung der Malaria wurde das heterocyclische Aminobenzylamin SN 10751 befunden, das BURCKHALTER und
Mitarbeiter[1] neben weiteren 120 heterocyclisch substituierten Phenolen
synthetisierten.

SN 10751 = 4-(7-Chlor-4-chinolylamino)-α-diäthylamino-o-kresol ist
als „Camoquin" (WZ der Parke Davis) bekanntgeworden.

$$NH\!-\!\langle\ \rangle\!-\!OH$$
$$CH_2\!-\!N(C_2H_5)_2$$
$$Cl\!-$$
$$N$$

Camoquin (WZ)

Mannich-Basen aus Phenolen und sekundären Aminen dienen bisweilen zur Einführung der Methylgruppe in den Benzolkern. W. T.
CALDWELL und T. R. THOMPSEN[2] benutzen diesen Weg der Phenol-
kernmethylierung zur Darstellung von Ausgangsstoffen für die Vitamin-
E-Synthese.

Über eine Aminomethylierungsreaktion läßt sich auch das bisher
schlecht zugängliche *2,6-Xylenol* erhalten. Es entsteht aus o-Kresol mit
wäßrigem Dimethylamin (15—20°) und 30%iger Formaldehydlösung in
nachstehender Reaktionsfolge[3]:

$$OH \qquad\qquad OH \qquad\qquad OH$$
$$H_3C\!-\!\langle\ \rangle \xrightarrow[60\%]{(CH_3)_2NH;\ CH_2O} H_3C\!-\!\langle\ \rangle\!-\!CH_2\!\cdot\!N(CH_3)_2 \xrightarrow[60\%]{H_2\ \text{Raney-Ni}} H_3C\!-\!\langle\ \rangle\!-\!CH_3$$

Daß die Einführung einer Methylgruppe auch bei kompliziert aufgebauten Phenolen möglich ist, konnte am Beispiel des 3-Oxy-17-
methylmorphinan I gezeigt werden. Das aus I erhältliche 2-(Diäthyl-
aminomethyl-3-oxy-17-methylmorphinan geht durch katalytische Hydrierung mit Pd-Kohle bei 150°

$$HO\!-\!\overset{1}{\underset{3}{\overset{2}{|}}}\cdots\!\overset{17}{|}N\!\cdot\!CH_3$$

I.

und 50 atü unter Abspaltung der sekundären Aminogruppe in 2,17-
Dimethyl-3-oxymorphinan (II) über[4]. Sowohl das Racemat von II als
auch die optisch aktiven Antipoden wirken hustenstillend, ohne analgetische Wirkung zu zeigen.

Von Diphenolen der Typen I und II haben J. R. MEADOW und
E. E. REID[5] eine

$$HO\!-\!\langle\ \rangle\!-\!\langle\ \rangle\!-\!OH \quad \text{I.} \qquad HO\!-\!\langle\ \rangle\!-\!X\!-\!\langle\ \rangle\!-\!OH \quad \text{II.}$$

$$X = -S-;\ -SO_2;\ -O-;\ -NH-;\ -NCOCH_3$$

[1] BURCKHALTER, J. H., u. Mitarb.: J. Amer. chem. Soc. **70**, 1363 (1948).
[2] J. Amer. chem. Soc. **61**, 765, 2354 (1939).
[3] CARBIN, R. B., u. H. P. LANDERL: J. Amer. chem. Soc. **72**, 2762 (1950).
[4] E.P. 731787; Roche Produits Ltd. Welwyn Garden City, England; Chem.
Zbl. **1956**, 12077.
[5] J. Amer. chem. Soc. **76**, 3479 (1954).

Reihe von Mannich-Basen hergestellt. Es wird gewöhnlich je ein Aminomethylrest in ortho-Stellung zu jeder der Hydroxylgruppen eingeführt.

Bei der Aminomethylierung des *p-Oxybenzaldehyds* muß die Reaktion mit den Äthyläthern der entsprechenden Aminomethylolverbindungen $C_2H_5O-CH_2 \cdot NR_2$ (R = Diäthylamin; Piperidin) durchgeführt werden, um zu verhindern, daß die kernständige Aldehydgruppe mit dem Amin und dem Formaldehyd nach

$$R'-\overset{H}{\underset{O}{C}} + 2\,HNR_2 \longrightarrow R'-CH(NR_2)_2 + H_2O$$
$$R' = -C_6H_4(OH)$$

reagiert[1]. Es entstehen Mannich-Basen der allgemeinen Zusammensetzung I

I.   R = Diäthylamin (40%ige Ausbeute)

R_2 = Piperidin (64%ige Ausbeute)

Die *Reduktion der Oxime* der Basen vom Typ I gelingt nur unter energischen Bedingungen (ammoniakal. Medium, Raney-Ni, 4 atü) zu den Benzylaminen. Die Aminomethylgruppe wird hierbei nicht abgespalten. In saurem Medium (durch katalytisch angeregten Wasserstoff-Pd-Kohle oder PtO_2-Katalysator) läßt sich das Oxim nicht reduzieren.

Technische Verwendung finden Mannich-Basen aus Phenolen bzw. Naphtholen zum *Vulkanisieren* von *Polychlorbutadien*. Sie werden neben Zinkoxyd in Konzentrationen von 0,5—3,0% eingesetzt. Die Basen sollen vorzugsweise durch mehrere Dialkylaminomethylgruppen (2—3) substituiert sein[2].

Die Mannich-Base 2-Dimethylaminomethylphenol läßt sich durch Quaternisierung mit Methanol-Schwefelsäure und weitere Behandlung mit Phenol und Formaldehyd in ein *basisches Ionenaustauschharz* überführen, das befähigt ist, Anionen aus Lösungen, z. B. Cl^- gegen OH^- auszutauschen[3].

β) **Mannich-Basen aus Phenolen mit primären Aminen.** Bei den Versuchen, Phenole oder substituierte Phenole mit primären Aminen als Aminkomponente zu aminomethylieren, tritt häufig Verharzung ein. Die Reaktion von Phenol mit Formaldehyd und Methylamin ist sogar für die Darstellung basischer Harze vorgeschlagen worden[4].

Günstiger liegen die Verhältnisse bei der Verwendung substituierter Phenole. W. J. BURKE[5] hat die Umsetzung p-substituierter Phenole mit Formaldehyd und primären Aminen eingehend untersucht. Werden die Komponenten in Dioxan im Verhältnis 1 : 2 : 1 zusammengegeben, so

---

[1] CROMWELL, N. H.: J. Amer. chem. Soc. **68**, 2634 (1946).

[2] U.S.Pat. 2670342; E. I. du Pont de Nemours & Co.; übertr. v. J. J. VERBANC (1954).

[3] U.S.Pat. 2636019 (1953).

[4] HARMON, J., u. F. M. MEIGS: U.S. Pat. 2098869 (1937).

[5] BURKE, W. J.: J. Amer. chem. Soc. **71**, 609 (1949).

erhält man in guter Ausbeute *Dihydro-benzoxazine* (I). Nimmt man die Komponenten im Verhältnis 1 : 1 : 1, so erhält man ein o-Alkylamino-methyl-p-substituiertes Phenol II. Die Verbindung II läßt sich durch Behandeln mit Formaldehyd in I überführen. Saure Hydrolyse von I führt unter Abspaltung von Formaldehyd zu II.

Der Reaktionsverlauf läßt sich durch nachstehendes Schema veranschaulichen:

$$2\,CH_2O + R'NH_2 \quad (-2\,H_2O)$$

$$(-H_2O)\ CH_2O + R'NH_2$$

$$H_3O^+\ (-CH_2O)\ CH_2O \quad (-H_2O)$$

I.

II.

R = Methyl-, tert.-Butyl-, Cyclohexyl-, Acetamino-, Brom-
R' = Methyl-, Cyclohexyl-, Benzyl-

Die Annahme, daß anstelle von I das Isomere III gebildet werden kann, hat sich nicht bestätigt.

III.

Die Aminomethylierung substituierter Phenole mit primären Aminen kann aber auch so geleitet werden, daß in hohen Ausbeuten (85%) substituierte N,N-Bis-(hydroxybenzyl)-amine der allgemeinen Formel IV gebildet werden[1]

IV.

So erhält man z. B. durch einfaches Rückflußkochen einer methanolischen Lösung, die 2,4-Dimethylphenol, Formaldehyd und Methylamin im molaren Verhältnis 2 : 2 : 1 enthält, in 85%iger Ausbeute N,N-Bis-(2-hydroxy-3,5-dimethylbenzyl)-methylamin (vgl. allg. Formel IV). Die isomere Verbindung V wird hierbei nicht gebildet, da die Zerewitinoff-Bestimmung

V.

und die Infrarotspektroskopie die Anwesenheit von zwei aktiven H-Atomen bzw. von Phenolgruppen ergibt.

Die Verwendung von Resorcin als acider, Hydroxylaminhydrochlorid als Aminkomponente führt in der Mannich-Reaktion zum 2,2'-Oxido-

[1] BURKE, W. J., R. P. SMITH u. C. WEATHERBEE: J. Amer. chem. Soc. **74**, 602 (1952).

N,N-bis-(p-oxybenzyl)-hydroxylamin VI[1]

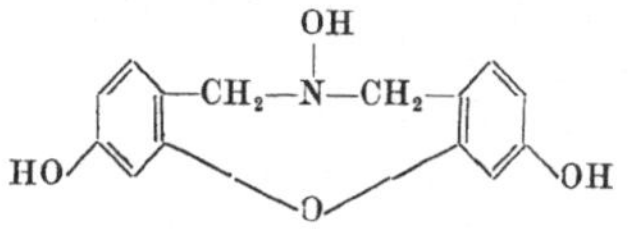

$$\text{VI.}$$

Der Einsatz primärer aromatischer Amine, z. B. Anilin, liefert mit Resorcin Brenzcatechin und Pyrogallol als CH-acider Verbindung und Formaldehyd *Amphonovolacke*, die hochwertige Amphogerbstoffe darstellen. Phloroglucin ist zur Synthese von amphoteren Gerbstoffen ungeeignet[2].

10. Mannich-Reaktion von höher kondensierten Phenolen

Mit sekundären und primären Aminen sowie Ammoniak. Für die Kondensation der *Naphthole* gelten im allgemeinen dieselben Regeln, die bei der Aminomethylierung der Phenole angegeben sind (s. S. 53).

Im *1-Naphthol* erfolgt der Eintritt des Aminomethylrestes in 2-Stellung[3,4]. HEOU-FEO TSEOU und CHANG-TSING YANG[5], welche α-Naphthol bei gewöhnlicher Temperatur mit dem Piperidinomethyläther $C_5H_{10}NCH_2OC_2H_5$ umsetzten, nehmen den Eintritt der Piperidinomethylgruppe in p-Stellung zum phenolischen Hydroxyl an.

2-Naphthol läßt sich leicht aminomethylieren[6,7]. Die Kondensation erfolgt in 1-Stellung. Anstelle von Formaldehyd als Aldehydkomponente kann auch Benzaldehyd als mittlerer Kondensationspartner verwendet werden[8].

Zum Unterschied von den tertiären Mannich-Basen der Phenole lassen sich die aus β-Naphthol und sekundären Aminen erhaltenen weder veräthern[9] noch quaternärisieren[10].

Darstellung von 1-Piperidinomethyl-naphthol (2)[7]: Ein auf 5° abgekühltes Gemisch aus 85 g Piperidin (1 Mol) und 75 g Formalinlösung wird in 3 Anteilen in eine ebenfalls auf 5° abgekühlte Lösung von 115 g β-Naphthol in 450 ml 96%igem Alkohol eingerührt. Das nach kurzer Zeit kristallin anfallende Aminomethylierungsprodukt wird scharf abgesaugt und mit wenig Alkohol gewaschen. Nach dem Umlösen aus 95%igem Alkohol erhält man 198 g (= 82% d. Th.) der bei 94,5—95,5° schmelzenden Verbindung.

Bei der Kondensation von β-Naphthol mit Formaldehyd und primären aliphatischen oder alicyclischen Aminen werden je nach den Ver-

---

[1] ROSENBUSCH, K.: Leder **6**, 58 (1955); ibid. **6**, 80 (1955); vgl. Chem. Zbl. **1956**, 5173.

[2] Siehe Fußnote 1.

[3] BURCKHALTER, J. H., u. Mitarb.: J. Amer. chem. Soc. **68**, 1894 (1946).

[4] PHILLIPS, J. P., u. E. M. BARRALL: J. org. Chemistry **21**, 692 (1956).

[5] J. org. Chemistry **4**, 123 (1939).

[6] DÉCOMBE, J.: Compt. rend. **196**, 866 (1933); ibid. **197**, 258 (1933).

[7] SHRINER, R. L., u. Mitarb.: J. Amer. chem. Soc. **68**, 946 (1946).

[8] LITTMAN, J. B., u. W. R. BRODE: J. Amer. chem. Soc. **52**, 1655 (1930).

[9] SNYDER, H. R., u. J. H. BREWSTER: J. Amer. chem. Soc. **71**, 1058 (1949).

[10] KARRMAN, K. J., u. E. BLADH: Acta chem. scand. **4**, 1541 (1950).

suchsbedingungen entweder m-Naphthoxazine (I) oder N,N-Bis-[2-oxy-naphthyl-(1)-methyl] alkyl- (bzw. cycloalkyl)-amine (II) erhalten:

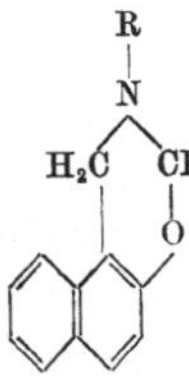

R = Methyl-, Butyl-, Benzyl-, Cyclohexyl-

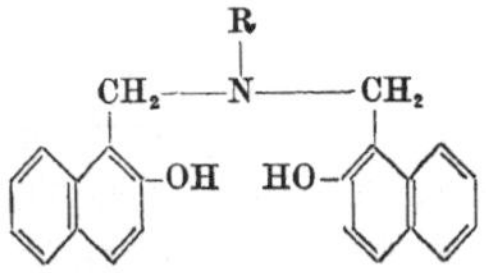

Die Reaktion wird zweckmäßig in einem Lösungsmittelgemisch aus Dimethylformamid-Methanol im Verhältnis 1 : 3 bis 1 : 5 durchgeführt[1].

Durch Destillation der m-Oxazine (I) mit Säuren spaltet sich Formaldehyd unter Bildung der entsprechenden sekundären Amine (III) ab:

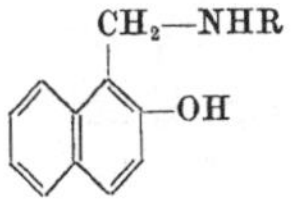

α-*Naphthol* liefert mit Formaldehyd und Cyclohexylamin im Verhältnis 1 : 2 : 1 ebenfalls das entsprechende meta-Oxazin, das durch alkalische Hydrolyse (Piperidin) unter Abspaltung von Formaldehyd und Austausch des Aminrestes in 2-Piperidinomethylnaphthol (1) übergeführt wird[2]:

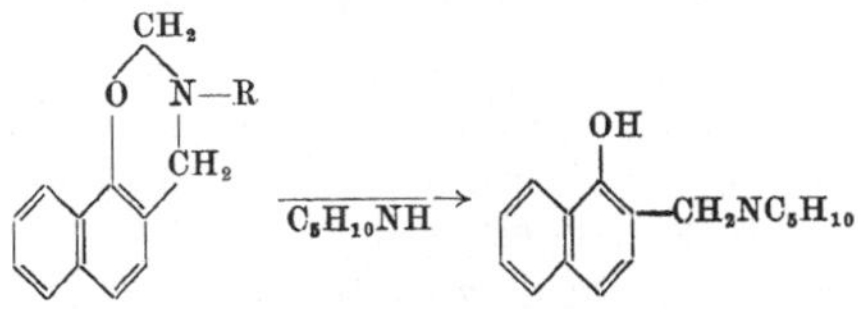

Anstelle von aliphatischen und alicyclischen Aminen können mit β-Naphthol als acider Komponente in der Mannich-Reaktion auch primäre aromatische Amine, z. B. Anilin, o-Toluidin, p-Toluidin, p-Phenylendiamin, p-Aminobenzoesäure, p-Bromanilin, s-Tribromanilin, o-, m- und p-Nitranilin verwendet werden. Sie ergeben zumeist in hohen Ausbeuten m-Oxazine vom obigen Typus I (R = aromatischer Rest)[3].

Darstellung von 2,3-Dihydro-2-p-tolyl-1-H-naphth-[1,2e]-m-oxazin[3]: 6 g Paraformaldehyd (0,2 Mol) werden in 10 ml heißem Methanol, das zuvor mit 0,01 g Kaliumhydroxyd versetzt war, gelöst. Zu der abgekühlten Lösung gibt man vorsichtig unter Kühlung eine kalte Lösung von 10,7 g (0,1 Mol) p-Toluidin in 10 ml Methanol. Nach weiterer Zugabe von 14,4 g (0,1 Mol) β-Naphthol, gelöst in 20 ml Methanol, scheidet sich das Kondensationsprodukt allmählich kristallin ab. Man läßt 2 Tage bei

---

[1] BURKE, W. J., M. J. KOLBEZEN u. C. W. STEPHENS: J. Amer. chem. Soc. **74**, 3601 (1952).

[2] BURKE, W. J., M. J. KOLBEZEN u. C. W. STEPHENS: J. Amer. chem. Soc. **74**, 3601 (1952).

[3] BURKE, W. J., K. C. MURDOCK u. G. EC: J. Amer. chem. Soc. **76**, 1677 (1954).

einer Temperatur von 5° stehen und saugt ab. Ausbeute 19,2 g. Aus der Mutterlauge lassen sich noch etwa 5,8 g des Oxazins gewinnen. Nach dem Umlösen aus einem Essigester-Methanol-Gemisch (2 Vol. : 5 Vol.) schmelzen die Nadeln zwischen 86—88°. — Ausbeute 91% d. Th.

Bei der Verwendung von Propanolamin bzw. 3-Amino-2,4-dimethylpentan oder Äthanolamin als Aminkomponente zeigen die Mannich-Basen des β-Naphthols eine stärkere wehenanregende Wirkung als das Mutterkornalkaloid *Ergometrin*[1]. Auch hier entstehen bei der Kondensation mit überschüssigem Formaldehyd die entsprechenden meta-Oxazine, aus denen durch Säurehydrolyse 1 Mol Formaldehyd unter Bildung der Aminomethylverbindungen abgespalten werden kann.

Die Aminomethylierung von Oxyderivaten des *Phenanthren* und *Reten* ist von K. J. KARRMANN und E. BLADH[2] eingehend untersucht worden. 2- und 3-Oxyphenanthren reagieren bereits bei Zimmertemperatur mit Formaldehyd und sekundären Aminen (Piperidin, Morpholin). Auch *3-Oxyreten* läßt sich leicht aminomethylieren. *2-Oxyreten* setzt sich erst nach dem Erhitzen. *4-Methyl-3-oxyreten* überhaupt nicht um.

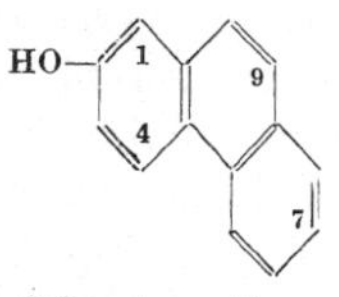

2-Oxyphenanthren

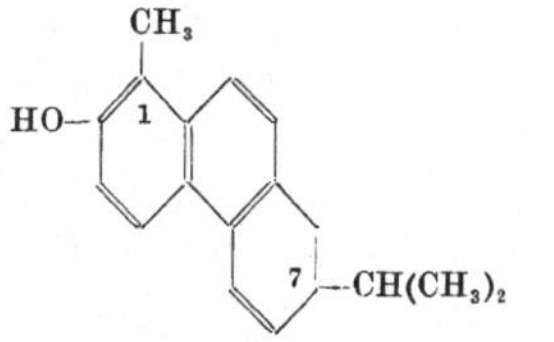

2-Oxyreten

In Verbindungen, bei denen der Phenolrest sich in 3-Stellung befindet, erfolgt Aminomethylierung in 4-Stellung.

Von kompliziert aufgebauten Substanzen mit Phenolcharakter hat die Aminomethylierung der Antibiotica der Tetracylinreihe Bedeutung. Das *Tetracylin* (I), dessen Ring D phenolisch ist, konnte bisher wegen seiner Schwerlöslichkeit nur oral appliziert werden. Die Herstellung leicht applizierbarer und gut verträglicher parenteraler Zubereitungen stieß auf erhebliche Schwierigkeiten.

Durch Aminomethylierung des Tetracylins entstehen bei Verwendung von primären (Äthanolamin) und sekundären (Diäthylamin, Diäthanolamin, Pyrrolidin, Piperidin, Morpholin, N-Methylpiperazin) Aminen ausgezeichnet wasserlösliche Produkte (II). Die Aminomethylierung gelingt nicht nur beim Tetracylin selbst; auch *5-Hydroxytetracylin, 7-Chlortetracylin, epi-Tetracylin* und *Anhydrotetracylin* sind der Reaktion zugänglich[3]. Als besonders günstig für die parenterale Anwendung hat sich das *Pyrrolidinomethyltetracylin* $\left(\text{Formel II, R}_1 + \text{R}_2 = \begin{smallmatrix} H_2C{-}CH_2 \\ | \quad\quad >N \\ H_2C{-}CH_2 \end{smallmatrix}\right)$ erwiesen, das unter der wortgeschützten Bezeichnung *Reverin* thera-

---

[1] Wellcome Foundation Ltd. E. PP. 788082, 788122, 788196; vgl. Chem. Zbl. **1958**, 9573.

[2] Acta chem. scand. **4**, 1541 (1950).

[3] SIEDEL, W., A. SÖDER u. F. LINDNER: Münchener med. Wschr. **1958**, 661.

peutisch verwendet wird

I.
Tetracylin

II.
Aminomethyltetracylin

11. Mannich-Basen mit heterocyclischen Phenolen

a) Verbindungen mit phenolischem Hydroxyl im Heteroring

3-Pyridol läßt sich sowohl mit sekundären als auch primären Aminen und Formaldehyd aminomethylieren. Der Aminomethylrest wird in 2-Stellung substituiert[1]. Die Reaktion verläuft leicht und liefert gute Ausbeuten an den entsprechenden Mannich-Basen. Die freien Basen lassen sich gut durch Vakuumdestillation isolieren und reinigen, selbst die festen Produkte sind im Vakuum unzersetzt destillierbar. Mit Ausnahme des 2-Di-n-butylaminomethyl-3-pyridols sind sie in der Hitze stabil. Bei der mit Methylbenzylamin als Aminkomponente durchgeführten Aminomethylierung läßt sich der Benzylrest katalytisch unter Bildung der entsprechenden sekundären Mannich-Base abspalten.

Mit *Methylanilin* als Aminokomponente reagiert 3-Pyridol in der Mannich-Reaktion nicht.

Auch 2-Methyl-5-hydroxymethyl-3-pyridol widersteht der Aminomethylierung[2].

6-Methyl-pyridol (3) setzt sich dagegen glatt mit Formaldehyd und sekundären sowie primären Aminen zu den entsprechenden Mannich-Basen um[3, 4].

Mit *2-Methyl-3-pyridol* haben STEMPEL und BUZZI[1] keine Mannich-Basen erhalten. BROWN und MILLER[4] beschreiben dagegen die Darstellung von Aminomethylierungsprodukten des 2-Methyl-3-pyridols mit sekundären Aminen. Der Aminomethylrest tritt in 4-Stellung ein. Von den dargestellten Mannich-Basen sind 4-Diäthylaminomethyl-2-methyl-3-pyridol und die entsprechenden 4-Dibutylamino- und 4-Piperidino-Verbindung gegen Malaria wirksam.

[1] STEMPEL, A., u. E. C. BUZZI: J. Amer. chem. Soc. **71**, 2970 (1949).
[2] PEREZ-MEDINA, MASIELLA u. McELVAIN: J. Amer. chem. Soc. **69**, 2574 (1947).
[3] STEMPEL, A., u. E. C. BUZZI: J. Amer. chem. Soc. **71**, 2969 (1949).
[4] BROWN, R. F., u. ST. J. MILLER: J. org. Chemistry **11**, 388 (1946).

Vom *4-Hydroxy-2-methylchinolin* und seinen Substitutionsprodukten sind ebenfalls Mannich-Basen mit sekundären Aminen bekanntgeworden.

Die Aminomethylierung erfolgt in 3-Stellung[1].

1,4-Dihydro-3-acetylisochinolin gibt bei der Mannich-Reaktion mit Piperidin als Aminkomponente ein Gemisch aus 3-Acetyl-2,3-dihydro-3-(piperidinomethyl)-1,4-isochinolin-dion (I) und 3,3'-Methylen-bis-(2,3-dihydro-1,4-isochinolindion) sowie [Δ 3,3' (4 H, 4 H')-bis-isochinolin]-1,1',4,4'-tetron[2] (Konstitutionsbeweis s. Lit.[2]).

I.

2,3-Dihydro-3-(3-phenylacyloyl)-1,4-isochinolindion geht keine Mannich-Reaktion ein[2].

b) Phenole mit angegliedertem Heteroring

Von Phenolen mit angegliedertem Heteroring ist das *8-Oxychinolin* (Oxin) am eingehendsten bearbeitet worden[3-8]. Bei den Kondensationen wurde nicht nur häufig die Aminkomponente, sondern auch die Mittelkomponente variiert. Anstelle von Formaldehyd ist vielfach Benzaldehyd eingesetzt worden. Auch mit Furfurol als Aldehydkomponente wurden Mannich-Basen erhalten. Von Aminen haben vorzugsweise Anilin und seine Nitro-, Chlor- oder Methoxyderivate Verwendung gefunden. Die Substitution des basischen Restes erfolgt in 7-Stellung. Die erhaltenen Mannich-Basen zeichnen sich durch eine charakteristische Farbreaktion mit Eisenchlorid aus. Mit Eisen-III-chlorid entsteht eine intensive Grünfärbung. Konzentrierte Schwefelsäure löst unter Rotfärbung, Salpetersäure ruft eine Gelbfärbung hervor. Das aus p-Ni-

---

[1] Bruson, H. A., u. C. W. McMullen: J. Amer. chem. Soc. **63**, 270 (1941).

[2] Ghosh, T. N., u. Saktipada Dutta: J. Indian chem. Soc. **31**, 439 (1954); C. A. **1955**, 13245.

[3] DRP 92309; Frdl. 4, 103 (1899).

[4] Burckhalter, J. H., F. H. Tendick, E. M. Jones, W. F. Holcomb u. A. L. Rawlins: J. Amer. chem. Soc. **68**, 1894 (1946).

[5] Phillips, J. P., R. W. Keown u. Qu. Fernando: J. org. Chemistry **19**, 907 (1954).

[6] Phillips, J. P., R. W. Keown u. Qu. Fernando: J. Amer. chem. Soc. **75**, 4306 (1953).

[7] Pirrone, F.: Gazz. chim. ital. **70**, 520 (1940).

[8] Pirrone, F.: Gazz. chim. ital. **71**, 320 (1941).

tranilin, Furfurol und 8-Oxychinolin erhältliche Kondensationsprodukt reagiert mit Schwefelsäure unter Rotfärbung. Konzentrierte Salpetersäure bewirkt Grünfärbung[1]. Durch Verwendung heterocyclischer Basen (z. B. substituierte 2-Aminopyridine, 2-Aminobenzthiazole, 3-Aminochinolin, Anthranilsäure) als Aminkomponente ist die Reaktion mit 8-Oxychinolin weiter variiert worden[2].

Allgemeines Darstellungsverfahren für Mannich-Basen des 8-Oxychinolins: Zu 50 ml Äthanol (95%ig) gibt man 0,02 Mol Benzaldehyd und 0,02 Mol der Aminkomponente. Sofern ein Niederschlag auftritt, wird die Schiffsche Base durch weiteren Zusatz von Alkohol in Lösung gebracht. Hierauf fügt man 0,02 Mol 8-Oxychinolin (= 2,9 g) hinzu und läßt gut verschlossen bei Raumtemperatur etwa 3 Wochen stehen. Der ausgeschiedene Niederschlag wird abgesaugt und aus einer Mischung von Äthanol/Aceton (1:1) umgelöst. Die Ausbeuten an Kondensationsprodukt schwanken je nach Art der Ausgangskomponenten zwischen 30—87% d. Th.

Es ist nicht gelungen, die Mannich-Basen des 8-Oxychinolins in die Oxazine überzuführen. Nach PIRRONE[3] dürfte die Fähigkeit, Oxazine zu bilden, davon abhängen, ob Aldehyd und Amin oder Aldehyd und Amidverbindung Verbindungen der Formeltyps

$$\begin{array}{c} R-CHOH \\ | \\ N-R' \\ | \\ R-CHOH \end{array} \text{ zu bilden vermögen.}$$

Mit *substituierten 8-Oxychinolinen* läßt sich die Mannich-Reaktion ebenfalls durchführen. Als substituierte 8-Oxychinoline haben u. a. Verwendung gefunden: 5-Chlor-8-oxychinolin[4], 6-Chlor-8-oxychinolin[4], 5-Acetylamino-8-oxychinolin[4], 5-Nitro-8-oxychinolin[4] und 5-Benzoyl-8-oxychinolin[5].

7-Oxychinolin reagiert mit Diäthylamin als Aminkomponente unter Bildung der entsprechenden Mannich-Base[6].

Von weiteren substituierten Phenolen der Chinolinreihe, die als acide Komponente in der Mannich-Reaktion verwendet wurden, seien erwähnt: *2-Methyl-4-hydroxychinolin*[7], *7-Chlor-4-(hydroxyanilino)-chinolin*[8], *2-Methyl-8-nitrochinolin*[7], *2-Äthoxy-4-methylchinolin*[7], *4-Hydroxy-7-methoxy-2-methyl-chinolin*[9], *6-Acetylamino-4-hydroxy-2-methylchinolin*[10] und *6-(2'-Thiazolyl)-4-hydroxy-2-methylchinolin*[10].

[1] Siehe Fußnote 6 S. 65. — [2] Siehe Fußnote 5 S. 65.

[3] PIRRONE, F.: Gazz. chim. ital. **71**, 320 (1941).

[4] BURCKHALTER, J. H., u. W. H. EDGERTON: J. Amer. chem. Soc. **73**, 4837 (1951).

[5] EDGERTON, W. H., u. J. H. BURCKHALTER: J. Amer. chem. Soc. **74**, 5209 (1952).

[6] BURCKHALTER, J. H., u. Mitarb.: J. Amer. chem. Soc. **68**, 1894 (1946).

[7] DRP 497907; Frdl. **16**, 2669 (1931).

[8] BURCKHALTER, J. H., u. Mitarb.: J. Amer. chem. Soc. **70**, 1363 (1948).

[9] PRICE, C. C., u. W. G. JACKSON: J. Amer. chem. Soc. **68**, 1282 (1946).

[10] GHOSH, T. N., u. A. R. CHAUDHURI: J. Indian chem. Soc. **28**, 268 (1951); C. A. **1953**, 136.

12. Mannich-Reaktion mit Thiophenolen

Mit Thiophenolen, Formaldehyd und sekundären Aminen tritt keine Mannich-Reaktion ein[1]. Als Reaktionsprodukte entstehen Aryl-dialkyl-aminomethylsulfide der allgemeinen Formel

$$Ar—S—CH_2—NR_2 \qquad R = Alkyl$$

Die Reaktionsprodukte wurden als Pikrate charakterisiert. Die Sulfide des p-Thiokresols und der Thionaphthole geben mit p-Nitro-benzoylchlorid beständige gut kristallisierende Verbindungen.

13. Mannich-Reaktion mit Chinonen

Chinone vom Typus des 2,5-Dioxybenzochinon (1,4) I und des 2-Oxy-naphthochinon-(1,4) (= Lawson) II

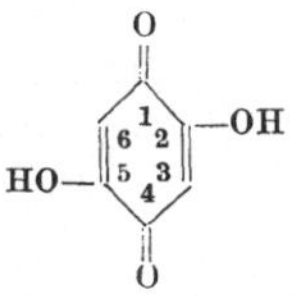

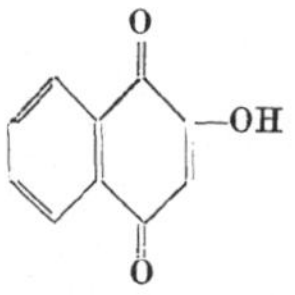

lassen sich gut aminomethylieren[2]. 2,5-Dioxybenzochinon wird zweimal in 3,6-Stellung, *Lawson* in 3-Stellung substituiert. Ausgezeichnete Ergebnisse werden erzielt, wenn die Reaktionen bei Zimmertemperatur durchgeführt werden; die Arbeitsmethode nach LEFFLER und HATHA-WAY[3] in der Wärme liefert große Mengen teeriger Produkte. Nicht alle Amine reagieren mit Lawson und Formaldehyd. So fanden LEFFLER und HATHAWAY[3], daß Diäthylamin keine Mannich-Base bildet. Mit Dimethylamin entsteht die Mannich-Base in 87%iger, mit Piperidin in 96%iger Ausbeute.

Erstaunlicherweise geben auch primäre Amine, wie z. B. Butylamin, hohe Ausbeuten an Aminomethylierungsprodukten. Die Chinonbasen sind orange bis dunkelrot gefärbt und existieren zweifelsohne als Zwitter-ionen. Sie können als Indicatoren verwendet werden (alkalisch: dunkelrot, sauer: lichtgelb).

Bei der Verwendung höherer sekundärer aliphatischer Amine, z. B. Dodecylamin, werden nicht die entsprechenden Mannich-Basen, sondern die Bisaminsalze von Methylenbislawson (= 3,3′-Methylenbis-[2-oxy-naphthochinon-(1,4)] III erhalten. Auch Diäthylamin (s. o.) liefert nur ein Salz von Methylenbislawson

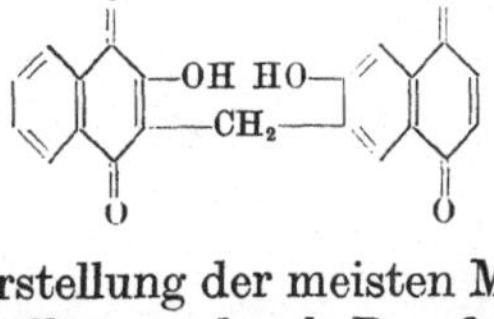

Im Gegensatz zur Darstellung der meisten Mann¹ch-Basen, bei denen eine wäßrige Formaldehydlösung durch Paraform ersetzt werden kann,

[1] GRILLOT, G. F., u. Mitarb.: J. Amer. chem. Soc. **76**, 3969 (1954).
[2] DALGLIESH, CH. E.: J. Amer. chem. Soc. **71**, 1697 (1949).
[3] J. Amer. chem. Soc. **70**, 3222 (1948).

gelingt die Aminomethylierung der Chinone nur mit wäßrigem Formaldehyd, nicht mit Paraform.

Aromatische Amine reagieren unter Bildung tief gefärbter amorpher Substanzen; mit p-Nitranilin werden beträchtliche Mengen Methylenbislawson (III) neben Methylenbis-p-nitranilin erhalten.

Die zahlreichen synthetisierten, vom Lawson abgeleiteten Mannich-Basen sind im Hinblick auf ihre Eignung als Antimalariamittel hergestellt worden. Keine von ihnen erreichte die Wirkung des Chinins.

Nach Ansichten von DALGLIESH[1] soll die Bildung der Aminomethylierungsprodukte des Lawson im Gegensatz zu der heute allgemeinen Auffassung des Bildungsmechanismus von Mannich-Basen über die Methylenverbindung IV

IV.

verlaufen, da die Michael-Addition der Base an IV der Aminaddition an den Formaldehyd besonders bei primären Aminen begünstigter ist.

IX. Mannich-Basen mit Nitroverbindungen

a) Aliphatische Nitroverbindungen

Die Mannich-Reaktion mit Nitroparaffinen als acider Komponente ist erstmalig von HENRY[2], der *Nitromethan* bzw. Nitroäther mit N-Hydroxymethylpiperidin kondensierte, beschrieben worden. Als Reaktionsprodukte treten 2-Nitro-1,3-bis (N-piperidyl)-propan bzw. 2-Nitro-2-methyl-1,3-bis-(N-piperidyl)-propan auf. In weiteren älteren Arbeiten[3,4] wird ebenfalls über Aminomethylierungsversuche mit aliphatischen Nitroverbindungen unter Verwendung von Ammoniak, primären und sekundären Aminen berichtet, ohne daß eindeutige Ergebnisse erzielt werden konnten.

ZIEF und MASON[5] beschrieben die Aminomethylierung des *Nitropropans*. Je nach den Mengenverhältnissen lassen sich zwei verschiedene Reaktionsprodukte isolieren. Außer dem normal auftretenden Diamin I gelingt auch die Darstellung des einfachen Aminomethylierungsproduktes II.

CH_2NR_2
$O_2N\!-\!\overset{|}{\underset{|}{C}}\!-\!CH_2\!-\!CH_3$ I. $O_2N\!-\!\overset{CH_2NR_2}{\overset{|}{CH}}\!-\!CH_2\!-\!CH_3$ II.
CH_2NR_2

---

[1] Siehe Fußnote 2 S. 67.

[2] HENRY, L.: Bull. Acad. roy. Belg. [3] **32**, 33 (1896); Ber. dtsch. chem. Ges. **38**, 2027 (1905).

[3] MOUSSET, TH.: Bull. Acad. roy. Belg. [4] 622 (1901).

[4] DUDEN, P., K. BOCK u. H. J. REID: Ber. dtsch. chem. Ges. **38**, 2036 (1905).

[5] ZIEF, M., u. J. P. MASON: J. org. Chemistry **8**, 1 (1943).

Wie SENKUS[1] und LAMBERT[2] gezeigt haben, sind auch Nitroalkohole der Mannich-Reaktion zugänglich.

Darstellung von N-(2-Nitrobutyl)-diäthylamin[3]: Zu einer Lösung von 73 g (1 Mol) redestilliertem Diäthylamin in dem gleichen Volumen Wasser fügt man unter starkem Rühren innerhalb einer $^1/_2$ Stunde tropfenweise 84 ml (1 Mol) Forma'inlösung (36%ig) hinzu. Die Temperatur wird während der Addition auf 18° gehalten. Man rührt nach der letzten Zugabe des Formaldehyds eine weitere $^1/_2$ Stunde und versetzt unter starkem Rühren mit 89 g (1 Mol) 1-Nitropropan in einem Guß. Die Temperatur steigt hierbei um 8—10° an. Das Rühren des Reaktionsgemisches wird 3—4 Stunden fortgesetzt. Hierauf extrahiert man mit 100 ml Äther, gibt zur wäßrigen Phase 10 g Kochsalz und schüttelt abermals mit 20 ml Äther aus. Die vereinigten Ätherlösungen trocknet man über wasserfreiem Magnesiumsulfat, dampft den Äther ab und destilliert unter vermindertem Druck. Bei 2 mm geht das Nitramin als blaßgelbe Flüssigkeit über. Die Ausbeute beträgt 138 g = 79% d. Th.

Darstellung von 1-Diiospropylamino-2-nitropropan[4]: 15 g (0,5 Mol) Formaldehydlösung (30%ig) werden in 50 g Diisopropylamin unter Rühren eingetropft; die Temperatur soll hierbei 15° nicht übersteigen. Anschließend rührt man noch 1 Stunde bei Raumtemperatur und gibt die Mischung tropfenweise (Tropftrichter!) zu 56 g (0,75 Mol) Nitroäthan. Nach 2stündigem Rühren bei Zimmertemperatur wird mit Kochsalz gesättigt, abgetrennt, gewaschen und über Natriumsulfat getrocknet. Bei der fraktionierten Destillation im Vakuum (unter Stickstoff) erhält man 64 g der Nitraminverbindung als gelbgrünes Öl. Sdpkt. 99 bis 103°/$_{10}$ mm. Ausbeute 66%. — Das salzsaure Salz schmilzt bei 127°. — Die freie Base ist sehr instabil, sie muß im Eisschrank unter Stickstoff aufbewahrt werden.

In analoger Weise läßt sich *1-Piperidino-2-nitropropan* darstellen. Ausbeute 52,5%; Sdpkt. 88—91°/$_3$ mm. — Die Base ist auch von BLOMQUIST und SHELLEY[5] sowie von EMMONS[6] beschrieben worden.

Während die aus sekundären Aminen und aliphatischen Nitroverbindungen zugänglichen tertiären Nitrobasen leicht polymerisieren, neigen die aus primären Aminen oder Ammoniak mit Nitroalkanen gebildeten dazu, Ringschlußreaktionen einzugehen.

Aus *Nitroäthan, 1-Nitropropan* und *1-Nitro-n-butan* haben GÜRNE und URBÁNSKI[7] mit Formaldehyd und Cyclohexylamin *5-Nitro-tetrahydro-1,3-oxazine* der allgemeinen Formel III erhalten[8].

[1] SENKUS, M.: J. Amer. chem. Soc. **68**, 10 (1946); ibid. **68**, 1611.
[2] LAMBERT, A., u. J. D. ROSE: J. chem. Soc. [London] **1947**, 1511.
[3] BLOMQUIST, A. T., u. T. H. SHELLEY jr.: J. Amer. chem. Soc. **70**, 147 (1948).
[4] SHOEMAKER, G. L., u. R. W. KEOWN: J. Amer. chem. Soc. **76**, 6374 (1954).
[5] BLOMQUIST, A. T., u. T. H. SHELLEY: J. Amer. chem. Soc. **70**, 147 (1948).
[6] EMMONS, W. D.: J. Amer. chem. Soc. **75**, 1993 (1953).
[7] GÜRNE, D., u. R. URBÁNSKI: Bull. Acad. polon. Sci. Cl. III, **4**, 221 (1956); Chem. Zbl. **1957**, 5559.
[8] Weitere Oxazinderivate vgl. A.P. 2447822 (1946); Erf. M. SENKUS: C. A. **43**, 1068g (1949).

$$\text{III.} \qquad R = \text{Cyclohexyl} \qquad R' = CH_3-,\ C_2H_5-,\ C_3H_7-$$

Durch Erhitzen mit 1,5%iger alkoholischer Salzsäure spaltet sich Formaldehyd unter Bildung des entsprechenden N-[2-Nitro-2-oxymethylalkyl]-cyclohexylamin ab. Die Ringspaltung gelingt nicht mit konz. Salzsäure, da der 1,3-Oxazinring infolge Bildung von Oxoniumverbindungen stabilisiert ist[1]. Mannich-Basen aus 1-Nitrobutan und 1-Nitroisobutan mit Ammoniak als Aminkomponente bilden unter geeigneten Bedingungen ebenfalls 1,3-Tetrahydro-oxazine. Diese sollen sich entgegen vorstehenden Angaben in siedender konz. Salzsäure zu 2-Nitro-2-oxymethylpentylamin bzw. zu 2-Nitro-2-oxymethyl-3-methylbutylamin abbauen lassen[2].

Die Verbindung *5-Nitro-5-n-propyl-tetrahydro-1,3-oxazin* (allg. Formel III; R = H; R' = n-C₃H₂-) zeigt i. v. bakteriostatische Wirkung gegenüber Mycobakterien.

Besonders eingehend ist die Mannich-Reaktion von 1-Nitro-n-butan mit Formaldehyd und Ammoniak untersucht worden[3].

Werden 1-Nitrobutan, Formaldehyd und Ammoniak im molaren Verhältnis 1 : 3 : 1 in Reaktion gebracht, so entsteht ein harzartiges Produkt, aus dem *5-Nitro-5-n-propyltetrahydro-1,3-oxazin* und *2-Nitro-2-methylolpentylamin* isoliert werden konnten. Diese Substanzen lassen sich jedoch in weit besserer Ausbeute erhalten, wenn man als acide Komponente 2-Nitro-2-propylpropandiol (1,3) mit Formaldehyd und Ammoniak im Verhältnis 1 : 1 : 1 reagieren läßt. Setzt man Nitrobutan, Formaldehyd und Ammoniak im Verhältnis 1 : 3 : 5 ein, so resultiert ein Öl, aus dem 5-Nitro-5-n-propylhexahydropyrimidin (IV) isoliert werden konnte. Das Pyrimidinderivat IV ist

$$\text{IV.}$$

besser zugänglich, wenn 2-Nitro-2-propylpropandiol (1,3) mit Formaldehyd und Ammoniak im Verhältnis 1 : 1 : 5 umgesetzt wird.

Gegenüber *Mycobacterium tbc.* zeigt das salzsaure Salz des *5-Nitro-5-n-propyltetrahydro-1,3-oxazin* eine stärkere bakteriostatische Wirksamkeit als die analoge aus Nitropropan gewonnene Verbindung.

[1] ECKSTEIN, Z., W. SOBÓTKÁ u. T. UBBÁNSKI: Roczniki Chem. [Ann.Soc.chim. Polonorum] **30**, 133 (1956).

[2] URBÁNSKI, T., J. KOLESIŃSKA u. H. PIOTROWSKA: Bull. Acad. polon. Sci. Cl. III, **3**, 179 (1955); Chem. Zbl. **1957**, 9088.

[3] URBÁNSKI, T., u. H. PIOTROWSKA: Roczniki Chem. [Ann. Soc. chim. Polonorum] **29**, 379 (1955); Chem. Zbl. **1957**, 9086.

Die Reaktion aliphatischer Nitroverbindungen mit Formaldehyd und Ammoniak kann auch zur Bildung eines 8 gliedrigen Ringsystems führen. So erhielt URBÁNSKI[1] bei der Reaktion des 1-Nitropropans mit Ammoniak den cyclischen Äther V, der beim Erhitzen mit Salzsäure unter Abspaltung von Formaldehyd in das Dinitraminodiol VI übergeht.

$$\text{V.} \qquad\qquad\qquad\qquad \xrightarrow[+\,CH_2O]{+\,HCl-CH_2O} \qquad [HOCH_2C(C_2H_5)NO_2 \cdot CH_2 \cdot C \cdot (C_2H_5)NO_2CH_2 \cdot CH_2OH]^+Cl^- \qquad \text{VI.}$$

Über Kondensationsprodukte aus 1-Nitro-isobutan mit Formaldehyd und Ammoniak vgl. Lit.[2].

Umsetzungen der Nitrobasen. Von Umsetzungen der Nitro-Mannich-Basen soll hier die Umwandlung ihrer Hydrochloride in 2-Nitro-1-alkene angeführt werden, die durch Pyrolyse nach

$$R'-\underset{\underset{NO_2}{|}}{CH}-CH_2-NR_2 \cdot HCl \xrightarrow{\ \Delta\ } R'-\underset{\underset{NO_2}{|}}{C}=CH_2 + R_2NH \cdot HCl$$

$$R = C_2H_5$$
$$R' = -CH_3 \text{ bis } -C_5H_{11}$$

möglich ist.

BLOMQUIST und SHELLEY[3] haben die Nitrobasen bis zum 1-Nitrohexan der thermischen Zersetzung unterworfen und dabei die entsprechenden 2-Nitro-1-alkene isolieren können.

Als Aminkomponente fand fast immer Diäthylamin Verwendung, lediglich bei der Mannich-Base des Nitroäthans wurde Piperidin eingesetzt, da sich die Nitrobase aus Nitroäthan und Diäthylamin beim Erhitzen explosionsartig zersetzt.

Die durch Pyrolyse entstehenden Nitroalkene lassen sich gut durch p-Toluidin, mit dem sie kristalline Verbindungen bilden, charakterisieren:

$$R'-\underset{\underset{NO_2}{|}}{C}=CH_2 + ArNH_2 \longrightarrow R'-\underset{\underset{NO_2}{|}}{CH}-CH_2-NHAr \qquad Ar = -C_6H_4CH_3$$

Während die Pyrolyse nach BLOMQUIST und SHELLY[4] extrem hohe Temperaturen erfordert, gelingt die thermische Zersetzung gegen 100°, wenn *Bortrifluoridkomplexe* von Nitro-Mannich-Basen eingesetzt werden[5]. Da die C—N-Bindung im Bortrifluoridkomplex schwächer ist als im entsprechenden Hydrochlorid, erfolgt ihre Lösung schon bei tiefen Temperaturen. Die Ausbeuten an Nitroolefinen können dabei bis zu 90% ansteigen. Zu bemerken ist, daß die Bortrifluoridkomplexe — dar-

---

[1] URBÁNSKI, T.: J. chem. Soc. [London] **1947**, 924.

[2] URBÁNSKI, T., u. J. KOLESIŃSKA: Roczniki Chem. [Ann. Soc. chim. Polonorum] **29**, 392 (1955); Chem. Zbl. **1957**, 9087.

[3] BLOMQUIST, A. T., u. T. H. SHELLEY jr.: J. Amer. chem. Soc. **70**, 147 (1948).

[4] J. Amer. chem. Soc. **70**, 147 (1948).

[5] EMMONS, W. D., W. N. CANNON, J. W. DAWSON u. R. W. ROSS: J. Amer. chem. Soc. **75**, 1993 (1953).

gestellt aus den Nitrobasen mit gasförmigem Bortrifluorid — nicht sehr
beständig sind. Sie zersetzen sich häufig beim Stehenlassen.

Pyrolyse von Bortrifluoridkomplexen einiger Nitrobasen

Bortrifluoridkomplexe von	Ausbeute an	%
N-(2-Nitropropyl)-piperidin	2-Nitropropen	77
N-(2-Nitrobutyl)-diäthylamin	2-Nitro-1-buten	78
N-(2-Nitrobutyl)-dimethylamin	2-Nitro-1-buten	86
N-(2-Nitropentyl)-diäthylamin	2-Nitro-1-penten	90

b) Aromatische Nitroverbindungen

Die Mannich-Reaktion mit aromatischen Nitroverbindungen gelingt
nur dann, wenn die Wasserstoffatome einer am Benzolkern stehenden
Methylgruppe durch Nitrogruppen genügend aufgelockert sind. Die
Substitution durch eine Nitrogruppe genügt nicht, um eine Amino-
methylierung zu erzielen. Erst beim 2,4-Dinitrotoluol läßt sich eine
Umsetzung erreichen. KERMACK und MUIR[1] zeigten, daß 2,4-Dinitro-
toluol mit Diäthylamin oder Piperidin als Aminkomponente je nach
Wahl der Reaktionsbedingungen unter Bildung der Verbindungen I oder
II reagiert:

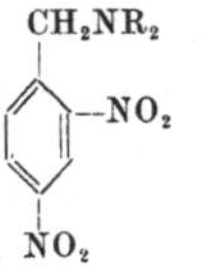

$$\text{I.} \qquad \text{II.}$$

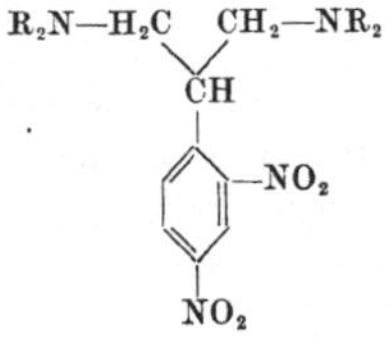

Sehr glatt verläuft die Aminomethylierung des Trinitrotoluols, besonders mit solchen sekundären Aminen, die mit Formaldehyd leicht N-Me-
thylolverbindungen bilden[2]. Sie gelingt nicht mit schwachen Basen, wie
Diphenylamin, und solchen, welche nicht leicht mit Formaldehyd unter
Bildung von Methylolverbindungen reagieren. Die Kondensation wird bei
Gegenwart von NaOH durchgeführt, da kleine Mengen von Alkalimetall-
hydroxyden die Reaktion beschleunigen. Der Formaldehyd wird zumeist
in wäßriger Lösung verwendet, obgleich die Reaktion auch mit Paraformaldehyd durchführbar ist. Bei einer Reaktionstemperatur von + 5°
bis + 10° erhält man Ausbeuten bis zu 95% d. Th. Die Aufarbeitung
erfolgt im allgemeinen durch Eingießen des Reaktionsproduktes in
salzsäurehaltiges Eiswasser. Mit sekundären Aminen erhält man Mannich-Basen der allgemeinen Zusammensetzung III

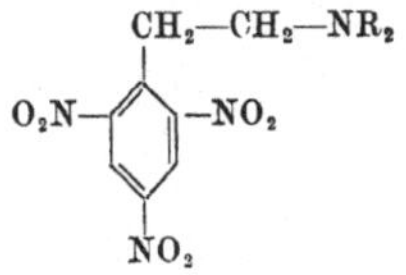

$$\text{III.}$$

---

[1] KERMACK, W. O., u. R. D. MUIR: J. chem. Soc. [London] **1933**, 300.
[2] BRUSON, H. A., u. G. B. BUTLER: J. Amer. chem. Soc. **68**, 2348 (1946).

Bei Verwendung von Piperazin als Aminkomponente tritt die acide
Komponente zweimal unter Bildung von IV in Reaktion

Bis-(2,4,6-Trinitrophenyl)-N,N'-piperazin

X. Mannich-Basen mit Heterocyclen

a) O als Heteroatom

Von den sauerstoffhaltigen Heteroringen erhält man mit Furan als
acider Komponente keine definierten Mannich-Basen[1]. Die Einwirkung
von Ammoniumchlorid und Formaldehyd auf *Furan* im Molverhältnis
3 : 2 : 1 bei etwa 35° führt zu einer gelbbraunen Masse, die in phosphor-
saurer Lösung Baumwolle imprägniert, knitterfest und nicht entflamm-
bar macht[2]. Vermutlich liegen Polymere von I vor:

Analoge Produkte entstehen auch aus *2-Methylfuran* und Hexamethylentetramin.

Mit primären[3] und sekundären Aminsalzen[4] erhält man aus 2-Methyl-
furan definierte Mannich-Basen. Der Aminomethylrest tritt in 5-Stellung
ein. Ist die 5-Stellung und die 2-Stellung substituiert, erfolgt keine
Reaktion.

Bei Anwendung eines Überschusses an Amin und Formaldehyd treten
besonders beim Arbeiten in Eisessig zwei Aminomethylreste an den
Furanring unter Bildung von *2,5-Bis-(dialkylaminomethyl)-furan II*[5]

Darstellung von 5-Methyl-2-dimethylaminomethyl-furan[5]: 128,5 g
(1 Mol) einer 35%igen wäßrigen Dimethylaminlösung werden unter
guter Kühlung in 180 ml Eisessig eingetropft. Nach Zugabe von 61 g
(0,75 Mol) Formaldehydlösung (37%ig) und 41 g (0,5 Mol) 2-Methylfuran
erhitzt man 4 Stunden unter Rückfluß und läßt den Ansatz anschließend
24 Stunden bei Raumtemperatur stehen. Hierauf wird das Reaktionsgemisch in eine gekühlte Lösung von 250 g Natriumhydroxyd in 800 ml
Wasser eingetragen. Die nach dreimaliger Extraktion mit Äther erhaltenen Auszüge trocknet man über Kaliumhydroxydplätzchen und fraktioniert den nach dem Abdampfen des Äthers hinterbleibenden Rück-

---

[1] ELIEL, E. L., u. P. E. PECKHAM: J. Amer. chem. Soc. **72**, 1209 (1950).
[2] A.P. Pat. 2572371, E. I. du Pont de Nemours & Co. Wilmington, Del. 1951;
C. A. **1952**, 9609g.
[3] HOLDREN, R. F., u. R. M. HIXON: J. Amer. chem. Soc. **68**, 1198 (1946).
[4] ELIEL, E. L., u. M. T. FISK: Org. Syntheses **35**, 78 (1955).
[5] ELIEL, E. L., u. P. E. PECKHAM: J. Amer. chem. Soc. **72**, 1209 (1950).

stand. Die Base geht zwischen 161—164° in einer Ausbeute von 86%
über. Schmp. des Pikrates 116—116,5°.

Von kondensierten Furanabkömmlingen ist lediglich in einer vor-
läufigen Mitteilung die Dimethylbase des 2-Hydroxy-dibenzofurans III
beschrieben worden[1]:

III.

Die Reaktion wird mit der freien Base durchgeführt, sie soll sehr
glatt verlaufen und Ausbeuten von 87% ergeben. Schmp. der freien
Dibenzofuranbase 114—115°.

Ein Aminomethylierungsprodukt des *γ-Phenyl-γ-butyrolakton* ist von
VAN TAMELEN und ROSENBERG BACH[2] dargestellt worden. Das γ-Lacton
wird zur Überführung in die Mannich-Base in Form der α-Carbonsäure IV

IV.

mit sekundären Aminen und Formaldehyd zu V umgesetzt:

V.

Die Mannich-Reaktion mit *4-Hydroxycumarin* VI haben ROBERTSON
und LINK[3]

VI.

eingehend untersucht. Eine Aminomethylierung schlägt fehl, wenn man
von den salzsauren Aminsalzen und Paraform ausgeht. Hierbei wird
ausschließlich *3,3′-Methylen-bis-4-hydroxycumarin* = [Dicumarol (W Z)]
erhalten. Da die Reaktion zwischen 4-Hydroxycumarin und Formaldehyd
unter Bildung der Methylenbisverbindung sehr schnell verläuft (vgl.
a. Naphthochinone, Lawson S. 67), ist die *Reihenfolge*, in welcher die
Reaktionspartner zusammengegeben werden, wichtig.

Man verfährt zweckmäßig folgendermaßen: Zu der Lösung des
Amins und wäßrigem Formaldehyd in absolutem Alkohol wird bei
Raumtemperatur eine Lösung des Hydroxycumarins in absolutem
Äthanol eingerührt.

---

[1] GILMAN, H., u. H. SMITH BROADBENT: J. Amer. chem. Soc. **70**, 3963 (1948).

[2] VAN TAMELEN, E. E., u. S. ROSENBERG BACH: J. Amer. chem. Soc. **77**, 4683 (1955).

[3] ROBERTSON, D. N., u. K. P. LINK: J. Amer. chem. Soc. **75**, 1883 (1953).

Die von LEFFLER und HATHAWAY[1] angewendete Methode zur Darstellung von 2-Hydroxy-3-subst.-aminomethylnaphthochinon, bei der *Lawson* und Amin zuvor gemischt und dann dem Formaldehyd zugegeben werden, gibt auch beim 4-Hydroxycumarin befriedigende Ergebnisse.

Die Umsetzung von 4-Hydroxycumarin mit *primären* Aminen und Formaldehyd verläuft ebenfalls sehr schnell. Die 3-substituierten Aminomethyl-4-hydroxycumarine scheiden sich aus der Reaktionsmischung zumeist in analytisch reinem Zustand ab.

Im Gegensatz zu den Mannich-Basen mit niederen Alkylaminen unterliegen *3-Isobutylaminomethyl-4-hydroxycumarin* und die entsprechende Benzylaminbase beim Umlösen aus Äthanol einer leichten Zersetzung.

Ziemlich langsam verläuft die Reaktion des 4-Hydroxycumarins mit den *sekundären* Aminen, Dimethylamin und Piperidin.

Von sekundären Aminen reagieren nicht unter Bildung von Mannich-Basen: Diäthylamin, Diisopropylamin und Dibenzylamin. Mit diesen Basen erhält man lediglich die Aminsalze des Dicumarols (WZ).

Die Mannich-Basen des Hydroxycumarins existieren als Zwitterionen (U.V.-Spektrum).

Beim Erhitzen einer wäßrigen sauren Lösung von 3-Piperidinomethyl-4-hydroxycumarin auf 100°, 24 Stunden lang, erhält man *Dicumarol* (WZ). Der Reaktionsverlauf wird wie folgt postuliert:

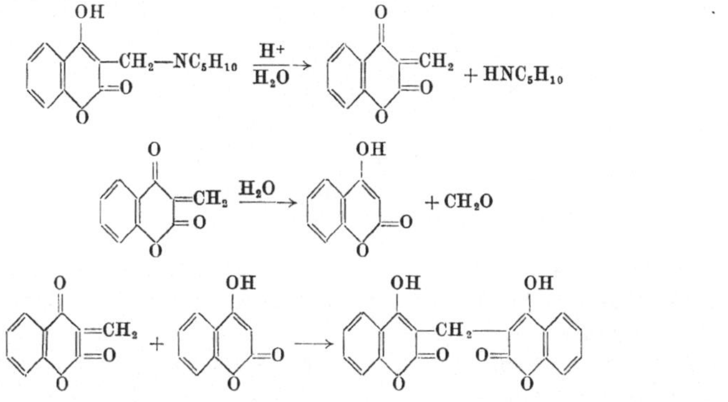

Dicumarol (WZ)

Chromone: In 2- und 3-Stellung *un*substituierte Chromone reagieren unter Bildung von *3-Dialkylaminomethylchromon-hydrochlorid*[2]:

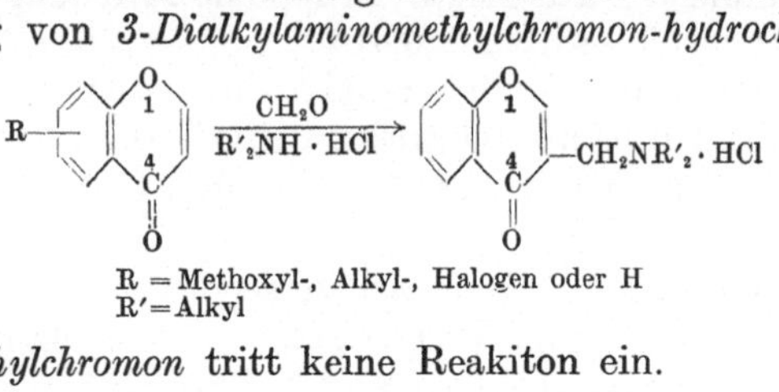

R = Methoxyl-, Alkyl-, Halogen oder H
R′ = Alkyl

Mit *2-Methylchromon* tritt keine Reakiton ein.

[1] LEFFLER, M. T., u. R. J. HATHAWAY: J. Amer. chem. Soc. 70, 3222 (1948).
[2] WILEY, P. F.: J. Amer. chem. Soc. 74, 4326 (1952).

Die Seitenkette haftet in 3-Stellung und nicht in 2-Stellung, was durch das Verhalten der aus 7-Methoxychromon und Dimethylamin zugänglichen Mannich-Base bei der Reduktion bewiesen werden kann. Das Aminomethylierungsprodukt geht durch Reduktion in das bekannte und in seiner Konstitution nicht zweifelhafte *3-Dimethylaminomethyl-7-methoxychromanon*[1] über.

Von substituierten Chromonen reagieren nicht: *2-Methyl-, 2-Methyl-6-methoxy-, 2-Methyl-7-methoxy-, 2-Methyl-6-chlor-* und *2,6-Dimethylchromon*.

γ-Pyron geht eine Mannich-Reaktion ein[1], die Struktur der hierbei erhaltenen Verbindung — mit Dimethylaminhydrochlorid als basischer Komponente — ist nicht gesichert. Vermutlich liegt ein Gemisch aus einer in 3-Stellung substituierten und einer in 3,5-Stellung disubstituierten Mannich-Base vor.

Die Darstellung der Chromonbasen erfolgt durch 4—5stündiges Kochen der Chromone in absolutem Alkohol mit Paraform und den salzsauren Salzen der sekundären Amine.

Chromanone: WILEY[1] hat eine große Anzahl von 3-Dialkylaminomethyl-4-chromanonen synthetisiert und die Wirkung dieser Verbindungen auf *Entamoeba histolytica* und *Schistosoma mansoni* geprüft. Die Synthese führt zu in 3-Stellung basisch substituierten Verbindungen:

R   und R′ = H, Alkyl-, Alkoxy- oder Halogen
R″   und R‴ = H oder Alkyl

Trotz glatten Verlaufs der Aminomethylierung sind die Ausbeuten häufig niedrig. Die Abtrennung von Nebenprodukten bereitet ebenfalls Schwierigkeiten.

Mit *6-Nitro-4-chromanon* entsteht keine Mannich-Base. Bei der Kondensation tritt ein stickstofffreier Körper, vermutlich *3,3′-Methylenbis-[6-nitro-4-chromanon]* auf.

Bei der Einführung einer Methylgruppe in 2-Stellung erniedrigt sich die Ausbeute von 40—45% auf 0,51%.

Die Lösungen von 3-Aminomethyl-4-chromanonen in Wasser sind instabil; sie scheiden beim Stehenlassen ein Öl ab. Vermutlich tritt ein Polymeres auf, das sich vom entsprechenden 3-Methylen-chromanon ableitet.

3-Dimethylaminomethyl-chromanon zersetzt sich bei der Destillation, obgleich ähnlich aufgebaute Verbindungen sich erfolgreich destillieren lassen.

---

[1] WILEY, P. F.: J. Amer. chem. Soc. **73**, 4205 (1951).

Pharmakologische Eigenschaften der Chromanon-Basen[1]: Die 3-Dimethylaminomethylverbindungen der Chromanone zeigen die größte Wirksamkeit gegenüber *Schistosoma mansoni.*

Der Ersatz der Dimethylamingruppe durch andere Amine bewirkt Abschwächung der pharmakologischen Wirkung. Substitution im Benzolring verbessert die Aktivität nur im Falle von 6-Hydroxy- und 6- oder 7-Alkoxygruppen. Die Öffnung des heterocyclischen Ringes bedingt beträchtlichen Wirkungsverlust. *6-Methoxy-3-dimethylaminomethyl-chromanon* ist gegen Schistosoma mansoni etwa so wirksam wie *Fuadin* (WZ).

Von der *Kojisäure,* die in 3- und 6-Stellung zwei aktive Zentren in ihrem Molekül besitzt, sind Mannich-Basen mit aromatischen primären (Anilin und kernsubstituierte Aniline) und sekundären Aminen (Methylanilin) bekanntgeworden[2].

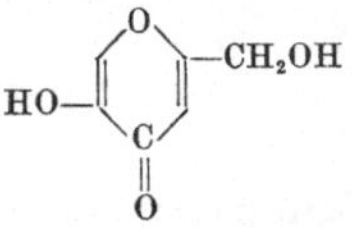

Bei der Aminomethylierung treten zwei Aminomethylreste in 3- und 6-Stellung an den Ring. Die Kondensation wird in salzsaurem Medium durchgeführt.

Darstellung von Mannich-Basen der Kojisäure mit Arylaminen:

A. Eine Mischung aus 4,23 g (0,03 Mol) Kojisäure, 1 g Paraform, 3 ml 38%iger Salzsäure, 0,03 Mol des entsprechenden Amins und 50 ml mit Salzsäure angesäuertem Methylalkohol wird 30 Minuten auf dem Wasserbad erhitzt, hierauf in 300 ml Wasser eingerührt, mit Ammoniak alkalisch gemacht und durch Umfällen mit verdünnter Salzsäure gereinigt. Die Reinigung kann auch mit wäßrigem Aceton erfolgen.

B. 0,03 Mol Kojisäure, 2,5 ml 37%ige Formaldehydlösung, 3 ml 38%ige Salzsäure und 0,03 Mol Amin erhitzt man 15 Minuten auf dem Wasserbade.

Schmelzpunkte der Mannich-Basen aus Kojisäure und aromatischen Aminen:

Anilin: 263,9°
Methylanilin: 116—117°
p-Toluidin: 148,4°
p-Bromanilin: 185,2°   Aminkomponente (R)

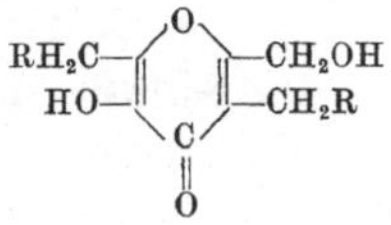

Die Aminomethylierungsprodukte der Kojisäure geben in salzsaurer Lösung mit Eisenchlorid eine Rotfärbung.

Die von PETRENKO-KRITSCHENKO und STANISCHEWSKY[3] dargestellten substituierten *Tetrahydropyrondicarbonsäureester* der allgemeinen Formel I

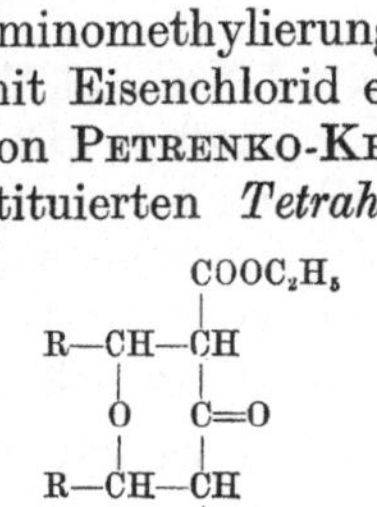

R = —CH₃ , —C₆H₅

I.   II.

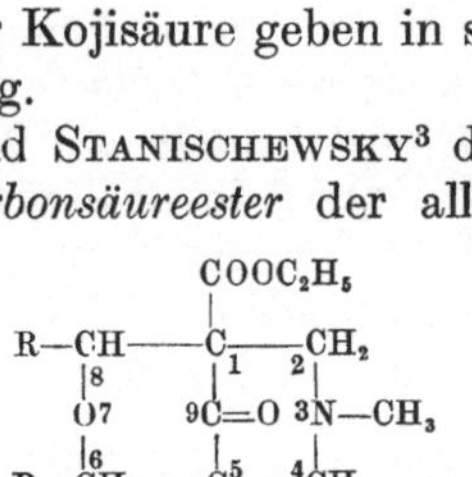

---

[1] WILEY, P. F.: J. Amer. chem. Soc. **73**, 4205 (1951).
[2] WOODS, L. L.: J. Amer. chem. Soc. **68**, 2744 (1946).
[3] Ber. dtsch. chem. Ges. **29**, 994 (1896).

lassen sich überraschend leicht aminomethylieren[1]. Die Kondensation gelingt bereits bei Zimmertemperatur in wäßrig alkoholischer Lösung mit primären Aminen und Formaldehyd. Es reagieren 2 Mol Formaldehyd mit 1 Mol primärem Amin unter Bildung des bicyclischen Ringsystems II. II gibt ein Jodmethylat, jedoch keine funktionellen Derivate der Keto-gruppe. Die Reaktionsfähigkeit des Carbonyls ist vermutlich durch die benachbarten Substituenten behindert. Reduktionsversuche der Ketogruppe (Natriumamalgam, elektrolytisch) sind ohne Erfolg. Gegen Säuren (2n-Salzsäure) ist II ziemlich beständig, erst konzentrierte Säuren führen Zersetzung herbei. Gegenüber Alkalien erweist sich II empfindlich. Die Estergruppen lassen sich nicht ohne tiefgreifende Zer-setzung des Moleküls verseifen. Die Einwirkung von Alkalien ergibt neben Aceton als einziges Zersetzungsprodukt die Substanz III

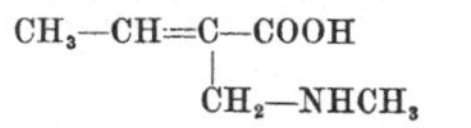

$$CH_3-CH=C-COOH$$
$$\underset{CH_2-NHCH_3}{|}$$

III.

Furanochromone: Von den in der Natur vorkommenden Furano-chromonderivaten besitzt das aus der Umbellifere Ammi visnaga vor-kommende *Khellin* (IV) wegen seiner coronardilatatorischen Wirksam-keit Interesse. Seiner parenteralen Anwendung standen bisher wegen der Schwerlöslichkeit Schwierigkeiten im Wege. Neuerdings konnte gezeigt werden, daß durch Aminomethylierung des Khellins in Wasser leicht lösliche Stoffe der allgemeinen Zusammensetzung V entstehen[2]

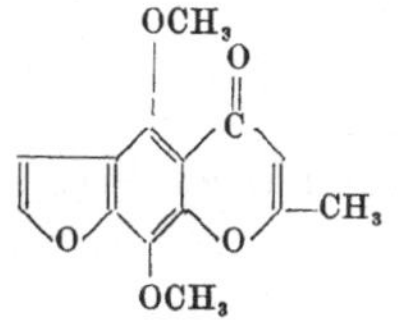

IV.

Khellin

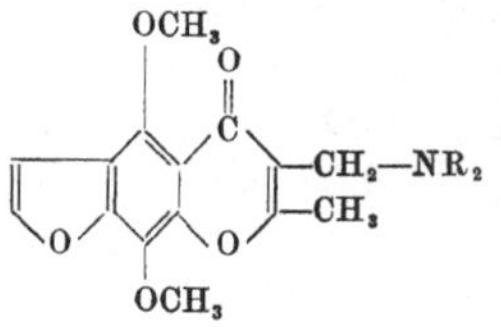

R = Alkyl, $-C_5H_{10}$

b) N als Heteroatom

α) Pyrrol und seine Substitutionsprodukte. Unsubstituiertes Pyrrol kann einmal in 2-Stellung oder zweimal in 2,5-Stellung aminomethyliert werden[3-6]; 2,5-substituierte Pyrrole geben Kondensationsprodukte mit basischen Resten in 3- und 4-Stellung[3,7].

Darstellung von 2-Diäthylaminomethylpyrrol[6]: 7,0 ml (0,1 Mol) Pyrrol wird bei 0° mit ebenfalls auf 0° vorgekühltem wasserfreien Diäthylamin — 10,2 ml — und 7,45 ml 40%iger Formaldehydlösung sowie anschließend mit 20 ml 60%iger Essigsäure versetzt. Die sich erwärmende Mischung wird nach 2 Stunden bei Zimmertemperatur mit 200 ml 2n-Natronlauge behandelt und mit Äther ausgeschüttelt. Der Ätherrückstand wird

---

[1] MANNICH, C., u. M. W. MÜCK: Ber. dtsch. chem. Ges. **63**, 604 (1930).

[2] REICHERT, B., unveröffentlicht.

[3] BACHMAN, G. B., u. L. V. HEISEY: J. Amer. chem. Soc. **68**, 2496 (1946).

[4] HERZ, W., K. DITTMER u. S. J. CRISTOL: J. Amer. chem. Soc. **69**, 1698 (1947).

[5] HERZ, W., J. Amer. chem. Soc. **75**, 483 (1953).

[6] KUTSCHER, W., u. O. KLAMERTH: Chem. Ber. **86**, 352 (1953).

[7] FISCHER, H., u. C. NENITZESCU: Liebigs Ann. Chem. **443**, 113 (1925).

bei 1 Torr fraktioniert destilliert. Bei 75° (Luftbad) geht das Aminomethylierungsprodukt in einer Ausbeute von 9,5 g als farblose, leicht bewegliche Flüssigkeit von charakteristischem Geruch über. Daneben entsteht stets in nicht unerheblicher Menge (3,7 g) eine Verbindung vom Sdpkt.$_{1\,mm}$ 80—85°, die *2,5-Bis-diäthylaminomethylpyrrol* darstellen dürfte.

2-Piperidinomethyl-pyrrol kann analog nach vorstehender Methode erhalten werden. Sdpkt.$_{14\,mm}$ 100°; Schmp. 71—72° (aus Methanol + Petroläther).

2,5-Bis-(N-piperidinomethyl)-pyrrol[1]: Ein auf 0° abgekühltes Gemisch aus 42,5 g Piperidin und 30 g Eisessig wird mit 40 ml 30%iger Formaldehydlösung und so viel Wasser versetzt, daß mechanisches Rühren möglich ist. In den Ansatz tropft man bei einer Temperatur, die + 10° nicht übersteigen soll, 17,4 g frisch destilliertes Pyrrol ein. Man läßt noch 1 Stunde im Eisbad stehen und hierauf die Temperatur auf Raumwärme ansteigen. Nach weiteren zwei Stunden wird wiederum auf 0° abgekühlt und vorsichtig mit 20%iger Natronlauge neutralisiert. Die abgetrennte Ölschicht kristallisiert nach einiger Zeit. Ausbeute 60 g = 92% d. Th. — Rosettenförmig angeordnete Nadeln vom Schmp. 96,5—97° (aus Aceton).

Am Stickstoff substituierte Pyrrole sind ebenfalls der Mannich-Reaktion zugänglich[2]. *1-Phenylpyrrol* bildet bei Verwendung von 2 Mol Dimethylaminsalz und 2 Mol Formaldehyd *kein* disubstituiertes Produkt, sondern liefert lediglich die einfache monosubstituierte Mannich-Base in erhöhter Ausbeute.

Die Methojodide N-substituierter Pyrrol-Mannich-Basen sind ausgezeichnete Alkylierungsmittel (s. a. S. 121).

Wenn man 2-Dimethylaminomethyl-1-R-pyrrol (R = CH_3 und C_6H_5) in Form des Methojodids mit Natriumcyanid behandelt, resultiert 1-R-2-Pyrrol-acetonitril, das durch Hydrolyse quantitativ in die entsprechende Säure I übergeht.

$$\text{(Pyrrol-Ring)}\!-\!CH_2\cdot COOH \qquad R = CH_3,\; C_6H_5 \qquad \text{I.}$$

Natriummalonester gibt mit den Methojodiden N-substituierte Pyrrol-Mannich-Basen 1-Methyl-(bzw. Phenyl)-2-pyrrylmethyl-malonsäurediäthylester; mit *Cyanessigester* und dem Methojodid des 1-Methyl-2-dimethylaminomethylpyrrol entsteht *1-Methyl-2-pyrrylmethyl-cyanessigester.*

Die basische Seitenkette der aus II gut zugänglichen Mannich-Base III[3]

$$\underset{\text{II.}}{H_5C_2OOC\!-\!\overset{H_3C}{\underset{N\,(H)}{\text{(Pyrrol)}}}\!-\!CH_3} \;\longrightarrow\; \underset{\text{III.}}{H_5C_2OOC\!-\!\overset{H_3C}{\underset{N\,(H)}{\text{(Pyrrol)}}}\!-\!CH_3,\; CH_2\!-\!N(H)}$$

[1] BACHMAN, G. B., u. L. V. HEISEY: l. c.

[2] HERZ, W., u. J. L. ROGERS: J. Amer. chem. Soc. **73**, 4921 (1951); ibid. **75**, 483 (1953).

[3] TREIBS, A., u. G. FRITZ: Angew. Chem. **66**, 562 (1954); vgl. auch J. THESING: Chem. Ber. **87**, 507 (1954).

läßt sich nach Quaternärisierung mit Benzylchlorid oder Dimethylsulfat (IV) auf folgendem Wege über das entsprechende Dimethylaminophenylnitron (V) in eine Aldehydgruppe, die zum Pyrrolaldehyd führt, umwandeln:

$$\left[\;\begin{array}{c} H_3C\text{---}\text{---}CH_2\text{---}N\langle\rangle \\ H_5C_2OOC\text{---}\underset{\substack{N\\H}}{}\text{---}CH_3 \quad CH_3 \end{array}\;\right]SO_4CH_3 \quad\text{IV.} \longrightarrow \begin{array}{c} H_3C\text{---}\text{---}CH{=}N\text{---}\langle\rangle N(CH_3)_2 \\ H_5C_2OOC\text{---}\underset{\substack{N\\H}}{}\text{---}CH_3 \;\; \overset{\downarrow}{O} \end{array} \longrightarrow \quad \text{V.}$$

$$\begin{array}{c} H_3C\text{---}\text{---}C{\overset{H}{\underset{O}{\diagup}}}\\ H_5C_2OOC\text{---}\underset{\substack{N\\H}}{}\text{---}CH_3 \end{array} \qquad \text{VI.}$$

Die prinzipielle Möglichkeit einer Übertragung der Aldehydsynthese von KRÖHNKE[1] auf Mannich-Basen ist damit aufgezeigt.

β) Indol und seine Substitutionsprodukte. Die Indol-Mannich-Base β-(Dimethylaminomethyl)-indol = Gramin (I) findet sich in der Natur in der Schilfart Arundo Donax[2]. Sie konnte auch aus den Blättern von Chlorophyllmutanten verschiedener Gerstensippen isoliert werden[3].

Gramin $\quad\langle\rangle\text{---}CH_2\cdot N(CH_3)_2 \quad$ I. $\quad$ ist erstmalig von KÜHN und STEIN[4] durch Aminomethylierung des Indols synthetisiert worden.

Darstellung von β-(Dimethylaminomethyl)-indol (Gramin)[4]: Ein eisgekühltes, unter Kühlung hergestelltes Gemisch aus 4,25 g wäßriger 53%iger Dimethylaminlösung, 7 g Eisessig und 3,8 g 30%iger Formaldehydlösung wird auf einmal zu 5,8 g Indol gegeben. Unter starker Erwärmung bildet sich eine klare hellgelbe Lösung, die man einige Stunden bei Raumtemperatur stehenläßt. Nunmehr versetzt man mit verd. Natronlauge bis zur alkalischen Reaktion, wobei die Mischung zu einem Kristallbrei erstarrt. Nach dem Absaugen und Waschen mit Wasser trocknet man im Exsiccator über Ätzkali. Ausbeute 8,6 g (bzw. 8,65 g). Die Base schmilzt bei 134° (aus Aceton oder Cyclohexan).

Die Gramin-Base ist wegen ihrer alkylierenden Eigenschaften (s. a. S. 84 ff.) neuerdings Ausgangsmaterial für zahlreiche Umsetzungen und Synthesen (Heteroauxin, Tryptophan) geworden.

Für die Synthese des Tryptophan (s. S. 89) verwendet man zweckmäßig die entsprechende Diäthylamin-Indol-Mannich-Base[5, 6].

Diäthylaminomethyl-indol: 5 g Indol werden unter Eiskühlung gleichzeitig mit folgenden vorgekühlten Lösungen versetzt: 3,3 ccm 40%iger Formaldehydlösung, 3,1 g wasserfreiem Diäthylamin und 9 ccm 60%iger

[1] KRÖHNKE, F.: Angew. Chem. **65**, 612 (1953).

[2] ORECHOFF, A., u. S. NORKINA: Ber. dtsch. chem. Ges. **68**, 436 (1935); Z. obsc. Chim. **7**, 637; Chem. Zbl. **1937**, II, 234.

[3] v. EULER, H., u. H. HELLSTRÖM: Hoppe-Seyler's Z. physiol. Chem. **208**, 43 (1932); **234**, 151 (1935); **235**, 37 (1935).

[4] KÜHN, H., u. O. STEIN: Ber. dtsch. chem. Ges. **70**, 567 (1937).

[5] HELLMANN, H.: Hoppe-Seyler's Z. physiol. Chem. **284**, 166 (1949).

[6] HOWE, E. E., A. J. ZAMBITO, H. R. SNYDER u. M. TISHLER: J. Amer. chem. Soc. **67**, 38 (1945).

Essigsäure. Das Indol löst sich unter Erwärmen auf. Nach 2stündigem Aufbewahren bei 20° wird die dickflüssig gewordene Lösung mit der 10fachen Menge 2n-Natronlauge versetzt. Aus der milchigen Flüssigkeit scheidet sich sofort ein hellgelbes Öl ab, das beim Reiben innerhalb weniger Minuten vollständig zu weißen Kristallen erstarrt; diese werden abgenutscht und mit Wasser gewaschen. Nach 2stündigem Trocknen in dünner Schicht im Vakuumexsiccator über Phosphorpentoxyd können sie für die Kondensation verwendet werden. Ausbeute 8,2 g = 95% vom Schmp. 103° (unkorr.). Durch Umkristallisieren aus Benzol kann der Schmp. auf 105° erhöht werden.

Der Aminomethylierung sind auch zahlreiche substituierte Indole zugänglich. Eine Zusammenstellung findet sich auf S. 172ff.[1].

Mit sekundären aromatischen Aminen, z. B. N-Methylanilin, erhält man mit Indol als acider Komponente nur dann die echten Mannich-Basen (I)[2-4], wenn in neutralem Medium gearbeitet wird. In Gegenwart von Eisessig entsteht *Methyl-phenyl-skatylamin* (II)[5]

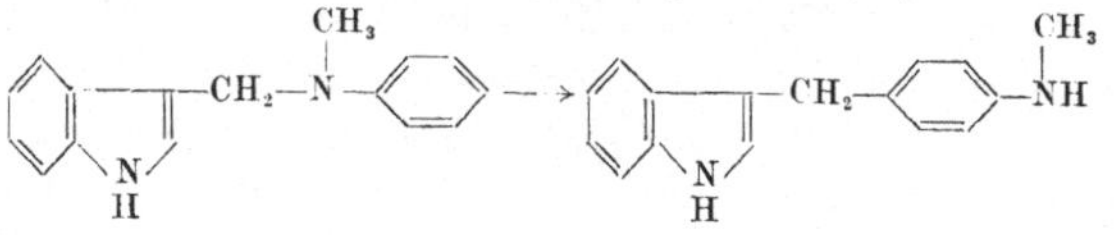

I.   II.

Die Bildung von II soll nach Ansicht von THESING und Mitarbeiter nicht unmittelbar, sondern über die Mannich-Base I erfolgen, die sich im Sinne einer Hofmann-Martius-Umlagerung[6] zu II umlagert.

N-Methyl-p-skatylanilin (II) ist auch durch Amingruppen-Austausch-Reaktionen von anderen Mannich-Basen oder deren quartären Salzen mit Aminen erhältlich[7]. Zur Darstellung von II eignet sich Graminmethosulfat (III), das mit Methylanilin unter verschiedenen Bedingungen zu I bzw. II umgesetzt werden kann[3]. Die bei der Reaktion der beiden Komponenten in Abhängigkeit von der Reaktionslage entstehenden Produkte sind in nachstehender Übersicht zusammengestellt:

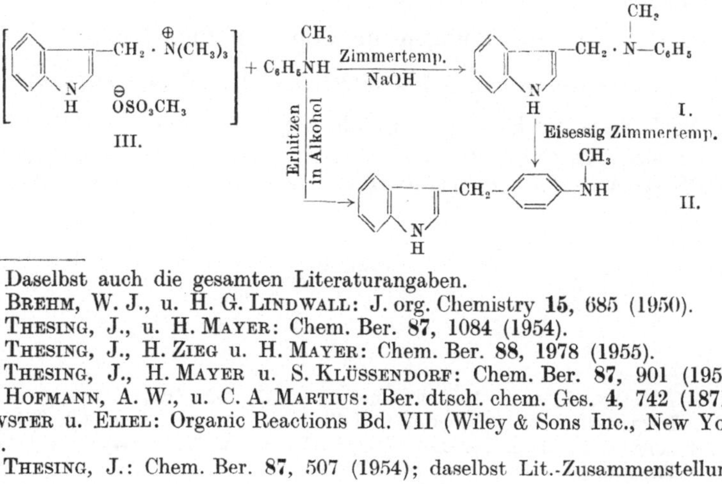

III.

---

[1] Daselbst auch die gesamten Literaturangaben.
[2] BREHM, W. J., u. H. G. LINDWALL: J. org. Chemistry **15**, 685 (1950).
[3] THESING, J., u. H. MAYER: Chem. Ber. **87**, 1084 (1954).
[4] THESING, J., H. ZIEG u. H. MAYER: Chem. Ber. **88**, 1978 (1955).
[5] THESING, J., H. MAYER u. S. KLÜSSENDORF: Chem. Ber. **87**, 901 (1954).
[6] HOFMANN, A. W., u. C. A. MARTIUS: Ber. dtsch. chem. Ges. **4**, 742 (1871); BREWSTER u. ELIEL: Organic Reactions Bd. VII (Wiley & Sons Inc., New York 1953).
[7] THESING, J.: Chem. Ber. **87**, 507 (1954); daselbst Lit.-Zusammenstellung.

Darstellung von 1-Methyl-phenyl-skatylamin (I) durch Aminaustausch[1]: Zur Lösung von 15,0 g (0,05 Mol) Graminmethosulfat (III) (s. u.) und 6,0 g (0,056 Mol) Methylanilin in 200 ml 1n-Essigsäure werden bei Zimmertemperatur 150 ml 2n-Natronlauge gegeben. Aus der sich spontan bildenden Emulsion scheidet sich ein farbloses Öl ab, das nach kurzer Zeit kristallisiert. Nach dem Absaugen und Waschen mit Wasser erhält man das 1-Methyl-phenyl-skatylamin (I) in einer Ausbeute von 97% d. Th. = 11,4 g. Aus Cyclohexan umgelöst, schmelzen die farblosen Nadeln bei 90—91°.

Darstellung von N-Methyl-p-skatyl-anilin (II) aus Graminmethosulfat[1]: Die Lösung von 9 g (0,03 Mol) Graminmethosulfat (III)[2] (Darst. s. u.) und 4,82 (0,045 Mol) Methylanilin in 50 ml Äthanol wird 2 Stunden unter Rückfluß gekocht. Nach dem Abdampfen des Alkohols versetzt man den Rückstand mit wäßriger Natriumhydrogencarbonatlösung und äthert aus. Aus dem Ätherrückstand lassen sich durch Anreiben mit Alkohol 2,50 g (35,4%) der Verbindung II gewinnen. Die Substanz schmilzt nach dem Umlösen aus Methanol zwischen 121—125°.

Darstellung von Trimethyl-skatyl-ammonium-methylsulfat (Graminmethosulfat)[3]: Die Lösung von 34,8 g Gramin (0,2 Mol) in 250 ml absolutem, peroxydfreiem Tetrahydrofuran, die mit 3 ml (0,05 Mol) Eisessig versetzt ist, wird innerhalb $^1/_2$ Stunde unter guter Rührung zu der auf 10—15° gekühlten Lösung von 126 g (1,0 Mol) reinem Dimethylsulfat und 3 ml (0,05 Mol) Eisessig in 100 ml wasserfreiem Tetrahydrofuran zugetropft. Aus dem Reaktionsgemisch scheidet sich nach etwa 10 Minuten das Methosulfat kristallin aus. Man läßt 3 Stunden im Dunkeln stehen, saugt ab und digeriert zur Entfernung anhaftendes Dimethylsulfat zweimal mit absolutem Äther. Es werden 96—98% farbloses kristallines Rohprodukt vom Schmp. 146—148° (Sintern ab 144°) erhalten. Zur Reinigung löst man aus absolutem Alkohol (40 g Subst. aus 100 ml Lösungsmittel) mehrfach um. Schmp. der reinen Verbindung 154°. Ausbeute über 80% d. Th.

14. Umsetzungen mit Indol-Mannich-Basen

a) Synthese von β-Indolaldehyden (Indol-3-aldehyden)

Nach THESING[4] läßt sich β-Indolaldehyd über das durch Einwirkung von Phenylhydroxylamin und Alkali auf Graminmethosulfat gebildete *N-Phenyl-N-skatyl-hydroxyl-amin* entstehende Zwischenprodukt I

$$\underset{\text{I.}}{\text{Indol}-CH_2-\underset{\underset{OH}{|}}{N}-C_6H_5} \ \xrightarrow{C_6H_5NO_2} \ \underset{\text{II.}}{\text{Indol}-CH_2-\underset{\overset{O}{\|}}{N}-C_6H_5}$$

---

[1] THESING, J., u. H. MAYER: Chem. Ber. **87**, 1090 (1954).

[2] Dargestellt nach C. SCHÖPF u. J. THESING: Angew. Chem. **63**, 377 (1951).

[3] SCHÖPF, C., u. J. THESING: Angew. Chem. **63**, 377 (1954).

[4] THESING, J.: Chem. Ber. **87**, 507 (1954).

das anschließend durch Kochen in Nitrobenzol zum Nitron II dehydriert wird, durch Verseifung gewinnen. Die Ausbeuten an Aldehyd, berechnet auf Graminmethosulfat, betragen 90%. Die Methode läßt sich nicht nur auf Mannich-Basen des Indols anwenden. Auch die tertiären Mannich-Basen des Acetophenons, Cyclohexanons, β-Naphthols und Nitromethans bzw. deren quartären Salze reagieren mit Phenylhydroxylamin unter Aminogruppenaustausch zu N-substituierten Phenylhydroxylaminen, die nach bekannten Methoden leicht zu Phenylnitronen dehydriert und anschließend zu den entsprechenden Aldehyden verseift werden können[1].

Ein anderer Weg, der zu Indol-3-Aldehyden führt, wird von SNYDER und Mitarbeitern[2] beschritten. Wenn Gramin mit Hexamethylentetramin in essigsaurer oder verdünnter propionsaurer (66%) Lösung erhitzt und die Reaktionsflüssigkeit in Wasser eingerührt wird, entsteht Indol-3-aldehyd. Der Vorgang ist eine bequeme Synthese für Indolaldehyd, er kann auch auf substituierte Mannich-Basen übertragen werden.

2-Carbäthoxyindol-3-aldehyd entsteht aus der dazugehörigen Mannich-Base in einer Ausbeute von 60—70%; *2-Phenyl-indolaldehyd* in 70—80%iger Ausbeute. Dagegen werden aus der Mannich-Base des 2-Methyl-indols nur Spuren des entsprechenden Aldehyds erhalten. Vermutlich ist der Charakter des in α-Stellung zum Heteroatom befindlichen Substituenten von entscheidendem Einfluß auf den Verlauf der Reaktion.

Bei der Reaktion der Indol-Mannich-Base mit Hexamethylentetramin verwendet man im allgemeinen die Dimethylaminverbindungen. Diäthylamin- oder Piperidin-Indol-Mannich-Basen zeigen keinerlei Vorteile gegenüber den Dimethylaminbasen.

Den Einfluß, den verschiedene Carbonsäuren gleicher Konzentration auf die Ausbeuten an Indol-3-aldehyd aus Gramin ausüben, zeigt folgende Zusammenstellung[3]:

Säure	Konzentration %	Ausbeute an Indol-3-aldehyd %
Essigsäure	66	39—47
Propionsäure	66	47—53
Buttersäure	66	20

Der Vorgang der Spaltung tertiärer Indol-Mannich-Basen durch Hexamethylentetramin verläuft über das intermediär gebildete quartäre Salz der Mannich-Base, das anschließend unter Bildung eines Aldehyds zersetzt wird:

$$R-CH_2-N(CH_3)_2 + (CH_2)_6N_4 + CH_3COOH \longrightarrow NH(CH_3)_2 + R \cdot CH_2 \overset{\oplus}{N}(CH_2)_6N_3 + CH_3COO^{\ominus} \longrightarrow$$

$$R-C\overset{H}{\underset{O}{\diagdown}}$$

---

[1] THESING, J., A. MÜLLER u. G. MICHEL: Chem. Ber. 88, 1027 (1955).

[2] SNYDER, H. R., S. SWAMINATHAN u. H. J. SIMS: J. Amer. chem. Soc. 74, 5110 (1952).

[3] SNYDER, H. R., S. SWAMINATHAN u. H. J. SIMS: J. Amer. chem. Soc. 74, 5110 (1952).

Diese Spaltung ähnelt der *Sommelet-Reaktion*[1], durch die Benzylhalogenide in aromatische Aldehyde übergeführt werden können. Die Übertragung der Reaktion auf Mannich-Basen des *β-Naphthol* ist wie bei den Indol-Mannich-Basen möglich. Mannich-Basen des *Acetophenons, Pyrrols, 2-Nitro-3-methylthiophens* und des *2-Nitropropans* lassen sich nicht mit Hexamethylentetramin spalten[2]. Bei derartigen Basen kann die von THESING[3] angegebene Methode mit Erfolg angewendet werden.

b) Einwirkung von Alkalien auf quartäre Salze des Gramins

Bei der Umsetzung von Graminjodmethylat mit 10%iger Natronlauge treten neben 3-Oxymethylindol amorphe, höhermolekulare Verbindungen auf[4–6]. THESING[7], der die Reaktion erneut überprüft hat, konnte zeigen, daß unter milden Versuchsbedingungen [$^1/_2$ Mol 1 n-Natronlauge auf 1 Mol einer wäßrigen Lösung des Trimethyl-skatylammoniummethylsulfats (s. S. 82) oder des Jodids] bei Zimmertemperatur Salze der Zusammensetzung I entstehen:

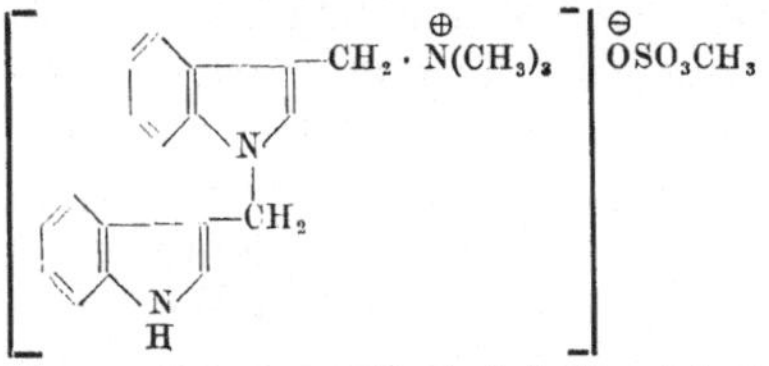

I.

Mit Dimethylamin in wäßrigem Alkohol läßt sich in I die Trimethylammoniumgruppe gegen Dimethylamin unter Bildung von II austauschen.

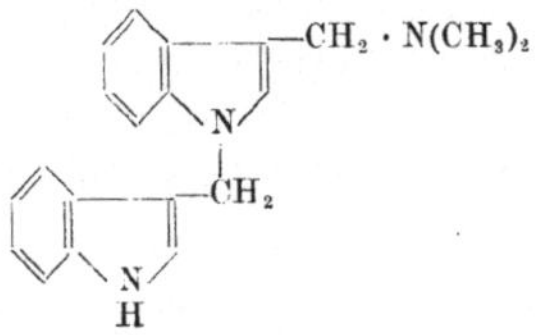

II.

c) Austausch des Aminrestes in tertiären Indol-Mannich-Basen oder ihren quartären Salzen durch die Cyangruppe

Graminmethosulfat reagiert leicht mit Kaliumcyanid in wäßrig alkoholischer Lösung unter Bildung des Nitrils[8,9] (I)

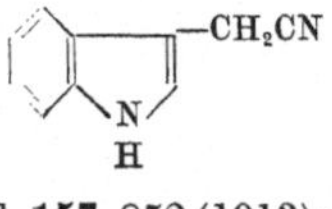

I.

---

[1] SOMMELET, M.: Compt. rend. **157**, 852 (1913); ANGYAL u. Mitarb.: J. chem. Soc. [London] **1949**, 2700, 2704; ibid. **1950**, 2141.

[2] BREWSTER, J. H., u. E. L. ELIEL: Organic Reactions Bd. VII, 99ff. (Wiley & Sons Inc., London 1953).

[3] THESING, J.: Chem. Ber. **87**, 507 (1954).

[4] LEETE, E., u. L. MARION: Canad. J. Chem. **31**, 775 (1953).

[5] MADINAVEITIA, J.: J. chem. Soc. [London] **1937**, 1927.

[6] KISSMAN, H. M., u. B. WITKOP: J. Amer. chem. Soc. **75**, 1970 (1953).

[7] THESING, J.: Chem. Ber. **87**, 692 (1954).

[8] HEIDELBERGER, J.: J. biol. Chemistry **179**, 139 (1949).

[9] THESING, J., u. F. SCHÜLDE: Chem. Ber. **85**, 324 (1952).

Das Methojodid des 1-Methylgramins II bildet mit heißer wäßriger Natriumcyanidlösung als Hauptprodukt die Verbindung III (60—64% Ausbeute) und als Nebenprodukt (4% Ausbeute) *1,3-Di-methyl-2-cyan-indol* IV:

IV entsteht vermutlich durch eine Allylumlagerung während des Alkylierungsprozesses[1]. Die Mannich-Basen des *N-Methyl-* und *N-Phenylpyrrols* geben ausschließlich die normalen Produkte[2].

Die Umsetzung zu Indol-3-acetonitril ist auch mit den tertiären Indol-Mannich-Basen durchführbar, wenn man *3-Dialkylaminomethyl-indole* mit Cyanwasserstoff in Benzol bei 150° umsetzt[3].

Der Aminaustausch durch die Cyangruppe im Gramin und seinen quartären Salzen eröffnet die Möglichkeit einer glatten Synthese des pflanzlichen Wuchsstoffes *Heteroauxin* (V) sowie des heterocyclischen biogenen Amins *Tryptamin* (VI)

Heteroauxin

Tryptamin

Für die Synthese des Heteroauxins haben THESING und Mitarbeiter verschiedene Wege angegeben. Der eine (A) geht vom *Trimethyl-skatyl-ammonium-methyl-sulfat* (Darst. s. S. 82) aus[4], ein weiterer (B) führt direkt vom Indol zur *β-Indolylessigsäure*[5].

Darstellung von Heteroauxin (β-Indolylessigsäure):

A. 1. β-Indolylacetonitril: Die Lösung von 30,0 g (0,1 Mol) rohem Trimethyl-skatyl-ammonium-methylsulfat und 15 g (0,3 Mol) Natrium-cyanid in 300 ml Wasser wird 1 Stunde auf 65—70° erwärmt. Die Lösung trübt sich hierbei unter Abscheidung eines farblosen Öls. Nach dem Abkühlen sättigt man mit Natriumsulfat und extrahiert mit 400 ml Äther. Der erhaltene Ätherrückstand (15,6 g = 100%) geht bei der Destillation im Hochvakuum ohne Vorlauf in 94%iger Ausbeute bei 157°/0,2 Torr konstant über.

2. Heteroauxin: 1,56 g (0,01 Mol) rohes β-Indolylacetonitril werden mit 23 ml 20%iger wäßriger Kalilauge 5 Stunden unter Rückfluß zum

---

[1] SNYDER, H. R., u. E. L. ELIEL: J. Amer. chem. Soc. **70**, 1703, 1857 (1948).

[2] HERZ, W., u. J. L. ROGERS: J. Amer. chem. Soc. **73**, 4921 (1951).

[3] SALZER, W., u. H. ANDERSAG: U.S. Pat. 2315661 [Compt. rend. **37**, 5418 (1943)].

[4] THESING, J., u. F. SCHÜLDE: Chem. Ber. **85**, 326 (1952).

[5] THESING, J., S. KLÜSSENDORF, P. BALLACH u. H. MAYER: Chem. Ber. **88**, 1305 (1955).

Sieden erhitzt. Die klare Lösung wird mit Wasser verdünnt, filtriert und mit konz. Salzsäure bei 15° auf p_H 1 gebracht. Nach $^1/_2$ stündigem Stehenlassen bei 0° saugt man das ausgefällte Roh-Heteroauxin ab, wäscht mit 15 ml Wasser und trocknet. Ausbeute 1,50 g = 85,8% d. Th., Schmp. 164—165° (Zers.). Die Ausbeute läßt sich noch erhöhen, wenn man die mit Natriumchlorid gesättigte Mutterlauge erschöpfend ausäthert und den Ätherrückstand aus Wasser umlöst.

B. β-Indolylessigsäure: Zu einer Lösung von 2,34 g (0,02 Mol) Indol und 2,25 g (0,021 Mol) Methylanilin in 2 ml Alkohol läßt man bei Zimmertemperatur 0,02 Mol 40%ige Formaldehydlösung unter kräftigem Rühren zulaufen. Die klare Lösung trübt sich ohne merkliche Erwärmung sofort unter Abscheidung eines farblosen Öles, das nach weiterem einstündigem Rühren völlig durchkristallisiert. Man läßt das Reaktionsgemisch noch 1 Stunde bei Raumtemperatur stehen, versetzt darauf mit 9,8 g (0,2 Mol) Natriumcyanid, 60 ml Wasser und 100 ml Äthanol und erhitzt 2 Stunden unter Rückfluß zum Sieden. Nach Verjagen des Alkohols werden 60 ml 20%ige wäßrige Natronlauge zugegeben, nochmals $2^1/_2$ Stunden gekocht und filtriert. Unter Rühren und Kühlen wird die alkalische Lösung durch tropfenweise Zugabe von etwa 45 ml konz. Salzsäure auf ein p_H von annähernd 1 gebracht (Vorsicht! Blausäure-Entwicklung!), noch 30 Minuten auf 0° gekühlt, hierauf das ausgefallene Heteroauxin abgesaugt und mit wenig eiskaltem Wasser gewaschen. Ausbeute an β-Indolylessigsäure = 3,39 g (= 97% d. Th.). Schmp. nach dem Umlösen aus Wasser 164—165°.

Indoldiessigsäure-(3,4) kann aus der Mannich-Base VII durch Austauschreaktion mit Cyanid über das Dinitril VIII durch Verseifung gewonnen werden[1].

$$\text{VII.} \qquad \longrightarrow \qquad \text{VIII.}$$

Das *Indolylacetonitril* (I) läßt sich durch energische Reduktion in Tryptamin (VI) überführen. Man erhält Tryptamin durch katalytische Hydrierung in methanolischer Ammoniaklösung mit Raney-Nickel bei Zimmertemperatur unter 90 atü Wasserstoffdruck in 90%iger Ausbeute[2].

d) Umsetzung von Indol-Mannich-Basen mit aliphatischen Nitroverbindungen

Gramin reagiert glatt mit 1- oder 2-*Nitropropan* bei Gegenwart von Natriumhydroxyd; man erhält in guten Ausbeuten monoalkylierte Nitroverbindungen[3]. Bei der Umsetzung mit *Nitroäthan* sind die Ausbeuten geringer:

---

[1] PLIENINGER, H., u. K. SUTER: Chem. Ber. **90**, 1984 (1957).
[2] THESING, J., u. F. SCHÜLDE: Chem. Ber. **85**, 324 (1952).
[3] SNYDER, H. R., u. L. KATZ; J. Amer, chem. Soc. **69**, 3140 (1947).

R und R′ = Alkyl bzw. H

Bei Verwendung von Nitromethan erhält man mit Gramin unter vorstehend angeführten Bedingungen nur *Diskatylnitromethan* (I)

I.

Nitroessigester wird durch Gramin bei Gegenwart von Natriumäthylat in Alkohol[1] oder durch gepulvertes Natriumhydroxyd[2] in 91%iger Ausbeute zu Nitro-(3-indolylmethyl)-essigsäureäthylester dialkyliert.

Skatylnitroessigester (II) erhält man aus Nitroessigester und Gramin in Xylol *ohne* Katalysator[2].

II.

Die katalytische Reduktion von II in Äthanol (Raney-Ni., 100°, 1500 lb./sq. in.) und Hydrolyse ergibt 50% d,l-Tryptophan[3]. Die Tryptophanausbeute ist geringer bei der Reduktion mit Eisen und konz. Salzsäure in verdünntem Alkohol.

Auch Nitromalonester reagiert mit Gramin; als Reaktionsprodukt tritt II auf, das nach Lit.[4] in Tryptophan übergeführt werden kann.

e) Tryptophansynthesen [Austausch der Aminomethylgruppe durch den Alaninrest —CH₂—CH(NH₂) · COOH]

Zur Synthese der Aminosäure Tryptophan können grundsätzlich zwei Wege beschritten werden. Der eine beruht auf der Alkylierung von Malonesterderivaten mit quartären Indol-Mannich-Basen[5] (A), der andere (B) von BUTENANDT und HELLMANN angegebene[6] geht von Mannich-Basen substituierter Malonester oder solcher des Cyanessigesters aus und bringt diese mit einer reaktionsfähigen Wasserstoff enthaltenden Verbindung — im Falle der Tryptophansynthese mit Indol — in Reaktion:

[1] SNYDER, H. R., u. L. KATZ: J. Amer. chem. Soc. **69**, 3140 (1947),

[2] LYTTLE, D. A., u. D. J. WEISBLAT: J. Amer. chem. Soc. **69**, 2118 (1947); WEISBLAT, D. J., u. D. A. LYTTLE: U.S.Pat. 2557041; C. A. **46**, 1593 (1952).

[3] LYTTLE, D. A., u. D. J. WEISBLAT: J. Amer. chem. Soc. **69**, 2118 (1947).

[4] WEISBLAT, D. J., u. D. A. LYTTLE: J. Amer. chem. Soc. **71**, 3079 (1949); U.S.Pat. 2528928; C. A. **45**, 3870 (1951).

[5] Es handelt sich vorwiegend um amerikanische Arbeiten, Lit. s. weiter unten.

[6] BUTENANDT, A., u. H. HELLMANN: Hoppe-Seyler's Z. physiol. Chem. **284**, 168 (1949).

Schema A: Beispiel: Alkylierung des Acetaminomalonesters durch Gramin[1].

$$\text{Indol-}CH_2\text{—}N(CH_3)_2 + HC\overset{COOR}{\underset{COOR}{|}}\text{—}NHCOCH_3 \longrightarrow \text{Indol-}CH_2\text{—}C\overset{COOR}{\underset{COOR}{|}}\text{—}NHCOCH_3 + HN(CH_3)_2$$

Verseifung ↓ Decarboxylierung

$$\text{Indol-}CH_2\cdot CH\overset{}{\underset{NH_2}{|}}\text{—}COOH \qquad \text{Tryptophan}$$

Schema B[2]:

$$R_2NH + HCHO + HC\overset{COOR\ (oder\ CN)}{\underset{COOR}{|}}\text{—}NHCOR' \longrightarrow R_2N\text{—}CH_2\text{—}C\overset{COOR\ (oder\ CN)}{\underset{COOR}{|}}\text{—}NHCOR'$$

$$\text{Indol} + R_2N\text{—}CH_2\text{—}C\overset{COOR\ (oder\ CN)}{\underset{COOR}{|}}\text{—}NHCOR' \longrightarrow \text{Indol-}CH_2\text{—}C\overset{COOR\ (oder\ CN)}{\underset{COOR}{|}}\text{—}NHCOR' + HNR_2$$

Hydrolyse ↓

$$\text{Indol-}CH_2\text{—}CH\overset{}{\underset{NH_2}{|}}\text{—}COOH$$

$$R = \text{Alkyl}\ (\text{—}CH_3\text{—}C_2H_5$$
$$R' = H\ \text{oder}\ CH_3$$

Die Methode B ist weitgehender Variation fähig. Ihre Bedeutung liegt der in der Substitution eines aktiven H-Atoms durch den Alaninrest, der in zahlreichen natürlich vorkommenden Aminosäuren enthalten ist.

Nach dem Verfahren B ist auch *Glutaminsäure* in 75%iger Ausbeute durch Kondensation von Malonester mit der leicht zugänglichen Mannich-Base Piperidino-o-methylformaminomalonester und nachfolgende Hydrolyse des Kondensationsproduktes erhältlich[3].

Piperidinomethyl-formamino-malonester[3]: 2 g Formaminomalonester (s. u.) werden ohne Erwärmen in 1 ml Piperidin gelöst und mit 0,75 ml 40%iger Formaldehydlösung versetzt. Bei schnellem Durchrühren erwärmt sich die Mischung, trübt sich zunächst milchig und erstarrt innerhalb 1 Minute vollkommen. Nach dem Abkühlen saugt man scharf ab und wäscht mit wenig Wasser aus. Aus Hexan umgelöst erhält man den Ester in farblosen Nadeln vom Schmp. 77°. Ausbeute 2,8 g (= 93% d. Th.).

Darstellung von Glutaminsäure: 3 g (0,01 Mol) Piperidinomethyl-formamino-malonester werden in 8 ccm wasserfreiem Xylol gelöst und nach Zugabe von 1,67 g (0,01 Mol) Malonester und 0,1 g pulverisiertem Natriumhydroxyd 4 Stunden im Ölbad von 150° gehalten. Nach Abdampfen des Lösungsmittels im Vakuum bleibt ein hellbraunes Öl zurück,

---

[1] SNYDER, H. R., u. C. W. SMITH: J. Amer. chem. Soc. 66, 350 (1944).

[2] BUTENANDT, A., u. H. HELLMANN: Hoppe-Seyler's Z. physiol. Chem. 284, 168 (1949).

[3] HELLMANN, H., u. E. BRENDLE: Hoppe-Seyler's Z. physiol. Chem. 287, 235 (1951).

das sich nicht kristallisieren läßt. Es wird ohne weitere Reinigung durch 9 stündiges Erhitzen mit dem doppelten Volumen konz. Salzsäure hydrolysiert; alle Stunden werden 3—4 ccm Salzsäure hinzugesetzt. Die heiße Salzsäurelösung wird mit Kohle entfärbt und die farblose Lösung im Vakuum eingeengt. Bei 0° wird Chlorwasserstoff durch die Lösung geleitet; dabei dickt sie sich zu einem kristallinen Brei ein, der im Eisschrank nach 24 Stunden erstarrt. Er wird scharf abgesaugt und aus wenig Wasser unter Durchleiten von Chlorwasserstoff oder Zusatz von Aceton durch Anreiben umkristallisiert. Glutaminsäurehydrochlorid fällt hierbei in kleinen farblosen Kristallen vom Schmp. 202° aus. Ausbeute 1,5 g (= 75% d. Th.).

Darstellung von d,l-Tryptophan (Methode A)[1]:

1. Formamino-malonester: Der Ester wird zweckmäßig nach der durch GALAT [A. GALAT: J. Amer. chem. Soc. **69**, 965 (1947)] abgeänderten Methode von CONRAD und SCHULZE [M. CONRAD u. A. SCHULZE: Ber. dtsch. chem. Ges. **42**, 733 (1909)] bereitet, jedoch kann die Methode ohne Beeinträchtigung der Ausbeute noch weiter vereinfacht werden. Bei der Nitrosierung des Malonesters genügt 2 stündiges Rühren (anstelle des 4—5 stündigen). Der ölig abgeschiedene Isonitroso-malonester kann direkt mit Zink und Ameisensäure reduziert werden; die Extraktion mit Chloroform erübrigt sich. Für die Darstellung auf Vorrat isoliert man den Formamino-malonester nicht durch Vakuumdestillation, sondern durch Kristallisation aus dem Reaktionsgemisch. Hierzu wird die Mischung nach Reduktion des Isonitrosoesters durch Destillation vom Lösungsmittel befreit; das verbliebene gelbstichige Öl wird mit wenig Methanol vermischt und bei etwa 20° auf flacher Schale belassen. Nach einigen Stunden beginnt die Kristallisation; sie ist nach etwa 1 Tag beendet. Der Formamino-malonester scheidet sich in zwei verschiedenen Formen ab in bis zu 5 cm langen Spießen vom Schmp. 46° (unkorr.) und 1—3 cm langen Platten vom Schmp. 56° (unkorr.).

2. Kondensation von Diäthylaminomethyl-indol mit Formamino-malonester zum Skatyl-formamino-malonester: Zu 25 ccm siedendem, trockenem Toluol, in dem sich 0,35 g gepulvertes Natriumhydroxyd befinden, werden 5 g Diäthylaminomethyl-indol (Darst. s. S. 80) und 6 g Formamino-malonester gegeben. Der Kolben wird im Ölbad von 130° gehalten; während des Erhitzens wird durch eine in die Lösung eintauchende Capillare ein lebhafter Strom von trockenem Stickstoff eingeleitet. Meist beginnt schon nach 30 Minuten Kristallabscheidung, die bisweilen zum Verstopfen der Capillare führt. In diesen Fällen wird die Reaktion sofort abgebrochen, andernfalls nach 1 stündigem Kochen. Beim Abkühlen auf 0° erstarrt die ganze Reaktionsmischung in kurzer Zeit. Der Kristallkuchen wird abgesaugt und mit wenig Toluol gewaschen. Schmp. 175°. Der Skatyl-formamino-malonester kann sehr leicht aus Alkohol–Wasser umkristallisiert werden. Er zeichnet sich durch eine bemerkenswerte Kristallfreudigkeit aus. Farblose Nadeln vom

---

[1] HELLMANN, H.: Hoppe-Seyler's Z. physiol. Chem. **284**, 166 (1949).

Schmp. 179° (unkorr.). Ausbeute 8,1 g vom Schmp. 175° (= 98%). Farbreaktion mit p-Dimethylamino-benzaldehyd positiv.

3. Verseifung und Decarboxylierung zu d,l-Tryptophan: 4 g Skatyl-formamino-malonester werden mit 2,28 g Natriumhydroxyd in 22 ccm Wasser im Ölbad von 120—130° gehalten. Nach spätestens 30 Minuten ist der Ester in Lösung gegangen, die Hydrolyse ist zu diesem Zeitpunkt noch nicht vollständig. Nach 6 stündiger Verseifung werden der klaren farblosen Mischung 4 ccm Eisessig zugesetzt, hierauf wird 1—2 Stunden weiter auf 130° erhitzt. Die bald einsetzende Entwicklung von Kohlendioxyd kann durch Einleiten des entweichenden Gases in Barytwasser verfolgt werden. Gleichzeitig beginnt die Ausscheidung von Tryptophan in glänzenden Blättchen. Der Kolben wird etwa 12 Stunden bei 0° gehalten; es scheiden sich 2,3 g farbloses Tryptophan vom Zers.-Pkt. 276° aus (96% d.Th.). Nach Umkristallisieren aus Eisessig liegt der Zers.-Punkt bei 293° (unkorr.); das Produkt zeigt die bekannten Farbreaktionen auf Tryptophan.

Darstellung von Tryptophan (Methode B)[1]: 1,17 g Indol, 3 g Piperidylmethyl-formamino-malonester (Darst. s. S. 88) und 0,13 g gepulvertes Natriumhydroxyd werden in 8 ml wasserfreiem Xylol 5 Stunden bei Feuchtigkeitsausschluß und dauerndem Durchleiten eines Stickstoffstromes durch eine Capillare im Sieden gehalten. Nach dem Abkühlen erstarrt der Ansatz kristallin. Man saugt scharf ab und wäscht mit Petroläther nach. Durch Umkristallisieren aus Alkohol/Wasser erhält man den Skatyl-formamino-malonester in farblosen Nadeln vom Schmp. 179°. Ausbeute 2,5 g (= 76% d.Th.).

Der Reaktionsmechanismus bei der Tryptophansynthese nach dem Verfahren B wird von HELLMANN und LINGENS[2] so gedeutet, daß zuerst aus Indol und Piperidinomethyl-formamino-malonester durch eine *Transaminomethylierung* (= Austausch der Dialkylaminomethyl-Gruppe einer Mannich-Base gegen ein reaktionsfähiges H-Atom des Kondensationspartners) Piperidinoskatol und Formaminomalonester entstehen, zwischen denen sodann eine C-Alkylierungsreaktion unter Bildung von Skatylformaminomalonester und Piperidin stattfindet.

Wird bei dieser Umsetzung das Indol durch *N-Methylindol* ersetzt, so erfolgt nur Transaminomethylierung zum 1-Methyl-3-piperidinomethylindol und Formaminomalonester; die C-Alkylierungsreaktion bleibt aus, weil der Mannich-Base des N-Methylindols der *Eliminierungs-Additionsmechanismus* (s. S. 116) versperrt ist:

Zur Darstellung von in α-Stellung durch einen Phenylrest oder eine Carbäthoxygruppe substituierten Tryptophanabkömmlingen setzen

---

[1] BUTENANDT, A., u. H. HELLMANN: Hoppe-Seyler's Z. physiol. Chem. **284**, 168 (1949).

[2] HELLMANN, H., u. F. LINGENS: Chem. Ber. **87**, 940 (1954); vgl. H. R. SNYDER, C. Y. MEYERS u. D. B. KELLOM: J. Amer. chem. Soc. **75**, 4672 (1953).

KISSMAN und WITKOP[1] Dibenzylformaminomalonester oder Carbobenzyloxyaminomalonester mit 2-Phenyl- bzw. Carbäthoxy-3-diäthylaminomethylindol um.

Das Kondensationsprodukt von Carbobenzyloxyaminomalonat mit 2-Carbäthoxy-3-diäthylaminoindol (I)

$$\text{NHCOOCH}_2\text{C}_6\text{H}_5$$
$$-\text{CH}_2-\overset{|}{\underset{|}{\text{C}}}-\text{COOCH}_2\text{C}_6\text{H}_5$$
$$\text{COOCH}_2\text{C}_6\text{H}_5$$
$$\text{COOC}_2\text{H}_5 \qquad\qquad \text{I.}$$

verliert bei der katalytischen Debenzylierung (H_2; Pd-Kohle) alle drei Benzylreste und ergibt 2-Carbäthoxytryptophan (II) in 76%iger Ausbeute:

$$-\text{CH}_2-\text{CH}-\text{COOH}$$
$$\text{NH}_2$$
$$\text{COOC}_2\text{H}_5 \qquad\qquad \text{II.}$$

Die Darstellung der Mannich-Basen des *2-Phenyl*- bzw. *2-Carbäthoxyindols* mit Diäthylamin als Aminkomponente wird in eisgekühlter Lösung durchgeführt. Als Lösungsmittel verwendet man ein Gemisch gleicher Volumina Dioxan und Eisessig.

Die für die Tryptophansynthese nach der Methode A verwendeten H-aciden Verbindungen, die als Kondensationspartner der quaternären Salze des Gramins eingesetzt worden sind, sind vielfach variiert worden. SNYDER und SMITH[2] haben sowohl Acetamidomalonester[2] als auch das Natriumenolat des Diäthylphthalimidomalonats III[3] in der Tryptophansynthese verwendet.

$$\text{CO}$$
$$\text{N}\cdot\text{CH}(\text{COOC}_2\text{H}_5)_2 \qquad\qquad \text{III.}$$
$$\text{C}$$
$$\text{O}$$

Auch der *Benzamidomalonester* $\;\begin{matrix}\text{HN}-\text{CH}(\text{COOC}_2\text{H}_5)_2\\ |\\ \text{COC}_6\text{H}_5\end{matrix}\;$ eignet sich als CH-acide Verbindung[4]

Das Methojodid des *1-Methylgramins* reagiert mit dem Natriumsalz des *Acetaminocyanessigesters* unter Bildung des entsprechenden Kondensationsproduktes, das sich zu 1-Methyltrypthophan hydrolysieren läßt[5].

Besonders gute Ausbeuten bei der Umsetzung mit Aminomalonestern und Aminocyanessigestern werden erhalten, wenn man das quaternäre Salz des Gramins in situ unter Zugabe von 2 Äquivalenten des Alkylierungsmittels (Äthyljodid, Methylsulfat) herstellt und dieses

[1] KISSMAN, H. M., u. B. WITKOP: J. Amer. chem. Soc. **75**, 1967 (1953).
[2] SNYDER, H. R., u. C. W. SMITH: J. Amer. chem. Soc. **66**, 350 (1944).
[3] SNYDER, H. R., u. C. W. SMITH: U.S.Pat. 2447545; C. A. **43**, 2643 (1949).
[4] ALBERTSON, N. F., S. ARCHER u. C. M. SUTER: J. Amer. chem. Soc. **66**, 500 (1944).
[5] SNYDER, H. R., u. E. L. ELIEL:. J. Amer. chem. Soc. **70**, 3855 (1948).

mit dem Natriumsalz der aciden Komponente in absolutem Alkohol
umsetzt[1].

Über die Darstellung von in 2-, 4-, 5-, 6- und 7-Stellung durch eine
Methylgruppe oder Halogen substituierte Tryptophanabkömmlinge
vgl. [2-10]. Die vorstehend aufgeführten Beispiele der Umsetzung von
Mannich-Basen des Indols mit CH-aciden Verbindungen gelten im allgemeinen auch für Pyrrol-Mannich-Basen.

So führt die Umsetzung von 2,5-Bis-(dimethylaminomethyl)-
pyrrol IV mit 2 Mol Acetaminomalonester in quantitativer Ausbeute
zu V[11]

$$
(CH_3)_2N \cdot H_2C - \underset{\underset{H}{N}}{\boxed{}} - CH_2 \cdot N(CH_3)_2 \quad \xrightarrow{\;\; 2\,HC \overset{\displaystyle COOC_2H_5}{\underset{\displaystyle COOC_2H_5}{-NHCOCH_3}}\;\;} \qquad \text{IV.}
$$

$$
H_3COCHN - \underset{\underset{\displaystyle H_5C_2OOC}{|}}{\overset{\overset{\displaystyle H_5C_2OOC}{|}}{C}} - H_2C - \underset{\underset{H}{N}}{\boxed{}} - CH_2 - \underset{\underset{\displaystyle COOC_2H_5}{|}}{\overset{\overset{\displaystyle COOC_2H_5}{|}}{C}} - NHCOCH_3 \qquad \text{V.}
$$

Bei der Behandlung von 2-Dimethylaminomethylpyrrol mit Acetaminomalonester in Toluol oder Xylol bei Gegenwart von Natriumhydroxyd erhält man die bicyclische Verbindung VI in 70—80%iger
Ausbeute[12]:

$$
\text{VI.}
$$

Bei den *Oxoderivaten* des Indols wird die Dialkylaminomethylgruppe
in 3-Stellung substituiert. Aus *3-Äthyl-N-methyl-oxindol* entsteht bei
der Umsetzung mit Formaldehyd und sekundären Aminen die Mannich-
Base VII[13]

$$
\text{VII.}
$$

[1] Lit. [1]; ALBERTSON, N. F., u. B. F. TULLAR: J. Amer. chem. Soc. **67**, 502
(1945); U.S.Pat. 2451310; 2468912 [C. A. **43**, 1442; 5806 (1949)].

[2] RYDON, H. N.: J. chem. Soc. [London] **1948**, 705.

[3] RYDON, H. N., u. S. SIDDAPA: J. chem. Soc. [London] **1951**, 2462.

[4] KORNFELD, E. C.: J. org. Chemistry **16**, 806 (1951).

[5] HAMLIN, W. E., u. FISCHER: J. Amer. chem. Soc. **73**, 5007 (1951).

[6] JACKMAN, M. E., u. S. ARCHER: J. Amer. chem. Soc. **68**, 2105 (1946).

[7] ALBERTSON, N. F.: J. Amer. chem. Soc. **70**, 669 (1948).

[8] SNYDER, H. R., S. M. PARMERTER u. L. KATZ: J. Amer. chem. Soc. **70**, 222
(1948).

[9] SNYDER, H. R., u. F. J. PILGRIM: J. Amer. chem. Soc. **70**, 3787 (1948).

[10] HEGEDÜS, B.: Helv. chim. Acta **29**, 1499 (1946); Schw.Pat. 245987.

[11] ALBERTSON, N. F.: J. Amer. chem. Soc. **70**, 669 (1948).

[12] BREWSTER, J. H., u. E. L. ELIEL: Adams Org. Reactions Bd. VII.

[13] HORNING, E. C., u. M. W. RUTENBERG: J. Amer. chem. Soc. **72**, 3534 (1950).

Mit *Oxindol, N-Acetyloxindol* und *3-Formyloxindol* haben HELLMANN und RENZ[1] unter den Bedingungen der Mannich-Reaktion keine Aminomethylierungsprodukte erhalten; wahrscheinlich entstehen in 3,3'-Stellung verknüpfte Methylen-bis-oxindolderivate. Ebenso geben *Dioxindol* und sein *N-Acetylderivat* keine Mannich-Basen. Überraschend leicht lassen sich dagegen *O,N-Diacyldioxindole* in die entsprechenden Mannich-Basen überführen.

α) Mannich-Basen des Indazol.

Indazol gibt mit sekundären Aminen normale Mannich-Basen. Man erhält Verbindungen vom Typ VIII

$$-CH_2 \cdot NR_2$$

VIII.

Sie zeigen in ihrer Reaktionsfähigkeit gegenüber CH-aciden Verbindungen ein ähnliches Verhalten wie die Indol-Mannich-Base Gramin (s. S. 80ff.).

β) Mannich-Basen des Pyrazols und seiner Derivate

Pyrazol gibt mit Formaldehyd und sekundären Aminen in neutraler Lösung keine echte C-Mannich-Basen, vielmehr tritt Alkylierung am Stickstoff unter Bildung von N-Mannich-Basen (s. S. 102) ein[2]. In stark saurem Medium ist auch Substitution am Kohlenstoffatom 4 möglich, doch sind in direkter Reaktion nur die Oxymethyl-, nicht aber Dialkylaminomethylverbindungen zugänglich. Auch saure Pyrazole, z. B. *4-Nitro-pyrazol*, liefern nur 1-Oxymethylverbindungen.

Beim Versuch, *3,5-Dimethylpyrazol* zu aminomethylieren, erhielten BACHMANN und HEISEY[3] ebenfalls nur die entsprechende N-Mannich-Base (I). Ähnliche Ergebnisse wurden auch mit *Benzimidazol* erhalten.

$$H_3C \quad \overset{CH_3}{\underset{CH_2NR_2}{N}}$$

I.

Imidazol, 2-Äthylimidazol, 2-Methyl-4,5-diphenylimidazol, 2-Äthylbenzimidazol, 1-Phenyl-benzimidazol, 3-Äthyl-5-chlor, 1,2,4-triazol und *1-Phenyl-benzotriazol* lassen sich weder am Kohlenstoff noch am Stickstoff aminomethylieren[3].

[1] HELLMANN, H., u. E. RENZ: Chem. Ber. **84**, 901 (1951); THOMPSON, C.: Doctoral thesis, University of Illinois, Urbana III, 1949; SNYDER, H. R., C. THOMPSON u. R. L. HINMAN: J. Amer. chem. Soc. **74**, 2009 (1952).
[2] HÜTTEL, H., u. P. JOCHUM: Ber. dtsch. chem. Ges. **85**, 820 (1952).
[3] BACHMAN, G. B., u. L. V. HEISEY: J. Amer. chem. Soc. **68**, 2496 (1946).

Mit Derivaten des Pyrazolon (5) erfolgt dagegen sehr leicht Umsetzung unter Bildung von Mannich-Basen. Besonders eingehend ist die Aminomethylierung des *1-Phenyl-2,3-dimethylpyrazolon-(5)* (Antipyrin WZ) untersucht worden.

Sein erstmalig von Mannich[1,2] aufgefundenes Reaktionsprodukt mit Hexamethylentetramin, das zur Base II führt, bildet gewissermaßen

$$N_3 \left[\begin{array}{c} -H_2C-C=\!=\!C-CH_3 \\ | \quad\quad\quad | \\ O-C \quad\quad N-CH_3 \\ \diagdown \quad / \\ N \\ | \\ C_6H_5 \end{array} \right] \qquad \text{II.}$$

den Ausgangspunkt für die weitere Bearbeitung der Kondensation, die heute als Mannich-Reaktion bezeichnet wird.

Die Reaktion ist mit zahlreichen primären und sekundären aliphatischen und aromatischen sowie fettaromatischen Aminsalzen durchgeführt worden[3].

Für die Aminomethylierung des Antipyrins lassen sich auch Diamine und Hydrazine als Aminkomponente mit Erfolg verwenden[4]. Die Reaktion muß, um definierte Kondensationsprodukte zu erhalten, in zwei Stufen erfolgen.

Zunächst vereinigt man in schwach alkalischer Lösung Formaldehyd und Diamin. Diese Lösung, die zu gewissen Anteilen die N-Hydroxymethyl-Verbindungen der Diamine enthält, wird in eine salzsaure wäßrige Lösung des Antipyrins eingetragen.

In guter Ausbeute erhält man die bifunktionellen Mannich-Basen; z. B. *N,N'-Di-[(4-antipyryl-methyl)-äthyl]-äthylendiamin, N,N'-Di-[(4-antipyryl-methyl)-methyl]-äthylendiamin* und *N,N'-Di-[(4-antipyryl)-methyl]-hydrazin.*

Zur Aminomethylierung des Antipyrins sind auch Mannich-Basen als Aminkomponente herangezogen worden[5]. Mit ω-Methyl-aminopropiophenon und Formaldehyd entsteht α-[Phenacylo-methyl]-α'-[antipyrino-4-methyl]-methylamin (III):

$$C_6H_5-CO-CH_2-CH_2-N-CH_2-C=\!=\!C-CH_3 \atop \quad\quad\quad\quad\quad\quad\quad | \quad\quad\quad | \quad\quad | \atop \quad\quad\quad\quad\quad\quad CH_3 \quad O=\!=\!C \quad N-CH_3 \atop \quad\quad\quad\quad\quad\quad\quad\quad \diagdown N \diagup \atop \quad\quad\quad\quad\quad\quad\quad\quad | \atop \quad\quad\quad\quad\quad\quad\quad\quad C_6H_5} \qquad \text{III.}$$

Darstellung von N-Dimethylaminomethylantipyrin[6]: 19 g Antipyrin (0,1 Mol) und 10 g Dimethylaminhydrochlorid (0,12 Mol) werden in

[1] Mannich, C.: Über unverträgliche Arzneimischungen aus Antipyrin und Hexamthylentetramin. Apotheker-Ztg. **27**, 535 (1912).

[2] Mannich, C., u. W. Krösche: Arch. Pharmaz. Ber. dtsch. pharmaz. Ges. **250**, 647 (1912).

[3] Ausführliches Lit.-Verzeichnis s. S. 177.

[4] Ried, W., u. K. H. Wesselborg: Angew. Chem. **68**, 335 (1956); vgl. C. Mannich u. B. Kather: Arch. Pharmaz. Ber. dtsch. pharmaz. Ges. **257**, 18 (1919).

[5] Mannich, C., u. G. Heilner: Ber. dtsch. chem. Ges. **55**, 365 (1922).

[6] Mannich, C., u. B. Kather: Arch. Pharmaz. Ber. dtsch. pharmaz. Ges. **257**, 18 (1919).

30 ml Wasser gelöst und mit 12 ml Formaldehydlösung (35%ig) (0,12 Mol)
versetzt. Nach 24 stündigem Stehenlassen bei Raumtemperatur wird der
Ansatz zur Entfernung unveränderten Antipyrins mit Chloroform ausgeschüttelt (nicht umgesetztes Antipyrin 2,0 g). Man macht mit 15 ml
50%iger Kalilauge alkalisch und schüttelt erschöpfend mit Chloroform
aus. Nach dem Abdestillieren des Extraktionsmittels erhält man das
Kondensationsprodukt in einer Ausbeute von 22 g. Die Base ist sehr
leicht löslich in Wasser und Alkoholen, leicht löslich in Äther, Chloroform, Petroläther, Benzol und Essigester. Nach dem Umlösen aus Äther
schmelzen die Prismen bei 93—94°.

Das *salzsaure Salz* der Base bildet nach dem Umlösen aus der doppelten Menge absolutem Alkohol feine Nadeln vom Schmp. 208°.

Eingehend untersucht wurde die Aminomethylierung des Antipyrins mit Piperidin als Aminkomponente[1-3]. Nach HELLMANN und
OPITZ[3] werden bei der Piperidinomethylierung des Antipyrins die höchsten Ausbeuten an der Mannich-Base 4-Piperidinomethyl-antipyrin erzielt, wenn N-Methoxymethyl-piperidin als aminomethylierendes Agens
verwendet wird. Das Piperidinomethyl-[carbenium-imonium]-Ion, das
durch Säurespaltung aus N-Methoxymethyl-piperidin gebildet wird,

$$\left\langle \mathrm{H} \right\rangle \mathrm{N{-}CH_2 \cdot OCH_3} + \overset{\oplus}{\mathrm{H}} \;\rightarrow\; \left[\begin{array}{c} \left\langle \mathrm{H} \right\rangle \mathrm{N{-}\overset{\oplus}{C}H_2} \\ \updownarrow \\ \left\langle \mathrm{H} \right\rangle \underset{\oplus}{\mathrm{N}}\mathrm{{-}CH_2} \end{array} \right] + \mathrm{HOCH_3}$$

begünstigt die Aminomethylierung und ist als das eigentliche aminomethylierende Agens anzusprechen[4].

Darstellung von N-Methoxymethylpiperidin[5]: In 228 ml (3,0 Mol)
36%iger Formaldehydlösung werden unter mechanischem Rühren bei
— 5° langsam 297 ml (3 Mol) Piperidin und 242 ml (6 Mol) Methanol
gleichzeitig eingetropft. Nach beendeter Zugabe rührt man 30 Min. bei
— 5° weiter, sättigt hierauf mit etwa 90 g wasserfreiem Kaliumcarbonat
und läßt im auftauenden Kältebad 12 Stunden stehen. Das abgeschiedene
Öl wird im Scheidetrichter getrennt, über Kaliumcarbonat getrocknet,
und im Vakuum fraktioniert. Nach Abtrennung von etwa 210 ml Vorlauf
und einer Fraktion, die bei einer Badtemperatur von 45—48°/12 Torr
zwischen 28 und 37° übergeht, werden 220 ml vom Sdpt.$_{13\,\text{mm}}$ 38—59°
bei einer Badtemperatur von 58—62° aufgefangen. Im Kolben ver-
bleiben etwa 60 ml Rückstand. Die zweite Fraktion (38—59°) wird nach
dem Trocknen über Natrium unter Anwendung einer Widmer-Spirale
von 40 cm Länge im Vakuum rektifiziert. Sdpt.$_{14\,\text{mm}}$ 46—47°. Ausbeute 100 g (= 26% d.Th.).

---

[1] BODENDORF, K., u. G. KORALEWSKI: Arch. Pharmaz. Ber. dtsch. pharmaz.
Ges. **271**, 101 (1933).
[2] HELLMANN, H., u. G. OPITZ: Angew. Chem. **68**, 265 (1956).
[3] HELLMANN, H., u. G. OPITZ: Chem. Ber. **89**, 81 (1956).
[4] Vgl. STEWART, T. D., u. W. E. BRADLEY: J. Amer. chem. Soc. **54**, 4172
(1932).
[5] HELLMANN, H., u. G. OPITZ: Chem. Ber. **89**, 81 (1956).

Farblose Flüssigkeit mit Wasser nicht mischbar; in organischen Lösungsmitteln leicht löslich.

4-Piperidinomethyl-antipyrin: Eine Lösung des Antipyrins in 2 n-Säure wird unter heftigem Rühren tropfenweise mit der äquivalenten Menge N-Methoxymethyl-piperidin versetzt. Nach $^1/_2$ stündiger Einwirkung bei Raumtemperatur erhält man bei einem p_H der Reaktionslösung von 3,0 67,0%, nach einer Stunde 72,5% und nach zwei Stunden 86,9% der theoretischen Ausbeute an 4-Piperidinomethyl-antipyrin.

Darstellung von Bis-antipyrinomethyl-methylamin: 38 g Antipyrin (0,2 Mol) und 8,5 g Methylaminhydrochlorid (0,15 Mol) werden in 35 ml Wasser gelöst und mit 25 ml 35%iger Formaldehydlösung (0,25 Mol) versetzt. Am folgenden Tag wird die Flüssigkeit mit Chloroform ausgeschüttelt. Hierbei gewinnt man 5 g nicht umgesetztes Antipyrin zurück. Nach dem Alkalisieren mit 50%iger Kalilauge extrahiert man erschöpfend mit Chloroform. Der sirupöse Verdunstungsrückstand wird durch Anreiben mit Petroläther kristallin. Ausbeute 35 g.

Die in Wasser–Alkohol sehr leicht lösliche Base schmilzt nach dem Umlösen aus der doppelten Menge Aceton bei 111°. Sie kristallisiert in kleinen Nadeln, die 2 Mol Kristallwasser enthalten.

Die Kondensation des Antipyrins mit primären und sekundären aromatischen Aminen liefert nicht immer die echten Mannich-Basen (IV), sondern es tritt je nach den vorliegenden Reaktionsbedingungen Kernalkylierung an der eingesetzten Aminkomponente unter Bildung von V ein[1, 2]:

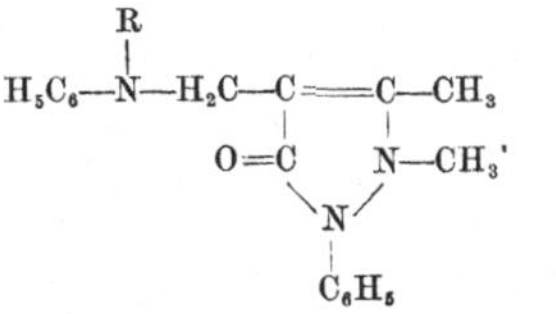

$$H_5C_6{-}N({-}R){-}H_2C{-}C(O{=}C){=}C({-}N{-}CH_3){-}CH_3 \quad \mathrm{IV.}$$

$$(R)(R)N{-}\langle\text{Phenylen}\rangle{-}H_2C{-}C(O{=}C){=}C({-}N{-}CH_3){-}CH_3 \quad \mathrm{V.}$$

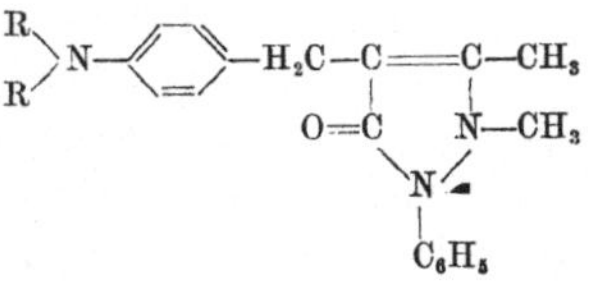

R = H oder CH₃

Bei der Verwendung von Methylanilin-hydrochlorid als Aminkomponente tritt nicht, wie MANNICH und KATHER[3] annahmen, die Base IV (R = H) auf, sondern es bildet sich das p-substituierte Methylanilin V. Auch bei Gegenwart von Eisessig bildet sich nicht die Mannich-Base, sondern die C-alkylierte Verbindung V.

Bei Abwesenheit von Säuren entsteht dagegen die echte Mannich-Base IV, die sich mit Säuren zu V umlagern läßt.

Über die verschiedene Auffassung des Reaktionsmechanismus der Bildung von IV und V s. Lit.[1, 2].

Bei der Darstellung der Mannich-Base aus Antipyrin, Paraformaldehyd und Methylanilin durch Erhitzen auf 120° bildet sich noch eine weitere Substanz (VI), die durch doppelte Mannich-Reaktion aus 2 Mol Antipyrin, 2 Mol Formaldehyd und 1 Mol Methylanilin unter Abspaltung

[1] BODENDORF, K., u. H. RAAF: Liebigs Ann. Chem. **592**, 26 (1955).
[2] THESING, J., H. ZIEG u. H. MAYER: Chem. Ber. **88**, 1978 (1955).
[3] MANNICH, C., u. B. KATHER: Arch. Pharmaz. Ber. dtsch. pharmaz. Ges. **257**, 18 (1919).

von 2 Mol Wasser und Umlagerung entstanden ist. Da VI aus V durch Einwirkung von Formaldehyd und Antipyrin zugänglich ist, liegt in der Verbindung ein *N-4-Bis-[antipyryl-(4)-methyl]-anilin* vor:

$$R-\text{⟨}\bigcirc\text{⟩}-\underset{\underset{R}{|}}{\overset{\overset{CH_3}{|}}{N}} \qquad VI. \qquad R = \quad \begin{array}{c} -H_2C-C\!\!=\!\!=\!\!C-CH_3 \\ |\qquad\quad| \\ O\!\!=\!\!C\quad N\!-\!CH_3 \\ \diagdown N\diagup \\ | \\ C_6H_5 \end{array}$$

Analoge Verhältnisse sind auch bei Phenolen und Naphtholen beobachtet worden (s. S. 53ff., 61ff.).

Mannich-Basen des Antipyrins sind ähnlich wie die entsprechenden Indolbasen zur C-Alkylierung befähigt. Zur Alkylierung sind nicht nur die Jodmethylate der tertiären Antipyrinbasen geeignet, sondern auch die tertiären Basen. Diese wirken indessen nicht direkt C-alkylierend. Vielmehr bilden sich primär aus den Reaktionspartnern das Antipyrylmethyl-trimethylammoniumsalz der zu alkylierenden Verbindung, das erst als solches als alkylierendes Agens fungiert[1].

Diäthylaminomethylantipyrin setzt sich in praktisch quantitativer Ausbeute mit Nitroessigester unter Bildung der Verbindung VII um[2]:

$$\begin{array}{c} H_5C_2OOC-\underset{\underset{NO_2}{|}}{C}-H_2C-\underset{\underset{O=C}{|}}{C}\!\!=\!\!=\!\!\underset{\underset{N-CH_3}{|}}{C}-CH_3 \\ \diagdown N\diagup \\ | \\ C_6H_5 \end{array} \qquad VII.$$

Ebenso erhält man Kondensationsprodukte aus dem Jodmethylat des Dimethyl-aminomethyl-antipyrins mit den Natriumsalzen des Formaminomalonesters, der Blausäure und des Nitromalonesters[1].

Formamino-malonester und Dimethylaminomethyl-antipyrin geben in wasserfreiem Xylol gekocht unter Abspaltung von *Trimethylanilin* (!) (s. o.) Antipyrylmethyl-formaminomalonsäureester, der durch saure Hydrolyse *Antipyrinalanin* VIII liefert:

$$\begin{array}{c} HOOC-\underset{\underset{NH_2}{|}}{HC}-H_2C-\underset{\underset{O=C}{|}}{C}\!\!=\!\!=\!\!\underset{\underset{N-CH_3}{|}}{C}-CH_3 \\ \diagdown N\diagup \\ | \\ C_6H_5 \end{array} \qquad VIII.$$

Von Derivaten des *Glyoxalin* ist das *5-Amino-4-carbäthoxyglyoxalin* der Mannich-Reaktion zugänglich[3]. Die in 2-Stellung eintretende Aminomethylgruppe führt zu Mannich-Basen, die adrenergisch wirksam sein sollen.

$$\begin{array}{c} H_5C_2OOC-\underset{\underset{H_2N-C_5}{}}{\overset{4}{C}}\!\!-\!\!-\!\!-\!\!\overset{3}{N} \\ \| \qquad \| \\ H_2N-\underset{\underset{1}{}}{C_5}\qquad {}_2CH \\ \diagdown \underset{H}{N}\diagup \end{array}$$

In den *2-Methyl-4-benzal-imidazolonen* zeigen die Wasserstoffatome der Methylgruppe acides Verhalten. So läßt sich das 1-N-Cyclohexyl-

---

[1] HELLMANN, H., u. O. SCHUMACHER: Chem. Ber. **89**, 95 (1956).
[2] DORNOW, A., u. H. THIES: Liebigs Ann. Chem. **581**, 219 (1953).
[3] BADER, H., J. D. DOWNER u. P. DRIVER: J. chem. Soc. [London] **1950**, 2775.

derivat, das *1-N-Cyclohexyl-2-methyl-4-benzal-imidazolon*

$$C_6H_5 \cdot HC = \boxed{\quad} = O$$

mit sekundären Aminen (Piperidin) an der Methylgruppe einfach aminomethylieren[1]. Die Ausbeuten sind mäßige (28%).

Im *2,5-Dimethylpyrazin* reagieren in der Mannich-Reaktion die Methylgruppen als acide Komponente[2]. Es können entweder ein Wasserstoffatom der Methylgruppe oder auch deren zwei substituiert werden. So erhält man aus 2,5-Dimethylpyrazin, salzsaurem Dimethylamin und Formaldehydlösung die Verbindungen I und II:

I.   II.

Die schwerlösliche Bisverbindung I kristallisiert nach vollendeter Kondensation aus dem Ansatz aus. Aus den Mutterlaugen läßt sich die Monoverbindung II isolieren.

Mit Morpholin*base* oder den Hydrochloriden von Diäthylamin, Di-n-butylamin, Methylbenzylamin oder Dibenzylamin erhält man nur dann Aminomethylierungsprodukte, wenn man entweder *ohne* Lösungsmittel in wäßriger Formaldehydlösung oder mit Isoamylalkohol als Lösungsmittel unter Einsatz der Mittelkomponente als Paraformaldehyd arbeitet.

Pyrimidin. Bei der Mannich-Reaktion von *2,6-Dimethyl-4-hydroxy-pyrimidin (I)*[3]:

I.

kann die Substitution entweder an den Methylgruppen in 2- oder/und 6-Stellung oder aber auch zur Hydroxylgruppe benachbart in 5-Stellung erfolgen. Mit Piperidin als Aminkomponente reagiert *2,6-Dimethyl-4-hydroxy-pyrimidin* unter Bildung von *Bis-(1-piperidylmethyl)-* und *Tris-(1-piperidylmethyl)*-derivaten, deren Konstitution als II bewiesen und als III wahrscheinlich gemacht wurde:

[1] PFLEGER, H. R., H. M. FOSTER u. G. A. NUSSBERGER: J. Amer. chem. Soc. **76**, 2441 (1954).

[2] LINDER, SEYMOUR M., u. P. E. SPOERRI: J. Amer. chem. Soc. **74**, 1517 (1952).

[3] SNYDER, H. R., u. H. M. FOSTER: J. Amer. chem. Soc. **76**, 118 (1954).

Merkwürdigerweise lassen sich mit *Dimethylamin* als Aminkomponente unter den verschiedensten Bedingungen keine Aminomethylierungsprodukte erhalten. Die Ausbeute an Kondensationsprodukten ist nicht sehr hoch. Aus I, Piperidin und Formaldehyd (kondensiert in Eisessig und in Amylalkohol) erhält man etwa 12% II. Bei der Aminomethylierung in Benzol–Äthanol entstehen mit den gleichen Reaktionspartnern II in 40%iger und III in etwa 10%iger Ausbeute.

2-Methylmercapto-4-methyl-6-hydroxypyrimidin (IV) und *2-Thio-6-methyluracil* (V) lassen sich in 5-Stellung aminomethylieren[1, 2]

Die Kondensation wird in Eisessig als Lösungsmittel vorgenommen.

γ) **Mannich-Basen methylsubstituierter Chinazoline.** Die Methylgruppen von in 2- und/oder 4-Stellung methylsubstituierter Chinazoline zeigen in der Mannich-Reaktion völlig verschiedenes Verhalten[3]. Es lassen sich nur Mannich-Basen des 4-Methylchinazolin (I) gewinnen. Die Wasserstoffatome einer in 2-Stellung am Chinazolinring substituierten Methylgruppe verhalten sich refraktär.

2,4-Dimethylchinazolin kondensiert ebenfalls nur in 4-Stellung. Auch 7- bzw. *8-Acetyl-2,4-dimethylchinazolin* werden ausschließlich in 4-Stellung aminomethyliert[4, 5].

Das unterschiedliche Verhalten des 2- und 4-Methylsubstituenten wird dadurch erklärt, daß der 2-Methylsubstituent einen Teil einer *Amidin*struktur darstellt, während der 4-Methylsubstituent als typisches *Ketimin* anzusprechen ist. Die Ketiminstruktur

---

[1] SNYDER, H. R., H. M. FOSTER u. G. A. NUSSBERGER: J. Amer. chem. Soc. **76**, 2441 (1954).

[2] MONTI, L., u. G. FRANCHI: Gazz. chim. ital. **79**, 447 (1949).

[3] SIEGLE, J., u. B. E. CHRISTENSEN: J. Amer. chem. Soc. **73**, 5777 (1951).

[4] GRAHAM, B.: J. Amer. chem. Soc. **67**, 2001 (1945).

[5] ISENSEE, R. W., u. B. E. CHRISTENSEN: J. Amer. chem. Soc. **70**, 4061 (1948).

verleiht dem 4-Substituenten Methylencharakter, d. h. erhöhte Reaktionsfähigkeit. Diese Annahme konnte durch weitere Untersuchungsergebnisse von TOMISEK und CHRISTENSEN[1] bestätigt werden.

f) Schwefel als Heteroatom

α) Mannich-Basen mit Thiophen und seinen Derivaten. *Thiophen*, Formaldehyd und *Ammoniumchlorid* reagieren unter Bildung von *2-Aminomethylthiophen* (I), *Di-(2-thenyl)-amin* (II) und polymeren Aminen unbekannter Struktur[2].

$$\text{—CH}_2 \cdot \text{NH}_2 \quad \text{I.} \qquad \Big[\text{—CH}_2\Big]_2 \text{NH} \cdot \text{HCl} \quad \text{II.}$$

Dimethylamin reagiert nicht in der gleichen Art wie Ammoniumchlorid. Man erhält undefinierbare Amine; als Hauptprodukt treten stickstofffreie Thiophen-Formaldehyd-Polymere auf.

2-Methylthiophen setzt sich mit Formaldehyd und Ammoniumchlorid unter Bildung tertiärer, sekundärer und primärer Basen um. Es entstehen *5-Methyl-2-thenylamin, Di-(5-methyl-2-thenyl)-amin, Tri-(5-methyl-2-thenyl)-amin*. Ferner bilden sich zwei komplexe Amine unbekannter Struktur sowie *Di-(5-methyl-2-thienyl)-methan*.

2-Chlor- und *2-tert.-Butyl-thiophen* geben einfache und komplexe Amine. *2-Chlorthiophen* reagiert in der Mannich-Kondensation nicht mit wäßriger Formaldehydlösung und Ammoniumchlorid, wohl aber mit Trioxymethylen unter Bildung von *(Di-5-chlor-2-thenyl)-amin.*

2-tert.-Butylthiophen liefert mit Paraformaldehyd und Ammoniumchlorid Tri-(5-tert.-Butyl-2-thenyl)-amin-hydrochlorid.

Aminomethylierung von Thiophen mit Formaldehyd und Ammoniumchlorid[2]: 84 g Thiophen werden mit 81 g Formaldehydlösung (37%ig) und 162 g Ammoniumchlorid unter ständigem Rühren 15 Minuten unter Rückfluß auf 72° erhitzt. Nachdem sich der Ansatz gelb gefärbt hat (Beginn der Alkylierung), erhitzt man 1 Stunde unter Rückfluß und destilliert den Überschuß von Thiophen (51 g) ab. Nach Filtration vom überschüssigen Ammoniumchlorid und Nachwaschen mit Äther wird das Filtrat vom Äther durch Destillation befreit, abgekühlt und vorsichtig mit 100 g 40%iger Natronlauge alkalisch gemacht. Nach dreimaligem Ausschütteln mit je 50 ml Benzol wird im Vakuum sorgfältig fraktioniert. Man erhält: 1,2-Thenylamin, Sdpkt.$_{17\,mm}$ 82° (42%); 2. Di-2-thenyl-amin, Sdpkt.$_{3\,mm}$ 134—135° (18,3%) und 3. Subresinöse Amine (N : S = 2 : 3 bis 1 : 1).

Die Aminomethylierung des Thiophen ist weiter eingehend unter Verwendung von Salzen des Hydroxylamins als Aminkomponente untersucht worden[3].

---

[1] TOMISEK, M., u. B. E. CHRISTENSEN: J. Amer. chem. Soc. **67**, 2112 (1945).

[2] HARTOUGH, H. D., S. J. LUKASIEWICZ u. E. H. MURRAY jr.: J. Amer. chem. Soc. **70**, 1146 (1948).

[3] HARTOUGH, H. D.: J. Amer. chem. Soc. **69**, 1355 (1947).

Bei der Einwirkung von Formaldoxim auf Thiophen erhält man in einer Ausbeute von 78% die Verbindung III, 2-Thenylhydroxylamin;

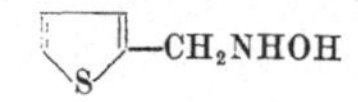

$$\text{[Thiophen]}-CH_2NHOH \qquad\qquad \text{III.}$$

Die Umsetzung von Thiophen mit salzsaurem Hydroxylamin führt unter Verwendung von *wäßriger Formaldehydlösung* zu *zwei* Aminomethylierungsprodukten. Neben der Verbindung IV, die über das Zwischenprodukt V entstehen soll,

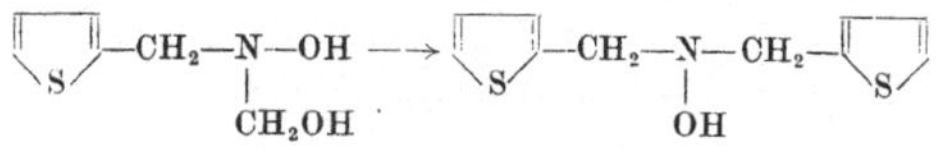

$$\text{[Thiophen]}-CH_2-\underset{\underset{V.}{CH_2OH}}{\overset{}{N}}-OH \longrightarrow \text{[Thiophen]}-CH_2-\underset{\underset{IV.}{OH}}{\overset{}{N}}-CH_2-\text{[Thiophen]}$$

bildet sich ein polymeres Amin der vermeintlichen Konstitution VI:

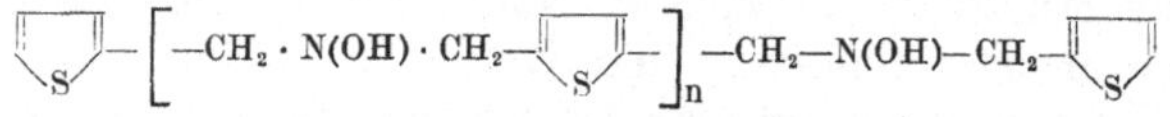

$$\text{[Thiophen]}-\left[-CH_2\cdot N(OH)\cdot CH_2-\text{[Thiophen]}-\right]_n-CH_2-N(OH)-CH_2-\text{[Thiophen]} \quad \text{VI.}$$

Neben der polymeren Verbindung VI erhält man bei schnellem Arbeiten *Di-(5-oxymethyl-2-thenyl)-hydroxylamin-hydrochlorid* (VII)

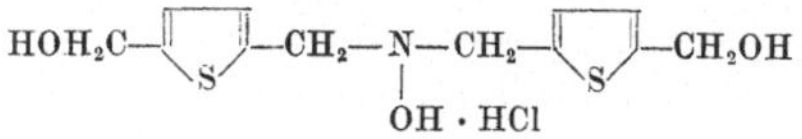

$$HOH_2C-\text{[Thiophen]}-CH_2-\underset{\underset{OH\cdot HCl}{}}{\overset{}{N}}-CH_2-\text{[Thiophen]}-CH_2OH \qquad \text{VII.}$$

In Form der freien Base ist VII unbeständig.

Durch Variation der molaren Konzentrationen des Formaldehyds und/oder des Hydroxylaminsalzes lassen sich „subresinöse" Amine gewissermaßen „nach Maß" herstellen, die als Endprodukte der Polymerisation Harze von gewünschter Qualität liefern.

Versuche, Thiophen mit Benzaldoxim oder Ketoximen zu kondensieren, sind bisher fehlgeschlagen. Dagegen konnten aus 2-Chlor- und 2-tert.-Butylthiophen mit Formaldehyd und Hydroxylaminsalz Amine vom Typus III und IV dargestellt werden.

β) **Aminothiazole.** In 5-Stellung unsubstituierte *2-Acetamidothiazole* geben mit Formaldehyd und sekundären Aminen Mannich-Basen[1]. Die Aminomethylierung erfolgt am Kohlenstoffatom 5 und nicht am Amidstickstoff (Beweisführung s. Lit. 1). Mit 2-Acetamidothiazol, Dimethylamin und Formaldehyd erhält man die Mannich-Base VIII:

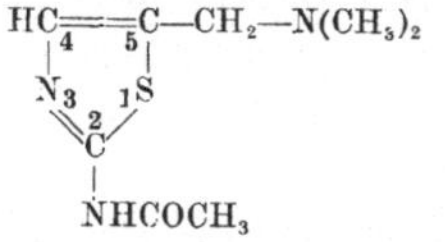

$$\underset{\underset{\dot{N}HCOCH_3}{|}}{\overset{\overset{HC\!=\!\!=\!\!C-CH_2-N(CH_3)_2}{|\ _4\quad _5|}}{\underset{\underset{C}{\underset{|}{}}}{N_3\ \ _1S}}} \qquad\qquad \text{VIII.}$$

2-Acetamino-4-methylthiazol ergibt 2-Acetamido-4-methyl-5-dimethylamino-methylthiazol-hydrochlorid. Letztere Verbindung alkyliert Natriummalonester in 48%iger Ausbeute, wenn man eine äthanolische Lösung der beiden Salze mit Dimethylsulfat behandelt[1].

2,4-Dimethyl-thiazol läßt sich ebenfalls alkylieren[2]. Nach Literaturangaben[2] sollen die Wasserstoffatome der in 2-Stellung haftenden

<hr>

[1] ALBERTSON, N. F., u. F. NOEL: J. Amer. chem. Soc. **70**, 669 (1948).

[2] MICHAILOW, B. M., u. I. K. PLATOWA: J. allg. Chem. (russ.) **26**, (88), 491 (1956); Chem. Zbl. **1956**, 13114.

Methylgruppe durch den Aminomethylrest substituiert werden. Als Reaktionsprodukte treten bei Verwendung von salzsaurem Dimethylamin als Aminkomponente die Verbindungen *4-Methyl-2-[β-dimethylaminoäthyl]-thiazol* und *4-Methyl-2-[Bis-(dimethylamino-methyl)-methyl]-thiazol* auf.

Beide Verbindungen sind sehr instabil. Die nur 31% betragende Ausbeute läßt sich auch nicht bei Durchführung der Reaktion in siedendem Isoamylalkohol steigern. Bei der Verwendung von salzsaurem Diäthylamin sinkt die Ausbeute an Kondensationsprodukt unter 10% d. Th.

Darstellung von 2-Acetamido-4-methyl-5-dimethylaminomethyl-thiazolhydrochlorid[1]: 15,6 g 2-Acetamido-4-methyl-thiazol werden mit 8 ml einer 37%igen Formaldehydlösung und einer Lösung aus 0,11 Mol Dimethylamin in 25 ml Eisessig gemischt und 7 Stunden auf dem Wasserbade erhitzt. Nach Zugabe von 50 ml Wasser wird vorsichtig mit Kaliumcarbonat alkalisiert und die alkalische Flüssigkeit 5mal mit je 50 ml Chloroform extrahiert. Die Chloroformextrakte werden mit alkoholischer Salzsäure behandelt. Man erhält hierbei das salzsaure Salz des 2-Acetamido-4-methyl-5-dimethylamino-methyl-thiazol in einer Ausbeute von 92%. — Das salzsaure Salz schmilzt bei 223°. — Schmelzpunkt der freien Base 138—139,5°.

E. Mannich-Basen mit NH-acider Komponente
(N-Mannich-Basen)

N-haltige Verbindungen, die am Stickstoffatom ein acides Wasserstoffatom enthalten, lassen sich ähnlich wie CH-aktive Substanzen aminomethylieren. Die Einwirkung von Formaldehyd und Aminen auf NH-acide Körper führt zu N-Mannich-Basen.

Derartige Verbindungen, die am Stickstoff einen Aminomethylrest besitzen, sind bereits seit langer Zeit bekannt, ohne daß man ihre Bedeutung für weitere Umsetzungen erkannte. Bereits SACHS[2] hat aus Phthalimid, Formaldehyd und Piperidin die erste N-Mannich-Base, das *N-Piperidinomethylphthalimid*, dargestellt. Von EINHORN[3,4] sind N-Diäthylaminomethyl- und N-Piperidinomethyl-Derivate des Harnstoffs und des Benzamids beschrieben worden. EINHORN und GÖTTLER[5] berichteten ferner über die Einwirkung von Formaldehyd und sekundären Basen auf Isatin und stellten fest, daß sich die erhaltenen Kondensationsprodukte von der Lactamformel des Isatins ableiten. In neuerer Zeit haben sich namentlich H. HELLMANN[6], ferner J. THESING[7], um die

[1] ALBERTSON, N. F.: J. Amer. chem. Soc. **70**, 669 (1948).

[2] SACHS, F.: Ber. dtsch. chem. Ges. **31**, 3233 (1898).

[3] EINHORN, A.: Liebigs Ann. Chem. **343**, 207 (1905).

[4] EINHORN, A.: Liebigs Ann. Chem. **361**, 117 (1908).

[5] EINHORN, A., u. M. GÖTTLER: Ber. dtsch. chem. Ges. **42**, 4850 (1909).

[6] HELLMANN, H., u. Mitarb.: Chem. Ber. **87**, 1684 (1954) I. Mitt., Lit. der weiteren Mitt. s. Textteil.

[7] THESING, J., u. Mitarb.: Angew. Chem. **67**, 31 (1955); Chem. Ber. **90**, 1419 (1957).

eingehendere Erforschung der N-Mannich-Basen verdient gemacht. Eine umfassende Übersicht über N-Mannich-Basen findet sich auch bei EBERHARDT[1].

I. N-Mannich-Basen von offenkettigen Verbindungen mit Carbonamid-Struktur

Wie bereits erwähnt, läßt sich Harnstoff als NH-acide Komponente in der Mannich-Reaktion verwenden[2]. Auch substituierte Harnstoffe vom Typus $R—NH—CO—NH_2$ sind der Reaktion zugänglich. Die Eintrittsstelle des Aminomethylrestes erfolgt bei den nachstehend aufgeführten NH-aciden Verbindungen an der durch einen * gekennzeichneten Stelle (s. S. 107ff.).

Derivate des Hydroxylamins können nicht nur als Aminkomponente in der Mannich-Reaktion fungieren[3], sondern auch als NH-acide Komponente bei Aminomethylierungsreaktionen Verwendung finden[4]. HELLMANN und TEICHMANN[4] fanden, daß *β-Arylhydroxylamine, Benzhydroxamsäure*, $C_6H_5 \cdot CO \cdot NHOH$ und *Benzsulfhydroxamsäure*, $C_6H_5 \cdot CS \cdot NHOH$ glatt mit Formaldehyd und sekundären Aminen (Piperidin, Morpholin, Dimethylamin, Piperazin) zu N-Mannich-Basen umgesetzt werden können:

$$R—NH—\!\!\underset{OH}{|}\ + HCHO + H—N{\overset{R'}{\underset{R'}{\diagdown}}} \longrightarrow R—\underset{OH}{\overset{|}{N}}—CH_2—N{\overset{R'}{\underset{R'}{\diagdown}}}$$

Dialkylaminomethyl-hydroxylamin

Die N-Mannich-Basen der *β-Arylhydroxylamine*

$$(R = C_6H_5; \quad p \cdot C_6H_4 \cdot CH_3)$$

sind sehr labil. Sie zersetzen sich leicht unter Bildung von Isonitrilen und *Glyoxal-bis-phenyl-nitronen*. Im Gegensatz hierzu zeichnen sich die *Dialkyl*-aminomethyl-hydroxamsäuren durch Beständigkeit aus. *Benzamid* läßt sich, wie bereits EINHORN gezeigt hat[5], mit Diäthylamin und Piperidin zur N-Mannich-Base umsetzen.

Mit *N-Methylacetamid* gelingt die Aminomethylierung nicht[6]. Auch Anilide, wie *Acetanilid* und *Benzanilid*, verhalten sich refraktär. Desgleichen erhält man mit *N-Methyl-N'-acetylharnstoff* keine N-Mannich-Base[6].

Mit *N, N'-Diacetylhydrazin*, Formaldehyd und Morpholin bildet sich dagegen ein Aminomethylierungsprodukt[6].

---

[1] EBERHARDT, M.: Diss. Tübingen 1957.
[2] EINHORN, A.: Liebigs Ann. Chem. **361**, 139 (1908).
[3] THESING, J., u. H. UHRIG u. A. MÜLLER: Angew. Chem. **67**, 31 (1955).
[4] HELLMANN, H., u. K. TEICHMANN: Angew. Chem. **67**, 110 (1955).
[5] EINHORN, A.: Liebigs Ann. Chem. **361**, 117 (1908).
[6] EBERHARDT, M.: Diss. Tübingen 1957.

II. N-Mannich-Basen von Verbindungen mit cyclischer Carbonamidstruktur

Von cyclischen Carbonsäureamiden ist besonders die Aminomethylierung des Phthalimids, die bereits SACHS[1] durchgeführt hat, eingehend untersucht worden[2].

Bei der Aminomethylierung NH-acider Verbindungen sind ähnlich wie bei der Darstellung der C-Mannich-Basen gewisse Regeln zu befolgen.

Von den als Aminkomponente eingesetzten Aminen reagieren am schnellsten und besten Morpholin und Piperidin. Die Kondensation von Phthalimid, Formalin und Morpholin ist bereits nach wenigen Sekunden beendet und liefert die N-Mannich-Base in nahezu quantitativer Ausbeute. Wesentlich langsamer verläuft die Kondensation, wenn Dimethylamin als Amin eingesetzt wird (Dauer 3—4 Tage, Ausbeute etwa 40%). Am schlechtesten reagiert Diäthylamin (Ausbeute nach 6 Wochen nur 17%). Im allgemeinen erhöht ein Erwärmen der Ansätze die Reaktionsgeschwindigkeit nicht.

Merkwürdig ist jedoch, daß in einigen Fällen (Indol, Diacyldioxindol und Isatin) die Reaktion mit Diäthylamin besonders glatt verläuft.

Für die Aufarbeitung der Reaktionsansätze lassen sich die für C-Mannich-Basen üblichen Isolierungsmethoden nicht heranziehen, da die N-Mannich-Basen gegen Säuren und Laugen instabil sind. Die Aufarbeitung muß möglichst schonend vorgenommen werden, sie geschieht meistens durch Verdunstenlassen des Lösungsmittels (Alkohol).

Darstellung von Morpholinomethyl-phthalimid[3]: 14,7 g (0,1 Mol) Phthalimid werden mit 10 ml Alkohol zu einem Brei angerührt und mit 7,5 ml (0,1 Mol) Formaldehydlösung (35%ig) und 8,7 ml Morpholin (0,1 Mol) versetzt. Unter starker Erwärmung erfolgt vollständige Auflösung des Phthalimids. Die Lösung bleibt jedoch nur einige Stunden klar und erstarrt dann kristallin. Nach dem Umlösen aus Äthylalkohol erhält man dicke Balken vom Schmp. 118°. Die Ausbeute beträgt 24,1 g = 98% d. Th.

Bei der Aminomethylierung des Phthalimids mit Dimethylamin als Aminkomponente entsteht neben der N-Mannich-Base, *N-Dimethylaminomethyl-phthalimid* I, *N-Methylol-phthalimid* II in etwa gleicher Menge:

$$\text{(Phthalimid)}\!\!<\!\!\begin{array}{c}CO\\CO\end{array}\!\!>\!\!N\text{—}CH_2\cdot N(CH_3)_2 \quad \text{I.} \qquad \text{(Phthalimid)}\!\!<\!\!\begin{array}{c}CO\\CO\end{array}\!\!>\!\!N\text{—}CH_2OH \quad \text{II.}$$

Darstellung von Dimethylaminomethyl-phthalimid[3]: 14,7 g (0,1 Mol) Phthalimid werden in 10 ml Äthanol angeschlämmt, mit 8,25 ml (0,11 Mol) einer 40%igen Formalinlösung und 15 ml (0,1 Mol) einer 33%igen Dimethylaminlösung versetzt und dann bis zur klaren Lösung auf dem Wasserbad erwärmt. Nach ein- bis viertägigem Stehenlassen des offenen Kolbens bei Zimmertemperatur scheiden sich zentimeter-

[1] SACHS, F.: Ber. dtsch. chem. Ges. **31**, 3233 (1898).
[2] HELLMANN, H., u. I. LÖSCHMANN: Chem. Ber. **87**, 1684 (1954).
[3] HELLMANN, H., u. I. LÖSCHMANN: Chem. Ber. **87**, 1687/88 (1954).

lange, zu Büscheln vereinigte dicke Balken und feine Nadeln ab. Das Kristallisat wird nach scharfem Absaugen und Trocknen mehrfach mit Petroläther (60—80°) ausgekocht. Beim Erkalten scheidet sich das Dimethylaminomethyl-phthalimid (I) aus der Petrolätherlösung in langen dicken Nadeln ab. Schmp. 77—78°. Ausbeute: 42% d. Th.

Methylol-phthalimid: Der in Petroläther unlösliche Anteil wird mit Äthanol aufgekocht, wobei nur ein geringer Teil ungelöst bleibt. Beim Erkalten fallen aus der alkoholischen Lösung gefiederte Kristalle an, welche nach nochmaligem Umlösen aus Äthanol bei 145° schmelzen. Ausbeute: 38% d. Th.

Mit Methyljodid reagieren die Phthalimidbasen unter Bildung der entsprechenden quaternären Verbindungen.

Infolge ihres Unvermögens beim Abspalten des Aminrestes ein additionsfähiges System ausbilden zu können, ist den tertiären Phthalimidbasen der Eliminierungs-Additionsmechanismus (s. S. 116) versperrt; sie tauschen dagegen ihre Dialkylaminomethylgruppe gegen ein Wasserstoffatom ihres Reaktionspartners im Sinne einer Transaminomethylierung aus[1]. Die von HELLMANN und LÖSCHMANN beobachteten Erscheinungen, daß bei längerer Einwirkung von N-Piperidinomethyl-phthalimid auf Indol bei Gegenwart geringer Mengen Natriumhydroxyd als Reaktionsprodukt N-Skatyl-phthalimid entsteht, lassen zunächst auf eine C-alkylierende Fähigkeit der N-Mannich-Base des Phthalimids schließen. Die C-Alkylierung ist jedoch nur eine scheinbare. Vielmehr bilden sich in erster Reaktionsphase nach kurzer Zeit aus der N-Mannich-Base III und Indol unter Transaminomethylierung N-Skatylpiperidin IV und Phthalimid. Diese reagieren in zweiter Reaktionsfolge unter Abspaltung von Piperidin zu N-Skatyl-phthalimid V:

$$\text{III.}$$

$$\text{IV.}$$

$$\text{V.}$$

Es liegt dieser Umsetzung im Endeffekt lediglich eine N-Alkylierung des Phthalimids durch eine Indol-Mannich-Base zugrunde.

Mit Formamino-malonester und N-Piperidinomethyl-phthalimid erfolgt auch bei längerer Reaktionsdauer lediglich *Transaminomethylierung.*

Die quartären Salze der Dialkylaminomethyl-phthalimide wirken unmittelbar C-alkylierend. Die C-alkylierende Wirkung wird dadurch er-

---

[1] HELLMANN, H., u. I. LÖSCHMANN: Chem. Ber. 87, 1690 (1954).

klärt, daß sich das nach Loslösung des Phthalimidomethylrestes entstehende Phthalimidomethyl-trialkyl-ammoniumion als Phthalimidomethyl-Carbenium-Ion resonanzstabilisiert[1]:

$$\text{(Phthalimido)}N\text{—}CH_2\text{—}\overset{\oplus}{N}(CH_3)_3 \longrightarrow \left[\text{(Phthalimido)}\overset{-}{N}{=}\overset{\oplus}{C}H_2 \rightleftarrows \text{(Phthalimido)}\overset{\oplus}{N}{=}{:}CH_2 \right] + N(CH_3)_3$$

In dieser Form werden CH-acide Substanzen (z. B. Formaminomalonester und Natriumcyanid) glatt addiert.

Bei der Umsetzung des quartären Salzes des Dimethylaminomethyl-phthalimids mit *Natriumformaminomalonester* erhält man in glatter Reaktion Phthalimidomethyl-formaminomalonester, der zu *α,β-Diaminopropionsäure* hydrolysiert werden kann. Die Umsetzung der quartären Phthalimidbase mit *Natriumcyanid* führt zu *Phthalimido-acetonitril*[1,2].

C-Alkylierung von Formaminomalonester mit dem Jodmethylat des N-Dimethylaminomethyl-phthalimids zu Phthalimidomethyl-formaminomalonester.

1. Jodmethylat von Dimethylaminomethyl-phthalimid[3]: 2 g (0,01 Mol) Dimethylaminomethyl-phthalimid (Darst. S. 104) werden in 6 ml abs. Alkohol heiß gelöst und tropfenweise mit 0,7 ml (0,11 Mol) Methyljodid versetzt. Nach kurzer Zeit erfolgt spontane Kristallisation. Das gesammelte Kristallisat wird mehrfach mit Alkohol, in dem das Jodmethylat unlöslich ist, ausgekocht. Citronengelbe derbe Blöcke vom Zers.-Pkt. 225—227°. Ausbeute 2,52 g = 73% d. Th.

2. Phthalimidomethyl-formaminomalonester[4]: Zu einer Lösung von 0,25 g Natrium in 15 ml abs. Alkohol werden 2,03 g (0,01 Mol) Form-amino-malonester und 3,46 g (0,01 Mol) Jodmethylat des Dimethyl-aminomethyl-phthalimids (Darst. s. vorst.) gegeben. Das Gemisch wird 5 Stunden zum Sieden erhitzt. Hierbei entweicht Trimethylamin. Das quartäre Salz geht allmählich in Lösung, langsam erfolgt Ausscheidung von Natriumjodid. Nach Beendigung der Reaktion wird der Ansatz zur Beseitigung des Natriumjodids heiß filtriert. Aus dem eingeengten Filtrat scheiden sich Blättchen ab, die aus Alkohol unter Zusatz von wenig Aceton durch Umlösen rein erhalten werden.

Schmp. 199°; Ausbeute 3,2 g = 88% d. Th.

Die Darstellung von N-Mannich-Basen des Phthalimids gelingt nicht nur mit sekundären Aminen als Aminkomponente, sondern ist auch mit *primären* Basen durchführbar[5,6]. Mit primären Aminen, Formaldehyd

[1] HELLMANN, H., u. I. LÖSCHMANN: Chem. Ber. 87, 1690 (1954).
[2] ATKINSON, R. O.: J. chem. Soc. [London] 1954, 1329.
[3] HELLMANN, H., u. I. LÖSCHMANN: Chem. Ber. 87, 1684 (1954).
[4] HELLMANN, H., u. I. LÖSCHMANN: Chem. Ber. 87, 1690 (1954).
[5] HEINE, H. W., M. B. WINSTEAD u. R. P. BLAIR: J. Amer. chem. Soc. 77, 1913 (1955).
[6] HEINE, H. W., u. Mitarb.: J. Amer. chem. Soc. 78, 672 (1956).

und Phthalimid bilden sich *N-Bis-(phthalimidomethyl)-alkylamine.* Die leichte Bildungsweise von N-Mannich-Basen des Phthalimids wird von HEINE und Mitarbeitern[1] zur Identifizierung primärer oder sekundärer Basen ausgenutzt. Die einzelnen Daten sind auf S. 180 aufgeführt.

In den letzten Jahren sind zahlreiche N-Mannich-Basen von Heteroringen dargestellt worden. In ihrem Verhalten zeigen sie ähnliche Eigenschaften wie das vorstehend eingehend besprochene Phthalimid. Im folgenden werden sie daher in summarischer Darstellung behandelt. Die Gliederung erfolgt nach 5-, 6gliedrigen und nach kondensierten Ringsystemen. Die Eintrittsstelle der Aminomethylgruppe ist jeweils durch * gekennzeichnet. Bei von der Norm abweichendem Verhalten und bei näher untersuchten Aminomethylierungsprodukten werden entsprechende Hinweise gegeben.

a) N-Mannich-Basen mit 5gliedrigem Ringsystem als NH-acider Verbindung

1. Succinimid[2]:

$$\begin{array}{ccc} H_2C &\!\!\!-\!\!\!- & CH_2 \\ | & & | \\ O\!=\!C & & C\!=\!O \\ & \diagdown N \diagup & \\ & H & \\ & * & \end{array}$$

Die Darstellung der Aminomethylierungsprodukte des Succinimids ist mit Piperidin und Morpholin durchgeführt worden.

Morpholinomethyl-succinimid läßt sich bequem nach folgendem Verfahren darstellen:

Morpholinomethyl-succinimid[3]: 10 g (0,1 Mol) Succinimid werden unter Wasserkühlung mit 8 ml Formalin und 8,7 ml Morpholin versetzt und kräftig durchgerührt. Nach kurzer Zeit kristallisiert der Kolbeninhalt vollständig durch. Aus Äthanol erhält man derbe farblose Prismen vom Schmp. 111°. Ausbeute: 19 g = 96% d. Th.

2. Pyrrolidon (2)[4]:

$$\begin{array}{ccc} H_2C &\!\!\!-\!\!\!- & CH_2 \\ | & & | \\ H_2C & & C\!=\!O \\ & \diagdown N \diagup & \\ & H & \\ & * & \end{array}$$

Die Kondensation ist mit Piperidin, Morpholin und Dimethylamin durchgeführt worden.

3. Hydantoin[5,6]:

$$\begin{array}{ccc} H_2C &\!\!\!-\!\!\!- & NH* \\ | & & | \\ O\!=\!C & & C\!=\!O \\ & \diagdown N \diagup & \\ & H & \\ & * & \end{array}$$

Als sekundäre Basen fanden Verwendung: Morpholin[6], Piperidin[5].

---

[1] Siehe Fußnote 6 S. 106. — [2] Siehe Fußnote 3 S. 106.
[3] HELLMANN, H., u. I. LÖSCHMANN: Chem. Ber. **87**, 1688 (1954).
[4] BOMBARDINI, C. C., u. A. TAURINS: Canad. J. Chem. **33**, 923 (1955).
[5] EBERHARDT, M.: Diss. Tübingen 1957.
[6] BOMBARDINO, C. C., u. A. TAURINS: l. c.

4. Dimethylhydantoin[1]:

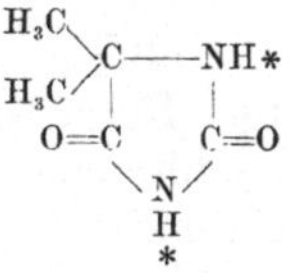

Kondensation mit Morpholin als Aminkomponente beschrieben.

5. 3,5-Dimethylpyrazol[2]:

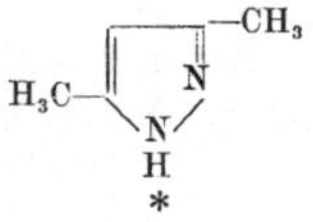

6. 2,4-Thiazolidindion[3]:

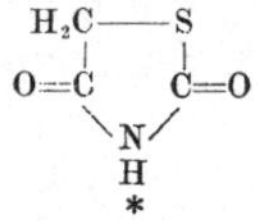

Es sind Aminomethylierungsprodukte mit Piperidin, Morpholin und Dimethylamin beschrieben worden.

7. 1,3,4-Oxdiazolon und Derivate[4,5]: 1. Dimethylamin als Aminkomponente. 2. Piperidin als Aminkomponente.

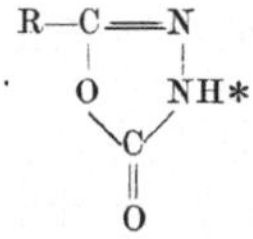

b) N-Mannich-Basen mit 6gliedrigen Ringen

Pyridazon (6)[6] und seine Substitutionsprodukte reagieren in der Mannich-Reaktion mit Formaldehyd und sekundären Aminen in Carbonamidstruktur $NH-CO$ und nicht in der Lactimform $-N=C-OH$. Es entstehen N-Mannich-Basen der allgemeinen Formel

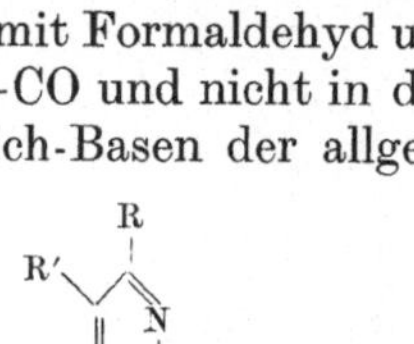

$R = R' = R'' = H$
$R = CH_3; R' = R'' = H$
$R = R' = H; R'' = CN$
$R = R' = CH_3; R'' = CN$
$X =$ Piperidin, Morpholin, Dimethylamin

Darstellung von 1-Morpholinomethylpyridazon (6)[7]: 1,92 g (0,02 Mol) Pyridazon(6) werden mit 1,74 ml Morpholin und 2 ml einer 30%igen

---

[1] Siehe Fußnote 6 S. 107.

[2] BRYANT-BACHMAN, C., u. L. V. HEISEY: J. Amer. chem. Soc. **68**, 2496 (1946).

[3] BOMBARDINI, C. C., u. A. TAURINS: l. c.

[4] EINHORN, A., u. M. GÖTTLER: Ber. dtsch. chem. Ges. **42**, 4850 (1909).

[5] DORNOW, A., u. S. L. LÜPFERT: Arch. Pharmaz. Ber. dtsch. pharmaz. Ges. **288**, 311 (1955).

[6] HELLMANN, H., u. I. LÖSCHMANN: Chem. Ber. **89**, 594 (1956).

[7] HELLMANN, H., u. I. LÖSCHMANN: Chem. Ber. **89**, 598 (1956).

Formaldehydlösung versetzt. Die klare gelbe Lösung läßt man bei Raumtemperatur in einer offenen Schale stehen. Nach zweitägigem Stehenlassen hat sich das Aminomethylierungsprodukt in Form farbloser langer Nadeln abgeschieden. Schmp. nach dem Umlösen aus Petroläther 82°. Ausbeute: 3,1 g = 80% d. Th.

Maleinhydrazid[1,2]:

$$\begin{array}{c}
\text{OH}\\
|\\
\text{C}\\
\text{HC} \diagup \diagdown \text{N}\\
\text{HC} \diagdown \diagup \text{NH}\\
\text{C}\\
||\\
\text{O}
\end{array}$$

und Citraconsäurehydrazid[1,2]:

$$\begin{array}{c}
\text{OH}\\
|\\
\text{H}_3\text{C}-\text{C} \quad \text{N}\\
\text{HC} \quad \text{NH}\\
\text{C}\\
||\\
\text{O}
\end{array}$$

welche zwei ringförmig gebundene Carbonamidgruppen enthalten, geben stets N-Mono(dialkylaminomethyl)-Derivate; es ist nur die nichtlactimisierte Form zur Mannich-Reaktion befähigt.

Ähnliche Erscheinungen kann man bei der Aminomethylierung der Diäthylbarbitursäure beobachten[3]. Auch diese bildet nur ein Monoaminomethylderivat, z. B. (I), da durch eine nachträgliche Lactimisierung eine zweite Kondensation nicht mehr möglich ist:

$$\begin{array}{cc}
\text{C}_2\text{H}_5\diagdown \quad \text{CO}-\text{NH} & \text{C}_2\text{H}_5\diagdown \quad \text{CO}-\text{NH}*\\
\text{C} \qquad \text{C}=\text{O} & \text{C} \qquad \text{C}=\text{O}\\
\text{C}_2\text{H}_5\diagup \quad \text{CO}-\text{N} & \text{H}\diagup \quad \text{CO}-\text{NH}*\\
\text{CH}_2-\text{N} &\\
\text{I.} & \text{II.}
\end{array}$$

Monoäthylbarbitursäure (II) kann dagegen zweimal aminomethyliert werden[3]. *Evipan* (WZ) (N-Methyl-cyclohexenylmethylbarbitursäure) liefert keine Mannich-Base.

Darstellung von N-Piperidinomethyl-veronal: 0,92 g (0,005 Mol) Veronal werden in 5 ml Äthanol aufgeschlämmt. Dazu tropft man unter Rühren 0,4 ml (0,005 Mol) 40%iges Formalin und 0,45 ml (0,005 Mol) Piperidin. Man kocht die Lösung eine $^1/_2$ Stunde unter Rückfluß. Das Veronal geht dabei in Lösung. Nach dem Abkühlen und nach kräftigem Anreiben mit einem Glasstab scheiden sich schöne weiße Kristalle aus. Nach dem Umkristallisieren aus Alkohol schmilzt die Substanz bei 121,5—122°.

Darstellung von N-N'-Dipiperidinomethyl-monoäthylbarbitursäure: 0,78 g (0,005 Mol) Monoäthylbarbitursäure werden in 5 ml Äthanol auf-

---

[1] Siehe Fußnote 7 S. 108.

[2] HELLMANN, H., u. I. LÖSCHMANN: Angew. Chem. **67**, 110 (1955).

[3] EBERHARDT, M.: Diss. Tübingen 1957.

geschlämmt. Dazu tropft man unter Rühren 0,8 ml (0,01 Mol) 40%iges Formalin und 0,9 ml (0,01 Mol) Piperidin. Man kocht eine $^1/_2$ Stunde unter Rückfluß, wobei völlige Lösung eintritt. Beim Abkühlen der Lösung kristallisiert nichts aus. Nach Verdunsten des Alkohols erhält man eine zähe, farblose Schmiere, die aus Ligroin umgelöst wird. Nach 2 maligem Umkristallisieren aus Ligroin schmilzt die Verbindung bei 116—118°.

Succinyl-phenylhydrazid:

liefert ebenfalls N-Mannich-Basen. Die Reaktion ist mit Piperidin und Morpholin als Aminkomponente durchgeführt worden[1]. Auch substituierte α-Piperidone sind der Reaktion zugänglich.

3-Acetamino-3'-carbäthoxy-piperidon (2)

wird am kernständigen Stickstoffatom aminomethyliert[2].

Cyclische, aromatische Carbonamidverbindungen vom Typus der Pyridone geben ebenfalls N-Mannich-Basen. Aminomethylierungsprodukte des *Pyridon (2), Pyridon (4), 3,5-Dibrompyridon* und *2-Methylpyridon (6)* mit sekundären Aminen und Piperazin sind bekanntgeworden. Beim *2-Methyl-pyridon (6)* ist die Eintrittsstelle der Aminomethylgruppe unklar[2]:

Pyridon (2)   Pyridon (4)   3,5 Dibrompyridon (2)   2-Methyl-pyridon (6)

c) N-Mannich-Basen mit kondensierten Ringsystemen

In 3-Stellung substituierte Derivate des Indols lassen sich Stickstoffatome des Indolkerns aminomethylieren. THESING und BINGER[3] konnten mit Formaldehyd in Dimethylamin als Aminkomponente N-Mannich-Basen des *β,β'-Diindolylmethan* (I), *3-Benzylindol* (II R = CH_2C_6H_5) und des *β-Indolaldehyds* (II R = —C⟨ᴴ₀) gewinnen:

I.   II.

---

[1] Siehe Fußnote 3 S. 109.
[2] EBERHARDT, M.: Diss. Tübingen 1957.
[3] THESING, J., u. P. BINGER: Chem. Ber. **90**, 1419 (1957).

Auch 3-Dimethylaminomethylindol (Gramin) (II, R $= -CH_2 \cdot N(CH_3)_2$) läßt sich am Kernstickstoff aminomethylieren.

Die Aminomethylierung des *Isatin* ist bereits von EINHORN und GÖTTLER[1] beschrieben worden. Die Darstellungsmethode von Dialkylaminomethylisatin wurde von HELLMANN und LÖSCHMANN[2] verbessert.

Zur Darstellung der Aminomethylierungsprodukte des Isatins und auch anderer NH-acider Verbindungen empfehlen HELLMANN und LÖSCHMANN möglichst milde Bedingungen zu wählen, da die Ausbeute hierdurch beträchtlich gesteigert werden kann. Die Darstellung der Piperidinbase des Isatins vollzieht sich unter starker Wärmeentwicklung, bei der Verwendung von Morpholin als Aminkomponente verläuft die Bildung des Morpholinomethylisatin so stürmisch, daß man das Morpholin nur langsam tropferweise zu dem Gemisch aus Isatin und Formaldehydlösung unter Kühlung hinzufügen darf. Wie bereits erwähnt, gelingt auch die Kondensation von Isatin mit Formaldehyd und Diäthylamin sehr glatt mit sehr guten Ausbeuten.

Darstellung von N-Diäthylaminomethyl-isatin[3]: 2,94 g Isatin (0,02 Mol) werden mit 1,6 ml Formaldehydlösung (40%ig) und 2 ml Diäthylamin versetzt. Beim Verrühren erstarrt das Gemisch unter mäßiger Erwärmung. Das erhaltene Kristallisat löst man aus Alkohol um. Orangerote Blättchen vom Schmp. 71°. Ausbeute: 4,1 g $= 89\%$ d. Th.

Darstellung von N-Morpholinomethyl-isatin[3]: 2,94 g Isatin werden mit 1,5 ml Formaldehydlösung (40%ig) vermischt. Zu der Mischung gibt man langsam unter Kühlung tropfenweise 1,7 ml Morpholin. Beim Zugeben des Morpholin erfolgt sehr lebhafte Reaktion unter starker Erwärmung. Das breiige Reaktionsgemisch verfestigt sich zu einem Kristallkuchen. Nach scharfem Absaugen und Umlösen aus Alkohol, Aceton oder Methylenchlorid/Petroläther erhält man das Aminomethylierungsprodukt in einer Ausbeute von 3,7 g $= 76\%$ d. Th. Schmelzpunkt der orangefarbigen Kristalle 187°.

3,3′-Dimethyloxindol

und

Phthalimidin

---

[1] EINHORN, A., u. M. GÖTTLER: Ber. dtsch. chem. Ges. **42**, 4850 (1909).
[2] HELLMANN, H., u. I. LÖSCHMANN: Chem. Ber. **87**, 1684 (1954).
[3] HELLMANN, H. u. I. LÖSCHMANN: Chem. Ber. **87**, 1689 (1954).

lassen sich ebenfalls aminomethylieren[1]. Als sekundäre Amine sind Piperidin und Morpholin verwendet worden.

Vom *Benzoxazolon*

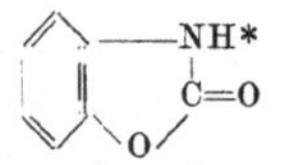

sind N-Mannich-Basen mit Dialkylaminen (Dimethylamin, Diäthylamin, Di-n-Butylamin) sowie mit Piperidin und Morpholin als Aminkomponente dargestellt worden[2, 3].

Benzoxazolthion

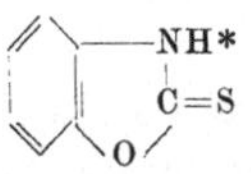

das Schwefelanaloge des Benzoxazolon reagiert bei der Aminomethylierung ausschließlich in der Thionform (s. obige Formel) und nicht wie bei einfachen Alkylierungen in der Mercaptoform (vgl. auch die Arbeiten HELLMANN und LÖSCHMANN, S. 108), unter Bildung von *3-Dialkylamino-methylbenzoxazolthionen*[4]. Mit Piperazin entsteht die Verbindung III

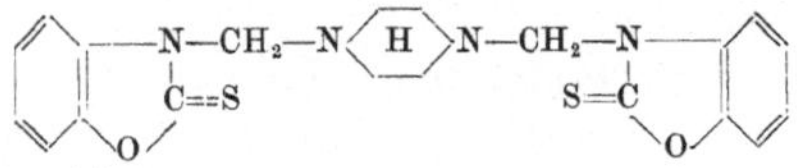

III.

Im *Phthalhydrazid*,

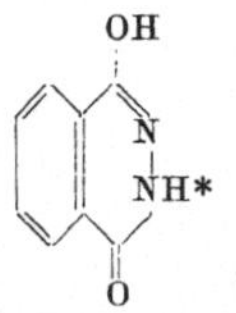

in dem nur *eine* Carbonamidgruppe lactimisiert ist[5], tritt demzufolge nur ein Stickstoffatom in Reaktion. Man erhält in etwa 20%iger Ausbeute 1-Dialkylaminomethyl-3-hydroxy-phthalazon-(8)[6, 7].

Benzimidazolon

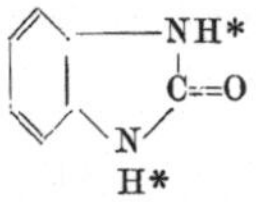

reagiert mit Formaldehyd und sekundären aliphatischen und cyclischen Aminen unter Bildung von N-Mannich-Basen[8]. Es bilden sich bei der Aminomethylierung *1-Hydroxymethyl-3-dialkylaminomethyl-benzimidazo-lone*. Beim Behandeln mit überschüssigen Aminen entstehen *1,3-Bis-dialkylaminomethyl-benzimidazolone*.

[1] EBERHARDT, M.: Diss. Tübingen 1957.
[2] ZINNER, H., H. HERBIG u. H. WIGERT: Chem. Ber. **89**, 2131 (1956).
[3] ZINNER, H., u. H. HERBIG: Chem. Ber. **90**, 1548 (1957).
[4] ZINNER, H., H. HÜBSCH u. D. BURMEISTER: Chem. Ber. **90**, 2246 (1957).
[5] ARNDT, F., L. LOEWE u. L. ERGENER: Rev. Fac. Sci. Univ. Istanbul, Ser. A **13**, 103 (1948); ARNDT, F., u. Mitarb.: ibid. **13**, 127 (1948).
[6] HELLMANN, H., u. I. LÖSCHMANN: Angew. Chem. **67**, 110 (1955).
[7] HELLMANN, H., u. I. LÖSCHMANN: Chem. Ber. **89**, 594 (1956).
[8] ZINNER, H., u. B. SPANGENBERG: Chem. Ber. **91**, 1432 (1958).

Im Auftreten des 1-Hydroxymethyl-3-dialkylaminomethyl-benz-imidazolon wird der Beweis erblickt, daß die Bildung der N-Mannich-Basen nach einem anderen Reaktionsmechanismus erfolgt als bei den C-Mannich-Basen.

Die Mannich-Basen der Benzazole sollen über die Zwischenstufe der primär entstehenden entsprechenden Hydroxymethylbenzazole gebildet werden. In sekundärer Reaktion tritt dann die Aminkomponente mit dem Primärprodukt unter Wasseraustritt zur N-Mannich-Base zusammen. Den Beweis für die Richtigkeit dieser Anschauung sehen ZINNER und SPANGENBERG [1] einerseits in der Tatsache, daß die Reaktion auch unter Bedingungen stattfindet, die eine Bildung von Carbenium-immonium-Ionen ausschließt (Natriumalkoholat als Kondensations-mittel), andererseits darin, daß auch einfache Benzazole mit Formaldehyd definierte Hydroxymethylverbindungen liefern, die mit Aminen spontan N-Mannich-Basen bilden.

N-Mannich-Basen der Benzazole mit *primären* Aminen als Amin-komponente sollen sich dagegen nach dem Reaktionsmechanismus der C-Mannich-Basen bilden[2].

Mit *Benzimidazol*

haben BACHMAN und HEISEY [3] Aminomethylierungsprodukte erhalten.

Isohydrocarbostyril

gibt mit Piperidin als Aminkomponente eine N-Mannich-Base[4]; mit seinen Isomeren, dem *3,4-Dihydrocarbostyril*

sind keine Aminomethylierungsprodukte zu erhalten[4]. Auch *5,6,7,8-Tetrahydro-carbostyril*

reagiert nicht[4].

---

[1] Siehe Fußnote 8 S. 112.

[2] ZINNER, H., u. B. SPANGENBERG: Chem. Ber. **91**, 1432 (1958).

[3] BACHMAN, G. B., u. L. V. HEISEY: J. Amer. chem. Soc. **68**, 2496 (1946).

[4] EBERHARDT, M.: Diss. Tübingen 1957.

2-Hydroxychinolin

verhält sich in der Aminoalkylierung refraktär, mit dem isomeren

4-Hydroxychinolin

tritt C-Alkylierung in 3-Stellung ein[1].

Chinazolon(4)

$$R = H$$
$$R = CH_3$$

und sein Methylsubstitutionsprodukt lassen sich mit Piperidin bzw. Morpholin und Formaldehyd in die entsprechenden N-Mannich-Basen überführen[2, 3].

Benzotriazol

ist nicht nur mit Piperidin und 2-Methylpiperidin am N-Atom 1 amino-methyliert worden[4], die Aminomethylierung gelingt auch mit primären aromatischen Aminen (z. B. Anilin und seine Substitutionsprodukte, α- und β-Naphthylamin). p-Aminobenzoesäure und Sulfanilamid als Aminkomponenten lassen sich ebenfalls mit Erfolg anwenden[5].

Von Derivaten des Benzotriazols ist *5,6-Dimethyl-benzotriazol* als NH-acide Verbindung mit Formaldehyd und aromatischen Aminen zu N-Mannich-Basen umgesetzt worden[5].

In der Purinreihe verliefen Aminomethylierungsversuche bisher negativ. Weder mit *Harnsäure* noch mit *Theobromin* konnten N-Mannich-Basen erhalten werden[6].

[1] Siehe Fußnote 4 S. 113.

[2] BAKER, B. R., M. V. QUERRY, A. F. KADISCH u. J. H. WILLIAMS: J. org. Chemistry **17**, 39 (1952).

[3] MONTI, L., u. A. SIMONETTI: Gazz. chim. ital. **71**, 658 (1941).

[4] BACHMAN, G. B., u. L. V. HEISEY: J. Amer. chem. Soc. **68**, 2496 (1946).

[5] LICARI, J. J., L. W. HARTZEL, G. DOUGHERTY u. F. R. BENSON: J. Amer. chem. Soc. **77**, 5286 (1955).

[6] EBERHARDT, M.: Diss. Tübingen 1957.

Von Verbindungen 3gliedriger Ringsysteme gibt *Carbazol*

mit Formaldehyd und sekundären Aminen Aminomethylierungs-produkte[1].

Die Reaktion gelingt am besten mit Morpholin als Aminkomponente (Ausbeute 77%); mit Dimethylamin und Diäthylamin sind die Ausbeuten geringere (40—50%).

Darstellung von N-Morpholinomethyl-carbazol[1]: 3,34 g (0,02 Mol) Carbazol werden in 60 ml Äthanol suspendiert, mit 1,8 ml Formaldehydlösung (40%ig) und 1,74 g Morpholin versetzt und 2 Stunden unter Rückfluß gekocht. Das beim Abkühlen auf Zimmertemperatur abgeschiedene, nicht umgesetzte Carbazol wird abfiltriert und das Filtrat zur Trockne gebracht. Aus dem kristallinen Rückstand löst man das Reaktionsprodukt mit lauwarmem Benzol heraus und kristallisiert nach dem Abdampfen des Benzols aus Alkohol um. Flache, schwach violett fluorescierende Prismen vom Schmp. 148°. Ausbeute: 4,1 g = 77% d.Th.

Bei der Mannich-Reaktion des Carbazols mit sekundären Aminen ist zu beachten, daß diese beim Erwärmen in dem wasserhaltigen Reaktionsgemisch leicht reversibel verläuft.

Naphthostyril

läßt sich mit Formaldehyd und Piperidin bzw. Morpholin zur entsprechenden N-Mannich-Base umsetzen[2]. Mit

Acridon

und *Phenanthridon*

erfolgt keine Reaktion[2].

---

[1] Hellmann, H., u. I. Löschmann: Chem. Ber. 87, 1684 (1954).
[2] Eberhardt, M.: Diss. Tübingen 1957.

F. Reaktionen mit Mannich-Basen

I. Allgemeine Umsetzungen

a) α) Eliminierungs-Additionsmechanismus (C-Alkylierung mit tertiären Mannich-Basen).
   β) Substitutionsmechanismus.
b) Transaminomethylierung.
c) Reversible-Mannich-Reaktion.

II. Spezielle Reaktionen

1. Alkylierung.
2. Halogenierung einschl. innere Alkylierung.
3. Einführung der $-CH_2-\underset{\underset{NH_2}{|}}{CH}-COOH$ -Gruppe (s. S. 87).
4. Umwandlung des $-CH_2-N(Alk)_2$-Restes in die $-CH_2-C\overset{H}{\underset{O}{\diagdown}}$ -Gruppe.
5. Reaktionen der Ketogruppe.
   a) Oximierung und Abbau der Oxime.
   b) Überführung von Phenylhydrazonen in Pyrazolinabkömmlinge.
   c) Umsetzung mit Hydrazin.
   d) Reduktion der Ketogruppe.
   e) Grignardierung.
6. Weitere Reaktionen.
   a) Hydrierende thermische Spaltung.
   b) Umsetzungen mit p-substituierten Sulfinsäuren.
   c) Nitrosierung.
   d) Umsetzung mit Natriumbisulfit.

I. Allgemeine Umsetzungen

a) Eliminierungs-Additionsmechanismus

Der *Eliminierungs-Additionsmechanismus* tertiärer Mannich-Basen schließt eine Reaktionsfolge ein, bei der — geeignete Konstitution vorausgesetzt — im ersten Schritt die Abspaltung des Aminrestes als sekundäre Base unter gleichzeitiger Bildung eines additionsfähigen Systems — etwa eines α, β-ungesättigten Ketons — erfolgt. In der zweiten Phase werden an die doppelte Bindung CH-acide Verbindungen angelagert. Für den Eintritt der Eliminierungs-Additionsreaktion ist die Gegenwart von wenigstens einem H-Atom in β-Stellung zur Amingruppe Voraussetzung.

Die fast zur gleichen Zeit von MANNICH[1] und von ROBINSON[2] entdeckte Reaktion ist heute noch Gegenstand eingehender Untersuchungen. Der dieser Reaktion zugrunde liegende Mechanismus ist besonders von HELLMANN[3] interpretiert worden. Von amerikanischer Seite ist diese

---

[1] MANNICH, C., u. Mitarb.: Ber. dtsch. chem. Ges. **70**, 355 (1937).
[2] ROBINSON, R.: J. chem. Soc. (London) **1937**, 53.
[3] HELLMANN, H.: Angew. Chem. **65**, 473 (1953).

wichtige Reaktion, die den Aufbau zahlreicher Körperklassen, insbesondere höher kondensierter Ringsysteme, ermöglicht, umfassend durch BREWSTER und ELIEL[1] dargestellt worden.

Im Prinzip beruht die Eliminierungs-Additionsreaktion in der Knüpfung einer —C—C-Bindung (C-Alkylierung) unter Verlust der ursprünglich in der Mannich-Base vorhandenen Aminkomponente.

Die C—C-Alkylierung verläuft im allgemeinen leicht, wenn die tertiäre Mannich-Base befähigt ist, ein konjugiert ungesättigtes System auszubilden. Grundsätzlich lassen sich nur solche Substanzen durch tertiäre Mannich-Basen alkylieren, welche leicht Anionen bilden können (z. B. Verbindungen mit aktiven Methylengruppen, Blausäure, aliphatische Nitroverbindungen, metallorganische Verbindungen). Ist die Möglichkeit der Ausbildung eines konjugierten Systems versperrt, ein Fall, der eintritt, wenn bei einer Mannich-Base in β-Stellung zum Aminrest ein reaktionsfähiges Wasserstoffatom nicht vorhanden ist, kann mit dem Reaktionspartner *Trans-Aminomethylierung* (s. S. 121) eintreten. Bisweilen beobachtet man in diesem Falle auch eine *rückläufige Mannich-Reaktion*[2] (s. S. 122). Für eine C-Alkylierung mit tertiären Mannich-Basen eignen sich vor allem solche Mannich-Basen, die Dimethyl- oder Diäthylamin als Aminkomponente enthalten.

Piperidin- und Morpholinbasen reagieren weniger leicht, da die abgespaltenen Amine infolge ihres höheren Siedepunktes schwieriger aus dem Reaktionsgemisch entfernt werden können.

Im folgenden werden die wichtigsten Austauschreaktionen, soweit sie nicht bereits in den einzelnen Kapiteln behandelt worden sind, kurz aufgeführt.

α) **Ersatz des Aminrestes durch die —C≡N-Gruppe** (s. a. S. 84). Aus *β-Ketobasen* lassen sich durch Umsetzung mit Alkalicyaniden *γ-Keto-nitrile* in guten Ausbeuten erhalten[3]. Mit *2-Dimethyl-aminomethyl-cyclo-hexanon und Dimethylamino-3-nitropropiophenon* entstehen nur harzartige Produkte.

Die Reaktion gelingt auch mit Phenolbasen in heißem wäßrigem Alkohol und anschließender Verseifung unter Bildung von Arylessigsäure. Aus 1-Dimethylaminomethyl-2-naphthol und Natriumcyanid entsteht indessen nicht nur die entsprechende substituierte Essigsäure I (Ausbeute: 47%)

sondern in geringer Menge (20%) das Diarylmethan-Derivat (II)[4, 5].

[1] BREWSTER, J. H., u. E. I. ELIEL: Adams Org. Reactions Bd. VII. S. 99 ff. (John Wiley and Sons Inc., London, Chapman and Hall, Limited 1953.)
[2] SNYDER, H. R., u. J. H. BREWSTER: J. Amer. chem. Soc. 71, 1061 (1949).
[3] KNOTT, E. B..: J. chem. Soc. [London] 1947, 1190.
[4] v. AUWERS, K., u. A. DOMBROWSKI: Liebigs Ann. Chem. 344, 280 (1906).
[5] BREWSTER, J. H.: Doctoral thesis, Univ. of Illinois, Urbana III, 1948.

1-Dimethylaminomethyl-2-methoxynaphthalin läßt sich nicht mit Cyaniden umsetzen[1].

Über den Ersatz der tertiären Amingruppe durch Cyanid in *Indol-Mannich-Basen* s. S. 84. Durch geeignete Wahl der Reaktionsbedingungen kann man beim *Gramin* die Umsetzung so leiten, daß Diindolylmethan nur in Spuren auftritt[2]. Mit 1-Methyl-gramin und Natriumcyanid erfolgt keine Umsetzung.

β) Umsetzungen von Ketonen, β-Ketosäureestern und Malonestern mit tertiären Mannich-Basen. αα) *Ketone*. Voraussetzung für die Alkylierung eines Ketons durch eine tertiäre Mannich-Base oder besser durch ihr quartäres Salz ist das Vorhandensein von *zwei* reaktionsfähigen C-Atomen. Bei der Substitution der zu alkylierenden Verbindung durch einen Phenylrest an der aktiven Methylengruppe ist die Alkylierung begünstigt[3, 4].

2-Phenylcyclohexanon wird durch Dimethylaminobutanon in Gegenwart von einem Äquivalent Natriumcyanid in 42%iger Ausbeute zu III alkyliert[5]:

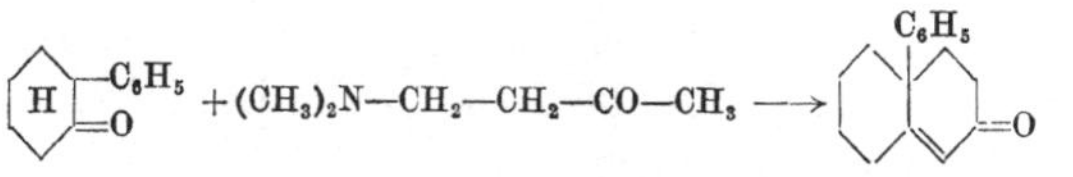

$$\text{III.}$$

Bei der Alkylierung tritt jeweils die Ketogruppe des zu alkylierenden Ketons als Wasser aus, die Ketogruppe der neuen, durch Alkylierung und Cyclisierung entstandenen Verbindung entstammt der als Alkylierungsmittel eingesetzten Mannich-Base.

Als Zwischenprodukte der Alkylierung von Ketonen sind δ-Diketone anzunehmen, die häufig durch innere Aldolkondensation unter Cyclisierung weiter reagieren können.

Von PRELOG, WIRTH und RUZICKA[6] konnte diese Annahme durch Isolierung des bei der Umsetzung von *Cyclopentadecanon-(2)-carbonsäure-(1)-methylesters* mit 4-Diäthylaminobutanon-(2)-jodmethylat δ-Diketons IV bewiesen werden.

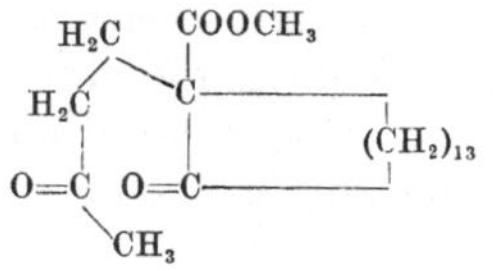

$$\text{IV.}$$

Durch weitere Reaktion tritt aus dem Ringsystem IV, entgegen der oben angeführten Regel, nicht der Ringschluß durch Zusammenwirken der im Ring haftenden Carbonylgruppe mit dem Methylrest der Seitenkette unter Bildung von V ein, sondern es setzt sich die Carbonylgruppe der Seitenkette mit der zum Carbonyl im Ring in α-Stellung stehenden

[1] SNYDER, H. R., u. J. H. BREWSTER: J. Amer. chem. Soc. **71**, 1058 (1949).

[2] SNYDER, H. R., u. F. J. PILGRIM: J. Amer. chem. Soc. **70**, 3770 (1948).
SNYDER, H. R., u. E. L. ELIEL: J. Amer. chem. Soc. **71**, 663 (1949).

[3] DU FEU, McQUILLIN u. R. ROBINSON: J. chem. Soc. [London] **1937**, 53.

[4] CROWLEY, G. P., u. R. ROBINSON: J. chem. Soc. [London] **1938**, 2001.

[5] BOEKELHEIDE, V.: J. Amer. chem. Soc. **69**, 790 (1947).

[6] PRELOG, V., M. M. WIRTH u. L. RUZICKA: Helv. chim. Acta **29**, 1425 (1946). Vgl. auch Ber. dtsch. chem. Ges. **77**, 153 (1944).

Methylengruppe unter Abspaltung des Carboxymethylrestes zu VI um:

$$CH_2$$

$$H_2C \quad CH \quad (CH_2)_{13} \qquad V. \qquad H_2C-CH \quad H_2C \quad C=O \quad (CH_2)_{12} \qquad VI.$$

$$O=C \quad C \qquad \qquad H_3C-C=C$$

$$C$$

$$H$$

Da bei der Kondensation von *Cycloheptanon-(2)-carbonsäure-äthylester* mit dem Jodmethylat des Diäthylaminobutanons das normale Reaktionsprodukt (Formel V; statt $(CH_2)_{13}$, $(CH_2)_5$) entsteht, wird gefolgert, daß der Verlauf der Reaktion von der Zahl der alicyclischen Ringglieder abhängt.

Anstelle der Mannich-Basen des Acetons läßt sich für Umsetzungen mit Ketonen und nachfolgender Cyclisierung auch das technisch gut zugängliche γ-Chlor-crotylchlorid (1,3-Dichlor-buten-(2)) $= DCB$[1-3] verwenden.

GILL und Mitarbeiter[4] haben die Reaktion von Keto-Mannich-Basen mit Ketonen für weitere zu Heterocyclen führende Umsetzungen ausgenutzt. Die durch Addition der aus Mannich-Basen primär entstehenden α,β-ungesättigten Ketone an Ketone entstehenden 1,5-Diketone lassen sich über ihre Azine durch Säureeinwirkung in Pyridinderivate überführen. Eine Addition von Ketonen an die Doppelbindung gelingt nicht in allen Fällen. So läßt sich Diäthylaminobutanon nicht mit Methylisobutylketon zu Piperiton kondensieren.

$\beta\beta$) *β-Ketosäureester und Malonester.* Unter Verwendung von β-Ketosäureestern von der Art des Acetessigesters und von Malonester reagieren 1,3-Dimethylaminoketone bei Gegenwart von Natriumäthylat wie α,β-ungesättigte Ketone, da in derartigen Keto-Mannich-Basen der Dimethylaminrest sehr locker gebunden ist.

Die Reaktion eröffnet die Möglichkeit der Darstellung von partiell hydrierten Benzolderivaten[5]. Aus Dimethylaminobutanon und *Acetessigester* erhält man den „Hagemannschen Ester": *2-Methyl-cyclohexen-(2)-on-(4)-carbonsäureäthylester* I, der beim Erhitzen mit verd. Schwefelsäure

$$O \qquad \qquad \qquad O$$

$$C \qquad \qquad \qquad C$$

$$HC \quad CH_2 \qquad \qquad HC \quad CH_2$$

$$H_3C-C \quad CH_2 \qquad I. \qquad H_3C-C \quad CH_2 \qquad II.$$

$$CH \qquad \qquad \qquad CH_2$$

$$COOC_2H_5$$

in *Methyl-cyclohexen-(1)-on-(3)* II übergeht.

[1] DCB; Präparat von E. I. du Pont de Nemours, Wilmington, Delaware.

[2] DU FEU, E. C., F. J. McQUILLIN u. R. ROBINSON: J. chem. Soc. [London] **1937**, 53.

[3] PRELOG, V., P. BARMAN u. M. ZIMMERMANN: Helv. chim. Acta **32**, 1284 (1949).

[4] GILL, S. N., K. B. JAMES, F. LIONS u. K. T. POTTS: J. Amer. chem. Soc. **74**, 4923 (1952).

[5] MANNICH, C., u. J. P. FOURNEAU: Ber. dtsch. chem. Ges. **71**, 2090 (1938).

Malonester, Dimethylaminobutanon und Natriumalkoholat setzen sich zunächst zum 3-Oxy-butyl-malonester III um.

$$CH_3 \cdot CO \cdot CH_2 \cdot CH_2 \cdot CH \Big\langle \begin{matrix} COOC_2H_5 \\ COOC_2H_5 \end{matrix} \qquad III.$$

Die weitere Einwirkung von Natriumäthylat führt schließlich durch innere Kondensation und Abspaltung einer Carbäthoxygruppe zum Dihydroresorcin IV:

$$IV.$$

Darstellung von 2-Methyl-cyclohexen-(2)-on-(4)-carbonsäure-(1)-äthylester (Hagemannscher Ester)[1]: Eine Mischung aus 39 g Acetessigester und 34,5 g Dimethylaminobutanon wird mit einer Lösung von 0,4 g Natrium in 10 ml absolutem Alkohol versetzt. In Abständen von je 2 Tagen wird die gleiche Menge Natriumäthylat jeweils noch 3 mal hinzugefügt. Nach 8 Tagen neutralisiert man den rotbraunen dickflüssigen Ansatz mit konz. Salpetersäure, verdunstet den Alkohol und äthert sehr gründlich aus. Bei der Destillation des Ätherrückstandes im Vakuum erhält man nach einem aus Acetessigester bestehenden Vorlauf den Hagemannschen Ester in einer Ausbeute von 11 g. Siedepunkt nach abermaliger Fraktionierung 146°/11 mm.

Darstellung von (3-Oxo-butyl)-malonester: Zur Darstellung des Esters setzt man 34,5 g Dimethylaminobutanon mit 48 g Malonester, wie vorstehend bei der Bereitung des Hagemannschen Esters beschrieben, in Gegenwart von Natriumäthylat um. Nach 8 tägigem Stehenlassen wird wie üblich aufgearbeitet. Es werden 30 g (3-Oxo-butyl)-malonester erhalten. Sdpkt. 154—158°/10 mm.

Dihydroresorcin erhält man aus 4 g (3-Oxobutyl)-malonester durch zweitägige Einwirkung von 0,8 g Natrium in 8 ml Alkohol. Schmp. 102—105°.

(Dimethylamino-methyl)-cyclohexanon kondensiert sich mit Malonester unter dem katalytischen Einfluß von wenig Natriumalkoholat zum (Cyclohexanonyl-methyl)-malonester V, der durch Verseifung unter Abspaltung von Kohlendioxyd in *β-Cyclohexanonyl-propionsäure* VI übergeht[2]. Mit Essigsäureanhydrid läßt sich das *Hexahydrocumarin* VII erhalten:

$$V. \qquad\qquad VI. \qquad\qquad VII.$$

Die Alkylierung von Malonesterderivaten durch *heterocyclische Mannich-Basen* ist bereits auf S. 89 beschrieben worden. Im allgemeinen

---

[1] MANNICH, C., u. J. P. FOURNEAU: Ber. dtsch. chem. Ges. **71**, 2090 (1938).
[2] MANNICH, C., u. W. KOCH: Ber. dtsch. chem. Ges. **75**, 803 (1942).

lassen sich derartige Umsetzungen nach drei verschiedenen Verfahren durchführen[1]:

1. *Methode nach* MANNICH[2]: Die tertiäre Mannich-Base wird mit einem Überschuß des Malonesterderivates erhitzt. Es kann auch Xylol als inertes Lösungsmittel Verwendung finden[3]. Als Katalysator werden Natriumäthylat oder gepulvertes Natriumhydroxyd vorgeschlagen[2].

2. *Methode nach* ROBINSON[4]: Das Verfahren von ROBINSON geht nicht von tertiären Mannich-Basen aus, sondern verwendet die quartären Salze von Ketobasen.

3. *Methode nach* ALBERTSON[5]: Beim Verfahren nach ALBERTSON wird das quartäre Salz einer tertiären Mannich-Base in situ durch Addition von Alkyljodid (Methyl-, Äthyl-) oder Dimethylsulfat in der Reaktionslösung erzeugt.

Nach welchem der angeführten Verfahren die besten Ausbeuten erhalten werden, hängt jeweils von der Art der eingesetzten Komponenten und von den Reaktionsbedingungen ab. Im allgemeinen dürfte der Anwendung quartärer Salze der Vorzug zu geben sein. Zweckmäßig ist ferner die Durchführung der Reaktion in einer Stickstoffatmosphäre.

b) Transaminomethylierung

Wie bereits auf S. 117 erwähnt, können Mannich-Basen, die am β-Kohlenstoffatom zum Aminrest kein bewegliches Wasserstoffatom besitzen und die nach Eliminierung der Aminkomponente kein resonanz-stabilisiertes Kation auszubilden vermögen, ihren Dialkylaminomethyl-rest gegen ein Proton des Kondensationspartners austauschen.

So reagiert die Mannich-Base Piperidinmethyl-formaminomalonester mit Indol unter Bildung der entsprechenden Indol-Mannich-Base[6]:

$$\text{H}_{10}\text{H}_5\text{N}-\text{H}_2\text{C}\underset{\text{COOC}_2\text{H}_5}{\overset{\text{COOC}_2\text{H}_5}{\langle}}\text{NHCHO} \;+\; [\text{Indol}] \longrightarrow [\text{Indol}]-\text{CH}_2\cdot\text{NC}_5\text{H}_{10} \;+\; \text{HC}\underset{\text{COOC}_2\text{H}_5}{\overset{\text{COOC}_2\text{H}_5}{\langle}}\text{NHCHO}$$

Weitere Beispiele für den Austausch der Dialkylaminomethylgruppe geben H. HELLMANN und Mitarbeiter[7,8]. In der Tatsache der von H. HELLMANN, G. HALLMANN und F. LINGENS[9] beobachteten Übertragung der Dialkylaminomethylgruppe auf andere CH-acide Verbin-

[1] BREWSTER, J. H., u. E. L. ELIEL: Adams Org. Reactions Bd. VII, S. 99ff.

[2] MANNICH, C., u. Mitarb.: Ber. dtsch. chem. Ges. **70**, 355 (1937).

[3] HOWE, E. E., H. J. ZAMBITO, H. R. SNYDER u. M. TISHLER: J. Amer. chem. Soc. **67**, 38 (1945).

[4] DU FEU, E. C., F. J. McQUILLIN u. R. ROBINSON: J. chem. Soc. [London] **1937**, 53; vgl. a. H. R. SNYDER, C. W. SMITH u. J. M. STEWART: J. Amer. chem. Soc. **66**, 200 (1944).

[5] ALBERTSON, N. F., S. ARCHER u. C. M. SUTER: J. Amer. chem. Soc. **67**, 36 (1945).

[6] BUTENANDT, A., u. H. HELLMANN: Hoppe-Seyler's Z. physiol. Chem. **284**, 168 (1949).

[7] HELLMANN, H.: Angew. Chem. **65**, 473 (1953).

[8] HELLMANN, H., u. E. RENZ: Chem. Ber. **84**, 901 (1951).

[9] Chem. Ber. **86**, 1346 (1953).

dungen liegt zugleich ein Beweis der Existenz des Dialkylaminomethyl-Kations (s. auch Reaktionsmechanismus S. 3).

Die vorstehend beschriebene Reaktion zwischen Piperidinmethyl-formaminomalonester und Indol verläuft in *Gegenwart von Natrium-hydroxyd* nicht unter Übertragung der Dialkylaminomethylkomponente auf das bewegliche Wasserstoffatom des Indols, sondern es entstehen Skatylformamidomalonester und Piperidin.

c) Reversible Mannich-Reaktion

Die strukturelle Eigenart der aciden- und der Aminkomponente von Mannich-Basen, die weitgehende Abhängigkeit der Kondensations-reaktion von der Wasserstoffionenkonzentration läßt es verständlich er-scheinen, daß die Beständigkeit der erhaltenen Kondensationsprodukte innerhalb weiter Grenzen schwankt.

Häufig wurde beobachtet, daß Mannich-Basen sowohl beim Erhitzen mit Wasser, wäßrigen Laugen oder verdünnten Säuren rückläufig in ihre Ausgangskomponenten gespalten werden.

Dieser als „reversible Mannich-Reaktion" bezeichnete Reaktions-verlauf ist von H. R. SNYDER und J. H. BREWSTER[1] am β-Dimethyl-aminopivalophenon, einer in geringer Ausbeute erhältliche Base, die nicht zum Aminaustausch befähigt ist, beobachtet worden.

Mit verd. Salzsäure erfolgt „Retro-Mannich-Reaktion".

Die säurekatalysierte Reaktion nimmt nach Ansicht von H. R. SNY-DER und J. H. BREWSTER[2] folgenden Verlauf:

$$C_6H_5-\underset{\underset{O}{\|}}{C}-\underset{\underset{CH_3}{|}}{\overset{\overset{CH_3}{|}}{C}}-CH_2-N(CH_3)_2 + H^+ \longrightarrow C_6H_5-\overset{+}{C}-\underset{\underset{OH}{|}}{\overset{\overset{CH_3}{|}}{C}}\underset{CH_3}{}-CH_2-N(CH_3)_2 \longrightarrow$$

$$C_6H_5-\underset{\underset{OH}{|}}{C}=C(CH_3)_2 + CH_2=\overset{+}{N}(CH_3)_2$$

Auch M. ZIEF und J. P. MASON[3] haben bei der aus Benzylcyanid als acider Komponente und Morpholinomethanol erhältlichen Mannich-Base I

$$C_6H_5-\underset{\underset{CN}{|}}{CH}-CH_2-N\underset{}{\overset{}{\diagup}}O \qquad\qquad \text{I.}$$

zeigen können, daß in pikrinsaurer Lösung reversible Mannich-Reaktion eintritt.

Von den Mannich-Basen des *Diphenylacetonitrils* bildet hingegen die Dimethylaminverbindung II ein beständiges salzsaures Salz[4]

$$(C_6H_5)_2-\underset{\underset{CN}{|}}{C}-CH_2-N(CH_3)_2 \qquad\qquad \text{II.}$$

Die aus Diäthylamin, Pyrrolidin, Piperidin, Morpholin und N-Methyl-piperazin, Formaldehyd und *Diphenylacetonitril* erhältlichen Basen

[1] J. Amer. chem. Soc. **71**, 1061 (1949). — [2] l. c.
[3] J. org. Chemistry **8**, 1 (1943).
[4] ZAUGG, H. B., B. W. HORROM u. M. R. VERNSTEN: J. Amer. chem. Soc. **75**, 288 (1953).

spalten sich bereits beim Erhitzen mit Wasser in ihre Ausgangskomponenten.

Mit 75%iger Schwefelsäure auf 140° erhitzt, entstehen hingegen unter Nitrilverseifung die entsprechenden Carbonsäuren.

Diese anomal erscheinende Reaktion ist vielleicht dahingehend zu deuten, daß durch die starke Säurekonzentration intermediär eine salzartige Verbindung entstehen kann[1]:

$$(C_6H_5)_2\!-\!C\!-\!CH_2NR_2 \qquad\qquad (C_6H_5)_2\!-\!C\!-\!CH_2NR_2 + HSO_4^{\ominus}$$
$$\overset{|}{C}\!=\!NH \qquad \rightleftarrows \qquad \overset{|}{\underset{\oplus}{C}}\!=\!NH$$
$$\overset{|}{O}SO_3H$$

Die Polarisierbarkeit der Nitrilgruppe wird hierdurch reduziert (electron withdrawal capacity) und infolgedessen die rückläufige Mannich-Reaktion gehemmt.

Auch an Mannich-Basen des *Benzoxazolons*, das N-Mannich-Basen liefert, sind rückläufige Spaltungen beim Erhitzen mit Wasser oder verdünnten Säuren beobachtet worden[2].

Nach D. Taber, J. Becker und P. E. Spoerri[3] zeigen auch Mannich-Basen des Kohlenwasserstoffes *1,2,3,4-Tetraphenylfulven* eine ausgesprochene Neigung zur rückläufigen Reaktion. Die Verfasser konnten ferner die reversible Mannich-Reaktion am α-*Phenyl-β-piperidinopropiophenon* beobachten. Durch Kochen mit Piperidin oder besser mit Anilin erhält man Desoxybenzoin. Von Mannich-Basen des 2-Naphthol wird β-Naphthol aus 1-Piperidino-methylnaphthol-(2) beim Erhitzen mit Piperidin auf 180° in 32%iger Ausbeute zurückerhalten[3].

II. Spezielle Reaktionen

a) Alkylierung

Die Alkylierung tertiärer Mannich-Basen zu quartären Ammoniumverbindungen beansprucht für die Durchführung von Eliminierungs-Additionsreaktionen (s. S. 116) präparatives Interesse. Außer dem gebräuchlichen Methyljodid als Alkylierungsmittel finden Äthyljodid und Dimethylsulfat Verwendung.

b) Umalkylierung

Salze quartärer Mannich-Basen lassen sich nicht nur mit Erfolg für die Eliminierungs-Additionsreaktion heranziehen, sie können auch als Ausgangsstoffe für Umalkylierungen eingesetzt werden.

Die Umsetzung quartärer Salze von Mannich-Basen mit tertiären Aminen ist allgemeiner Anwendung fähig.

So läßt sich das Jodmethylat der Heilner-Base (I) mit der tertiären Base II wie folgt umalkylieren[4]:

---

[1] Ritter, J. J., u. P. P. Minieri: J. Amer. chem. Soc. **70**, 4045 (1948).
[2] Zinner, H., H. Herbig u. H. Wigert: Chem. Ber. **89**, 2131 (1956).
[3] J. Amer. chem. Soc. **76**, 776 (1954).
[4] Schöpf, C., u. J. Thesing: Angew. Chem. **63**, 377 (1951).

$$\left[C_6H_5-CO \cdot CH_2-CH_2-\overset{\oplus}{N}(CH_3)_3\right]\overset{\ominus}{J} + (CH_3)_2N-CH_2-CH_2-CO-C_6H_5$$

$$\text{I.} \qquad\qquad\qquad\qquad\qquad\qquad\qquad \text{II.}$$

$$\left[C_6H_5-CO-CH_2-CH_2-\overset{\overset{\displaystyle H_3C\quad CH_3}{\diagdown\diagup}}{\underset{\oplus}{N}}-CH_2-CH_2-CO-C_6H_5\right]\overset{\ominus}{J} + N(CH_3)_3$$

Dimethyl-bis-(3-phenyl-3-oxo-propyl)-ammoniumjodid

Auch Gramin setzt sich in analoger Weise mit der Heilner-Base um. Läßt man auf Gramin die äquivalente Menge Methyljodid in äthanolischer Lösung einwirken, so erhält man Dimethyl-diskatylammoniumjodid neben Tetramethylammoniumjodid[1, 2]:

$$2 \underset{H}{\left[\text{Indol}\right]}-CH_2-N(CH_3)_2 \xrightarrow{CH_3J} \left[\underset{H}{\left[\text{Indol}\right]}-CH_2-\overset{\overset{\displaystyle H_3C\quad CH_3}{\diagdown\diagup}}{\underset{\oplus}{N}}-CH_2-\underset{H}{\left[\text{Indol}\right]}\right]\overset{\ominus}{J} + [(CH_3)_4N]\overset{\oplus}{}\overset{\ominus}{J}$$

Um diese Reaktion zu unterdrücken, muß man zur *Rein*darstellung quartärer Salze des Gramins hohe Konzentrationen an Alkylierungsmittel verwenden sowie in einem Lösungsmittel arbeiten, in dem das quartäre Graminsalz schwer löslich ist. Es hat sich als zweckmäßig erwiesen, das Alkylierungsmittel auf Gramin*acetat* einwirken zu lassen.

Bemerkenswert erscheint, daß die Umalkylierungsreaktionen bereits bei Raumtemperatur spontan verlaufen.

c) Halogenierung von Alkoholbasen

In den aus Keto-Mannich-Basen durch Reduktion erhältlichen Alkoholbasen läßt sich die sekundäre alkoholische Hydroxylgruppe leicht durch Halogen ersetzen.

Die Umsetzung, die im allgemeinen mit Thionylchlorid in Chloroform durchgeführt wird, liefert in guten Ausbeuten die entsprechenden halogenierten Basen.

Sehr glatt verläuft die Umsetzung des 1-Dimethylaminobutanol(3) mit Thionylchlorid zum 1-Dimethylamino-3-chlorbutan (I)[3]

$$\underset{H_3C}{\overset{H_3C}{\diagdown}}N-CH_2-CH_2-\underset{\underset{\displaystyle Cl}{|}}{CH}-CH_3 \qquad\qquad \text{I.}$$

In der Base I und in analogen, im Aminrest abgewandelten Basen ist das Halogenatom sehr fest gebunden. Erst durch Erhitzen der Base mit konzentrierter alkoholischer Kalilauge auf 180° gelingt es, das Chlor als Salzsäure herauszuspalten.

In der Siedehitze vermögen die *freien* γ-Chloramine mit sich selbst zu reagieren. Sie wandeln sich nach kurzer Zeit in die salzsauren Salze ungesättigter Basen vom vermutlichen Typus II um.

$$R_2N-CH_2-CH=CH-CH_3 \qquad\qquad \text{II.}$$

Eine Umsetzung der γ-Chloramine läßt sich auch mit aromatischen und aliphatischen Aminen erzielen. Beim Erhitzen im Einschlußrohr

[1] Siehe Fußnote 4 S. 123.

[2] GEISSMANN, T. A., u. A. ARMEN: J. Amer. chem. Soc. **74**, 3916 (1952).

[3] MANNICH, C., u. E. MARGOTTE: Ber. dtsch. chem. Ges. **68**, 273 (1935).

auf 150° erhält man in Gegenwart von Kupferbronze als Katalysator
Diamine der allgemeinen Formel III

$$R_2N-CH_2-CH_2-CH-CH_3 \qquad \begin{array}{l} R = \text{Alkyl} \\ R' = \text{Alkyl oder Aryl} \end{array} \qquad \text{III.}$$
$$| \atop NHR'$$

Die Reaktion mit *Malonester* und den γ-Chloraminen (I) eröffnet
den Weg einer gangbaren Synthese von δ-Amino-*di*-carbonsäuren (IV)
und δ-Aminocarbonsäuren

$$R_2N-CH_2-CH_2-CH-CH\begin{array}{l} \diagup COOR' \\ \diagdown COOR' \end{array} \qquad \text{IV.}$$
$$| \atop CH_3$$

Mit *Kaliumcyanid* erfolgt in normaler Reaktion Austausch des
Halogenatoms durch den Cyanrest. Durch nachfolgende Nitrilverseifung
lassen sich N-substituierte γ-Aminosäuren gewinnen.

Darstellung von 1-Dimethylamino-3-chlorbutan (I)[1]: 100 g 1-Dimethyl-
amino-butanol-(3), gewonnen durch Reduktion des Dimethylaminobutanons mit Natriumamalgam in 85%iger Ausbeute, werden in 200 g
Chloroform gelöst und hierzu eine Mischung von 90 g Thionylchlorid
und 100 g Chloroform tropfenweise unter Eiskühlung gegeben. Nach
1stündigem Erhitzen auf siedendem Wasserbade werden das Chloroform und das überschüssige Thionylchlorid im Vakuum abdestilliert;
aus dem zurückbleibenden Hydrochlorid wird die Base mit 50%iger
Kalilauge in Freiheit gesetzt. Sie siedet unter 10 mm Druck bei 38—39°
und bildet ein wasserhelles Öl, das sich bald schwach trübt. — Ausbeute: 85% d. Th.

Das analog erhältliche 1-Piperidino-3-chlorbutan (Ausbeute 80%)
siedet unter 11 mm bei 90—91°. Schmelzpunkt des salzsauren Salzes
208°.

d) Halogenierung von Ketobasen

Die Halogenierung von Keto-Mannich-Basen eröffnet bei geeigneter
Konstitution der Aminketone die Möglichkeit einer intramolekularen
Alkylierung.

Die Umsetzungen verlaufen indessen nicht immer einheitlich, be-
sonders dann, wenn man auf die freie Ketobase Halogen einwirken läßt.
Aus Dimethylaminobutanon und Brom konnten C. MANNICH und TH.
GOLLASCH[2] keine definierten Produkte gewinnen. Nach Befunden von
B. REICHERT[3] läßt sich bei vorsichtigem Arbeiten in guter Ausbeute das
bromwasserstoffsaure Salz einer Tribromidverbindung der vermutlichen
Zusammensetzung I erhalten:

$$\begin{array}{l} H_3C \\ \diagdown \\ H_3C \diagup \cdot HBr \end{array}\!\!N-CH_2-CH_2-CO-CBr_3 \qquad \text{I.}$$

Bromiert man hingegen Dimethylaminobutanon in Bromwasserstoff-

---

[1] MANNICH, C., u. E. MARGOTTE: Ber. dtsch. chem. Ges. **68**, 274 (1935).
[2] Ber. dtsch. chem. Ges. **61**, 263 (1928).
[3] Bisher unveröffentlicht.

Eisessig, so bildet sich in glatter Reaktion das bromwasserstoffsaure Salz des 1-Dimethylamino-4-brom-butanon(3)[1].

Bromierung von 1-Dimethylamino-butanon (3)[1]*:* Zu einer Lösung von 11,5 g (0,1 Mol) Dimethylaminobutanon in 20 ml Eisessig gibt man unter Kühlung in kleinen Anteilen 25 g einer etwa 40%igen Bromwasserstoff-Eisessig-Lösung und darauf in einer Portion eine Mischung von 16 g Brom in 30 ml Eisessig. Man läßt entweder über Nacht bei Raumtemperatur stehen oder stellt kurze Zeit in Wasser von 40—50°, wobei Entfärbung eintritt. Der durch Verjagen des Bromwasserstoffs und Eisessigs im Vakuum (Wasserbad bis 70°) hinterbleibende Sirup erstarrt im Exsiccator nach einiger Zeit zu einem festen Kuchen. Dieser wird zerkleinert und mit etwa der halben Gewichtsmenge absol. Alkohol übergossen, wodurch er nach einiger Zeit kristallin zerfällt und abgesaugt werden kann. Aus der Mutterlauge lassen sich nach dem Verdünnen mit Äther bis zur Trübung und Stehenlassen im Eisschrank noch beträchtliche Mengen an Bromierungsprodukt gewinnen. Aus absol. Alkohol kristallisiert die Verbindung bei 103° schmelzenden in Wasser sehr leicht löslichen Schüppchen. — Ausbeute bis zu 65% d. Th.

Beim Versetzen des Salzes mit Barytwasser tritt äußerst schnell intramolekulare Alkylierung unter Bildung von N-Dimethyl-β-oxo-pyrrolidiniumbromid ein:

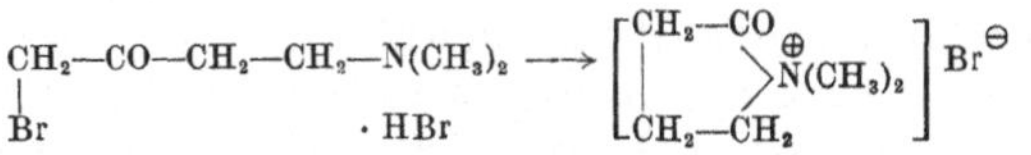

$$CH_2-CO-CH_2-CH_2-N(CH_3)_2 \longrightarrow \left[\begin{array}{c} CH_2-CO \\ | \quad\quad >\overset{\oplus}{N}(CH_3)_2 \\ CH_2-CH_2 \end{array} \right] Br^{\ominus}$$

In analoger Weise läßt sich aus dem bromierten Piperidinobutanon eine spiranartige Verbindung II erhalten:

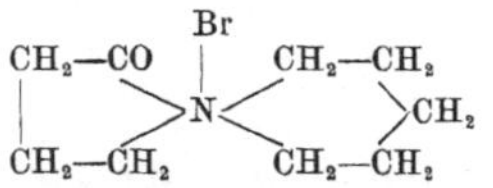

$$\begin{array}{c} CH_2-CO \quad \overset{Br}{\underset{|}{N}} \quad CH_2-CH_2 \\ | \qquad > \quad < \qquad >CH_2 \\ CH_2-CH_2 \quad CH_2-CH_2 \end{array} \qquad II.$$

Von WILLLIAMS und DAY[2] sind α-halogensubstituierte vom Acetophenon und Propiophenon als acider Komponente sich ableitende Mannich-Basen beschrieben worden.

e) Einwirkung von Oxalsäure

Die nach der Mannich-Reaktion aus Aceton, Formaldehyd und aliphatischen Aminen zugänglichen Diaminoketone[3] der von CARDWELL[4] bewiesenen asymmetrischen allgemeinen Zusammensetzung

$$CH_3 \cdot CO \cdot CH \cdot (CH_2 \cdot NR_2)_2 \qquad\qquad R = CH_3; \ C_2H_5$$

spalten bei der Einwirkung von wasserfreier Oxalsäure in Alkohol 1 Mol sekundäres Amin unter Bildung von Dialkylaminobutenonen ab. Aus *4-Diäthylamino-3-diäthylaminomethyl-butanon-(2)* [5] entsteht *3-Diäthylaminomethyl-buten-(3)-on(2)* [4].

[1] MANNICH, C., u. TH. GOLLASCH: Ber. dtsch. chem. Ges. **61**, 263 (1928).
[2] WILLIAMS, A. L., A. R. DAY: J. Amer. chem. Soc. **74**, 3875 (1952).
[3] MANNICH, C., u. O. SALZMANN: Ber. dtsch. chem. Ges. **72**, 507 (1937).
[4] CARDWELL, H. M. E.: J. chem. Soc. [London] **1950**, 1956.
[5] WILDS, A. L., u. C. H. SHUNK: J. Amer. chem. Soc. **65**, 469 (1943).

f) Einwirkung von Grignard-Reagenzien auf Ketobasen

Umsetzungsversuche geeignet substituierter Keto-Mannich-Basen mit Grignard-Lösungen sind häufig mit dem Ziel durchgeführt worden, wirksame, zentral angreifende Analgetica zu erhalten. Die Ester von Aminoalkoholen, die aus den Mannich-Basen des *Acetophenons* (Heilner-Base), *Cyclohexanons* und *α-Tetralons* durch Reaktion mit Phenylmagnesiumbromid und nachfolgende Acylierung der sekundären Alkoholgruppe zugänglich sind, zeigen nur schwach analgetische Wirkung[1].

Beträchtliche spasmolytische und auch Antihistaminwirkung besitzen dagegen gewisse 1,3-Oxazinderivate, die aus Aminoketonen ebenfalls über die Grignardierung und anschließender Umsetzung mit Formaldehyd erhalten werden können.

2-Benzylmethylaminomethylcyclohexanon(1) läßt sich in das pharmakologisch wirksame *6-Phenyl-3-methyl-okta-hydro-5,6-benz-1,3-oxazin* auf folgendem Wege gewinnen[1]:

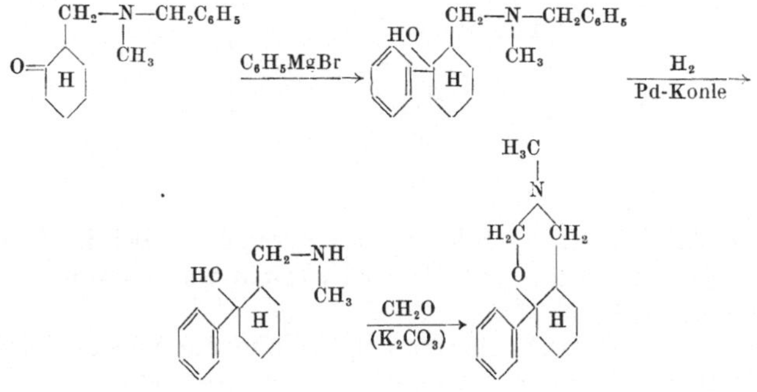

g) Einwirkung von Ketonreagenzien

Die allgemeinen Ketonreagenzien Hydroxylamin, Hydrazin, Semicarbazid und Phenylhydrazin lassen sich nicht nur zur Klassifizierung von Keto-Mannich-Basen heranziehen; sie eröffnen weiterhin die Möglichkeit zu Ringschlußreaktionen, die unter Verlust der Aminkomponente der entsprechenden Mannich-Base erfolgen.

Zu-Yoong Kyi und W. Wilson[2, 3] haben die *Oximmethojodide* von Mannich-Basen in Heterocyclen überführen können.

Unter dem Einfluß von Alkali enthält man aus Oximmethojodiden entweder α, β-ungesättigte Oxime oder *Δ²-Iso-oxazoline*. So reagiert 4-Morpholino-1,1-diphenyl-butanon-(2)-oximmethojodid unter Bildung von *3-Diphenyl-methyl-Δ²-isooxazolin*.

Die Semicarbazone der aus Phenylaceton oder Dibenzylketon mit sekundären Aminen und Formaldehyd zugänglichen Mannich-Basen lassen sich in Form ihrer Methojodide mit verd. Natronlauge zu *3-Phenylbuten-(3)-on-semicarbazon* bzw. zu *1,3-Diphenylbuten-(3)-on-semicarbazon* bzw. *1,3-Diphenylbuten-(3)-on-(2)-semicarbazon* abbauen.

[1] Morrison, A. L., u. H. Rinderknecht: J. chem. Soc. [London] **1950**, 1510.
[2] J. chem. Soc. [London] **1953**, 798.
[3] Zu-Yong Kyi: Acta chim. simica **20**, 118 (1954); vgl. Chem. Zbl. **1956**, 7211.

Eingehend untersucht wurde die Umsetzung von *Hydrazin* mit Keto-Mannich-Basen.

Bei der Reaktion der Heilner-Base mit Hydrazin werden je nach Wahl der Reaktionsbedingungen außer dem normalen Hydrazon I

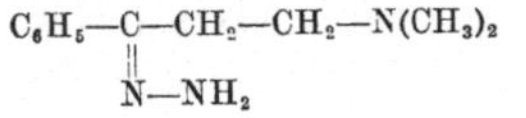

$$C_6H_5-\underset{\underset{N-NH_2}{\|}}{C}-CH_2-CH_2-N(CH_3)_2 \qquad\text{I.}$$

und dem Azin II

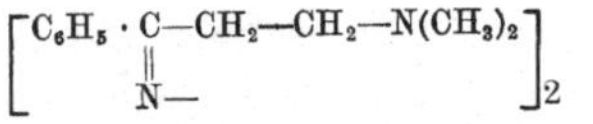

$$\left[C_6H_5\cdot\underset{\underset{N-}{\|}}{C}-CH_2-CH_2-N(CH_3)_2\right]_2 \qquad\text{II.}$$

das *Pyrazolinketon 1-(β-Benzoyläthyl)-3-phenyl-Δ²-pyrazolin* III

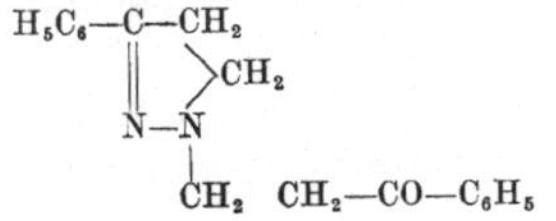

III.

sowie das Azin des Ketons III:

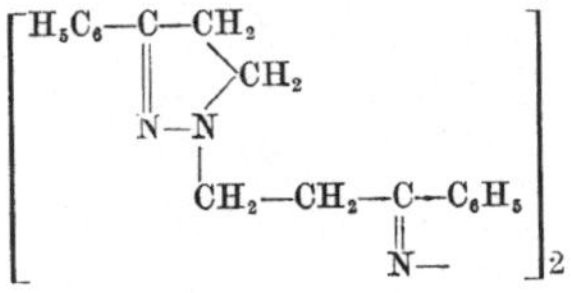

erhalten[1].

Auf die Möglichkeit der Bildung von Pyrazolinen bei der Umsetzung von Keto-Mannich-Basen mit Phenylhydrazin war bereits früher hingewiesen worden (s. S. 20).

Aus den Phenylhydrazonen der aus Cyclohexanon als acider Komponente erhältlichen Mannich-Basen haben R. Harradence und F. Lions[2] in alkoholischer Lösung unter Einwirkung von gasförmiger Salzsäure *Tetrahydrocarbazolenine* vom Typus I darstellen können:

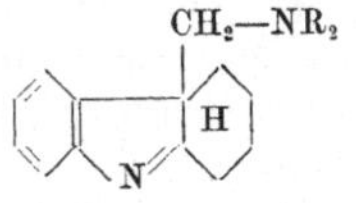

I.

Das Phenylhydrazon des 2-Morpholino-methylcyclopentanon läßt sich zu *3-Morpholino-methyl-2,3-trimethylen-indolenin* II cyclisieren:

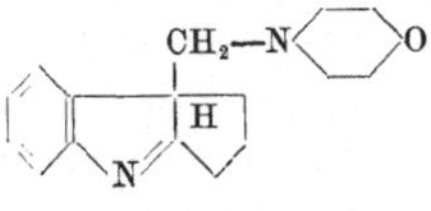

II.

h) Einwirkung von salpetriger Säure und von salpetrigsäure-Estern auf Mannich-Basen

Die Einwirkung von Alkalinitriten auf *sekundäre* Mannich-Basen ist von C. Mannich und G. Heilner[3] am ω-Methylamino-propiophenon eingehend untersucht worden. Über das in einer Ausbeute von 90% zu-

[1] Stamper, M., u. B. F. Aycock: J. Amer. chem. Soc. 76, 2786 (1954).
[2] J. Proc. Roy. Soc. New South Wales 73, 14 (1939); Chem. Zbl. 1941, I, 542.
[3] Ber. dtsch. chem. Ges. 55, 365 (1922).

gängliche Nitrosamin läßt sich durch Reduktion mit Zinkstaub in Methanol-Eisessig unter Ringschlußreaktion 1-Methyl-3-phenyl-pyrazolin gewinnen.

Von tertiären Mannich-Basen sind 1-Diäthylamino-3-butanon und 1-(N-Piperidino)-3-butanon durch Isopropylnitrit in die entsprechenden *1-Dialkylamino-2-α-oximino-3-butanone* übergeführt worden[1]. Die als Antimalariamittel gedachten Verbindungen besitzen therapeutisch keine Bedeutung.

Einwirkung von konzentrierter Schwefelsäure bedingt eine Zersetzung in Dialkylaminoacetamid und Essigsäure. Durch Thionylchlorid oder Phosphoroxychlorid erfolgt Spaltung in Dialkylaminoacetonitril und Acetylchlorid.

Bei der Umsetzung mit Hydroxylamin erhält man die entsprechenden Dioxime, die als Reagens für die colorimetrische Bestimmung von Eisen (Gelbfärbung) vorgeschlagen worden sind[1].

i) Reduktion von Keto-Mannich-Basen

Im allgemeinen läßt sich die Reduktion der Ketobasen nach der Methode von WISLICENUS mittels aktivierten *Aluminiumamalgams* in feuchtem Äther ziemlich glatt durchführen[2]; die Verwendung dieses Reduktionsmittels ist insbesondere bei fettaromatischen Ketonen empfehlenswert, da in diesem Falle keine Pinakonbildung eintritt[3]. Nach C. MANNICH und E. MARGOTTE[4] kann man auch *Natriumamalgam* als Reduktionsmittel mit gutem Erfolg zur Überführung der Ketobasen in die entsprechenden Aminoalkohole einsetzen. Die Reduktion des Dimethylaminobutanons liefert mit Natriumamalgam Dimethylaminobutanol in 85%iger Ausbeute.

Mit Natriumborhydrid (1 Mol. äquiv.) als Reduktionsmittel werden Keto-Mannich-Basen vom Typ des *4-Dialkylamino-3-phenyl-2-butanons* I

$$C_6H_5-CH-\overset{\overset{\textstyle O}{\|}}{C}-CH_3 \qquad I. \qquad R = CH_3;\ (CH_2)_5$$
$$|$$
$$CH_2-NR_2$$

in die entsprechenden Alkoholbasen umgewandelt[5]. Die katalytische Reduktion mit Palladium-Tierkohle als Katalysator bietet im allgemeinen keinen, mit Raney-Nickel bei Ketobasen nur geringen Erfolg. Dagegen zeigte WENNER[6], daß man Mannich-Basen des Typs

$$R_2N-CH_2-\overset{\overset{\textstyle CH_3}{|}}{\underset{\underset{\textstyle CH_3}{|}}{C}}-C\overset{\textstyle H}{\underset{\textstyle O}{\diagdown}}$$

[1] BACHMAN, G., u. D. E. WELTON: J. org. Chemistry **12**, 221 (1947).

[2] MANNICH, C., u. W. HOF: Arch. Pharmaz. Ber. dtsch. pharmaz. Ges. **265**, 590 (1927); MANNICH, C., u. PH. HÖNIG: ibid. **265**, 606 (1927); MANNICH, C., u. R.BRAUN: Ber. dtsch. chem. Ges. **53**, 1874 (1920).

[3] MANNICH, C., u. M. SCHÜTZ: Arch. Pharmaz. Ber. dtsch. pharmaz. Ges. **265**, 684 (1927).

[4] MANNICH, C., u. E. MARGOTTE: Ber. dtsch. chem. Ges. **68**, 274 (1935).

[5] HUEBNER, CH. F., u. H. A. TROXELL: J. org. Chemistry **18**, 736 (1953).

[6] WENNER, W.: J. org. Chemistry **15**, 301 (1950).

in saurem Medium zwischen einem p_H von 3—6 mit gutem Erfolg unter Verwendung von Raney-Nickel zu den entsprechenden Alkoholbasen reduzieren kann.

k) Hydrierende thermische Spaltung

Die Mehrzahl der Keto-Mannich-Basen erleidet bei Temperaturen oberhalb 120—140° eine thermische Zersetzung. Bei Aminoketonen, die α, β-ungesättigte Ketone auszubilden vermögen, d. h. solche, die dem Eliminierungs-Additionsmechanismus zugänglich sind, ist es möglich, die in situ entstehenden Vinylverbindungen bei Gegenwart von 5%igem Palladiumsulfat-Bariumkatalysator unter Abspaltung des Aminrestes in die entsprechenden gesättigten Ketone überzuführen.

So konnten B. Reichert und H. Posemann[1] aus Mannich-Basen mit fettaromatischen Ketonen vom Typus des Acetophenons und seiner Substitutionsprodukte unter Abspaltung des Aminrestes die nächsthöheren Homologe von Aralkylketonen gewinnen.

Die Heilner-Base-Dimethylamino-propiophenon liefert Propiophenon. Als Lösungsmittel können Amylalkohol oder Tetralin Verwendung finden

Darstellung von p-Methoxy-propiophenon aus (p-Methoxy-phenyl)-(dimethylamino-äthyl)-keton[1]: 5 g (p-Methoxy-phenyl)-(dimethylamino-äthyl)-keton[2] werden in 10 ccm Amylalkohol gelöst und nach Zusatz von 1,3 g Palladium-Bariumsulfat-Katalysator im Wasserstoffstrom auf 110° erhitzt. Nach etwa 6 Stunden ist die Abspaltung von Dimethylamin beendet. Man wäscht nach dem Absaugen vom Katalysator mit Äther nach, extrahiert die ätherische Lösung zunächst mit n-Salzsäure und schüttelt schließlich mehrfach mit Wasser bis zur neutralen Reaktion. Die über Natriumsulfat getrocknete Ätherlösung wird nach dem Abdampfen des Äthers im Vakuum fraktioniert. Das p-Methoxy-propiophenon geht unter 12 mm zwischen 138—140° über. — Ausbeute 66% d. Th.

l) Umwandlung tertiärer Mannich-Basen in primäre Amine

Wie A. Butenandt und U. Renner[3] gezeigt haben, lassen sich β-Dialkylaminoketone durch Umsetzung mit Phthalimid in *β-Aminoketone* nach anschließender Hydrolyse überführen. Die Reaktion führt unter Abspaltung von Dialkylamin über die entsprechenden β-Phthalimidoketone in saurem Medium zu den Salzen primärer Aminoketone.

Aus *β-Dimethylaminopropiophenon* bildet sich zunächst neben Dimethylamin-β-Phthalimidopropiophenon, das durch Verseifung mit starker Salzsäure das salzsaure Salz des *β-Aminopropiophenon* ergibt.

$$\text{C}_6\text{H}_5\text{—CO—CH}_2\text{—CH}_2\text{—N(CH}_3)_2 + \text{HN}\underset{\underset{\text{O}}{\|}}{\overset{\overset{\text{O}}{\|}}{\big\langle}} \xrightarrow[\text{—HN(CH}_3)_2]{}$$

---

[1] Arch. Pharmaz. Ber. dtsch. pharmaz. Ges. **281**, 189 (1943).
[2] Ber. dtsch. chem. Ges. **55**, 3518 (1922).
[3] DAS 1027209 vom 3. IV. 1958.

$$\text{C}_6\text{H}_5\text{—CO—CH}_2\text{—CH}_2\text{—N}(\text{Phthalimid}) \xrightarrow{\text{HCl}} \text{C}_6\text{H}_5\text{—CO—CH}_2\text{—CH}_2\text{—NH}_2 \cdot \text{HCl}$$

Man führt die Umsetzung des β-Dialkylaminoketons mit dem Phthalimid zweckmäßig in Äther, Dioxan oder in Alkoholen durch. Es hat sich bei der Reaktion als vorteilhaft erwiesen, beim Kochpunkt des eingesetzten Lösungsmittels zu arbeiten. Geringe Mengen von Alkalihydroxyden oder Alkalialkoholaten wirken katalytisch beschleunigend auf den Reaktionsverlauf.

G. Übersicht über die C- und N-Mannich-Basen

Der folgenden Anordnung liegt die Unterteilung der einzelnen Basen nach der chemischen Natur der aciden Komponente und der Art der entsprechenden Verbindung (C-Mannich-Base, N-Mannich-Base) zugrunde. Zur Vereinfachung der Zusammenstellung ist die Aldehydkomponente nur dann vermerkt, wenn es sich nicht um Formaldehyd handelt. Um häufige Wiederholungen gleicher Literaturzitate zu vermeiden, sind die Aminkomponenten, die sich auf die gleiche CH-acide bzw. NH-acide Komponente beziehen, zusammengefaßt worden. Da die Kondensationen zum überwiegenden Teil mit den salzsauren Salzen der Amine ausgeführt worden sind, ist die immer wiederkehrende gleiche Anionenbezeichnung fortgelassen worden. Nur bei Kondensationen, die mit der freien Base durchgeführt worden sind, findet sich in der Zusammenstellung jeweils ein entsprechender Hinweis (Suffix-Base). Die Zusammenstellung berücksichtigt nur die aus C- und N-aciden Komponenten mit Formaldehyd bzw. anderen Aldehyden und Aminen bisher dargestellten Mannich-Basen; die durch Aminaustausch gewonnenen sind hier nicht aufgeführt. Über Aminaustausch bei Mannich-Basen s. S. 56.

I. Mannich-Basen mit CH-acider Komponente

1. Ungesättigte Kohlenwasserstoffe und Derivate

Acetylen: $\text{HC}{\equiv}\text{CH}$; Dimethylamin-, Diäthylamin-, n-Dibutylamin-, Isobutylamin-Base; REPPE, W., u. Mitarb.: Liebigs Ann. Chem. **596**, 1 (1956). — Mit Acetaldehyd, n-Propylaldehyd, Benzaldehyd, Aceton anstelle von Formaldehyd und Dimethylamin; REPPE, W., u. Mitarb.: l. c.

Phenylacetylen: $\text{C}_6\text{H}_5 \cdot \text{C}{\equiv}\text{CH}$; Dimethylamin-Base, Diäthylamin-Base, Piperidin-Base; MANNICH, C., u. FU TSONG CHANG: Ber. dtsch. chem. Ges. **66**, 418 (1933);. — 4-Phenylpiperidin-4-carbonsäureäthylester; ELPERN, B., L. N. GARDNER u. L. GRUMBACH: J. Amer. chem. Soc. **79**, 1951 (1957).

4-Methoxy-phenylacetylen: $\text{CH}_3\text{O—C}_6\text{H}_4\text{—C}{\equiv}\text{CH}$;

Diäthylamin-, Piperidin-Base; MANNICH, C., u. FU TSONG CHANG: l. c.

2-Nitrophenylacetylen: [structure: benzene ring with NO$_2$ and —C≡CH];

Diäthylamin-Base; MANNICH, C., u. FU TSONG CHANG: l. c.

4-Nitrophenylacetylen: O$_2$N—[benzene ring]—C≡CH;

Diäthylamin-Base; MANNICH, C., u. FU TSONG CHANG: l. c.

2-Aminophenylacetylen: [structure: benzene ring with —C≡CH and NH$_2$];

Dimethylamin-Base; MANNICH, C., u. FU TSONG CHANG: l. c.

Diacetylen: HC≡C—C≡CH; Diäthylamin-Base; DBP 879 990 Kl 12 o; Bei-
lage Angew. Chem., Neues aus HÜLS, 3. Folge.

Monovinylacetylen: CH$_2$=CH—C≡CH; Dimethylamin-, Diäthylamin-, Di-
cyclohexylamin-, Piperidin-Base; CAROTHERS, W. H.: A. P. 2110199, du Pont de
Nemours & Co., vgl. Chem. Zbl. **1938**, I, 3821. — Dicyclohexylamin; COFFMAN,
D. D.: J. Amer. chem. Soc. **57**, 1978 (1935).

1-Hexin: HC≡C—CH$_2$—CH$_2$—CH$_2$—CH$_3$; Diäthylamin-Base; JONES, E.R.H.,
J. MARSZAK u. H. BADER: J. chem. Soc. [London] **1947**, 1578.

3-Methoxypropin-(1): H$_3$COCH$_2$C≡CH; Dimethylamin-Base; GUERMONT, J.P.:
Bull. Soc. chim. France [5] **20**, 386 (1953).

*3-Äthoxypropin-(1), 3-Butoxypropin-(1), 3-Benzyloxypropin, 3-Allyloxypro-
pin, Allylpropargyläther;* Formel analog vorstehender; Dimethyl- und Diäthylamin-Base; GUERMONT, J. P.: l. c.; MARSZAK, J., M. DIAMENT u. J. P. GUERMONT:
Mém. Serv. chim. État (Paris) **35**, 67 (1950).

3-Äthoxy-butin-(1): H$_3$C—CH—C≡CH, OC$_2$H$_5$;

Dimethylamin- und Diäthylamin-Base; GUERMONT, J. P.: l. c.; MARSZAK, J.,
M. DIAMENT u. J. P. GUERMONT: l. c.

3-Benzyloxybutin-(1): Formel analog vorstehender; Dimethylamin-Base;
GUERMONT, J. P.: l. c.

3-Äthoxy-3-methylbutin-(1): H$_3$C—C(CH$_3$)—C≡CH, OC$_2$H$_5$;

Dimethylamin-Base; GUERMONT, J. P.: l.c.

1-Methoxybuten-(1)-in-(3): HC=CH—C≡CH, OCH$_3$;

Dimethylamin-, Diäthylamin-, Piperidin-, Morpholin-Base; DORNOW, A., u.
F. ISCHE: Chem. Ber. **89**, 870 (1956).

Propargylaldehyd-diäthylacetal: HC≡C—CH(OC$_2$H$_5$)$_2$;

Dimethylamin-, Diäthylamin-Base; DORNOW, A., u. F. ISCHE: l.c.

Pent-1-in-4-ol: HC≡C—CH$_2$—CH(OH)—CH$_3$;

Diäthylamin-Base; JONES, E. R. H., J. MARSZAK u. H. BADER: l. c.

Pent-2-en-4-in-1-ol: $H_2C-CH=CH-C\equiv CH$;
$\quad\quad\quad\quad\quad\quad\quad |$
$\quad\quad\quad\quad\quad\quad\quad OH$

Diäthylamin-Base; JONES, E. R. H., J. MARSZAK u. H. BADER: l. c.

Hex-3-en-5-in-2-ol: $H_3C-CH-CH=CH-C\equiv CH$;
$\quad\quad\quad\quad\quad\quad\quad\quad |$
$\quad\quad\quad\quad\quad\quad\quad\quad OH$

Diäthylamin-Base; JONES, E. R. H., J. MARSZAK u. H. BADER: l. c.

Propargylacetat: $HC\equiv C-CH_2OCOCH_3$;

Dimethylamin-Base; JONES, E. R. H., J. MARSZAK u. H. BADER: l. c.

3-Diäthylamino-1-butin: $(C_2H_5)_2N-CH-C\equiv CH$;
$\quad\quad\quad\quad\quad\quad\quad\quad\quad |$
$\quad\quad\quad\quad\quad\quad\quad\quad\quad CH_3$

Diäthylamin-, Piperidin-, Morpholin-Base; GARDNER, C., V. KERRIGAN, J. D. ROSE u. B. C. L. WEEDON: J. chem. Soc. **1949**, 780.

3-(4-Morpholinyl)-butin: Formel analog vorst.; Diäthylamin-Base; GARDNER, C., V. KERRIGAN, J. D. ROSE u. B. C. L. WEEDON: J. chem. Soc. **1949**, 780.

Pentin-4-säureäthylester: $HC\equiv C-CH_2-CH_2-COOC_2H_5$; Diäthylamin-, Piperidin-Base; SCHULTE, K. E., u. G. PACZKOWSKI: Arch. Pharmaz. Ber. dtsch. pharmaz. Ges. **290**, 478 (1957).

3-Acetoxyhexin: $HC\equiv C-CH-CH_2-CH_2-CH_3$
$\quad\quad\quad\quad\quad\quad\quad |$
$\quad\quad\quad\quad\quad\quad\quad OCOCH_3$

Diäthylamin-Base; JONES, E. R. H., J. MARSZAK u. H. BADER: l. c.

Äthinyl-cyclohexanylacetat: $HC\equiv C-\langle H\rangle$;
$\quad\quad\quad\quad\quad\quad\quad\quad\quad\quad |$
$\quad\quad\quad\quad\quad\quad\quad\quad\quad\quad OCOCH_3$

Diäthylamin-Base; JONES, E. R. H., J. MARSZAK u. H. BADER: l. c.

2-Acetoxyhex-3-en-5-in: $H_3C-CH-CH=CH-C\equiv CH$;
$\quad\quad\quad\quad\quad\quad\quad\quad\quad |$
$\quad\quad\quad\quad\quad\quad\quad\quad\quad OCOCH_3$

Dimethylamin-, Diäthylamin-Base; JONES, E. R. H., J. MARSZAK u. H. BADER: l. c.

Dipropargylmalonsäurediäthylester: $HC\equiv C-CH_2$ $COOC_2H_5$
$\quad\quad\quad\quad\quad\quad\quad\quad\quad\quad\quad\quad\quad >C<$
$\quad\quad\quad\quad\quad\quad\quad\quad\quad\quad\quad HC\equiv C-CH_2$ $COOC_2H_5$

Diäthylamin-Base; SCHULTE, K. E., u. G. PACZKOWSKI: l. c.

Dipropargylessigsäureäthylester: $HC\equiv C-CH_2$
$\quad\quad\quad\quad\quad\quad\quad\quad\quad\quad\quad\quad\quad >CH\cdot COOH$;
$\quad\quad\quad\quad\quad\quad\quad\quad\quad\quad\quad HC\equiv C-CH_2$

Diäthylamin-Base; SCHULTE, K. E., u. G. PACZKOWSKI: l. c.

Butylpropargylmalonsäureäthylester: $CH_3-CH_2-CH_2-CH_2$ $COOC_2H_5$
$\quad\quad\quad\quad\quad\quad\quad\quad\quad\quad\quad\quad\quad\quad >C<$
$\quad\quad\quad\quad\quad\quad\quad\quad\quad\quad\quad\quad HC\equiv C-CH_2$ $COOC_2H_5$

Diäthylamin-, Piperidin-Base; SCHULTE, K. E., u. G. PACZKOWSKI: l. c.

Butylpropargylessigsäureäthylester: $CH_3-CH_2-CH_2-CH_2$
$\quad\quad\quad\quad\quad\quad\quad\quad\quad\quad\quad\quad\quad\quad\quad\quad >CH-COOC_2H_5$
$\quad\quad\quad\quad\quad\quad\quad\quad\quad\quad\quad\quad HC\equiv C-H_2C$

Diäthylamin-, Piperidin-Base; SCHULTE, K. E., u. G. PACZKOWSKI: l. c.

p-Isopropyl- und α-Methylstyrol: $H_3C{>}CH$—⬡—$\underset{|}{\overset{CH_3}{C}}{=}CH_2$; (H₃C)

Methylamin, Dimethylamin; SCHMIDLE, C. J., J. E. LOCKE u. R. C. MANSFIELD:
J. org. Chemistry **21**, 1195 (1956).

Azulen: ⬡⬠ ;

Piperidin; TREIBS, W., M. MÜHLSTÄDT u. K.-D. KÖHLER; Naturwiss. **45**, 336 (1958).

2. Aldehyde

α) **Aliphatische Aldehyde.** *Acetaldehyd:* $CH_3 \cdot C{<}^H_O$;

Dimethylamin; MANNICH, C., B. LESSER u. F. SILTEN: Ber. dtsch. chem. Ges. **65**,
378 (1932); Didodecylamin-Base; EILAR, KENDRIK, B. u. OWEN, A. MOC: J. Amer.
chem. Soc. **75**, 3841 (1953).

Monochloracetaldehyd: CH_2Cl—$C{<}^H_O$;

Dimethylamin und

Dichloracetaldehyd: $CHCl_2$—$C{<}^H_O$;

Dimethylamin; LOGAN, A. V., u. W. SCHAEFFER: J. Amer. chem. Soc. **74**, 5538
(1952).

Propionaldehyd: CH_3—CH_2—$C{<}^H_O$:

Dimethylamin; MANNICH, C., B. LESSER u. F. SILTEN: Ber. dtsch. chem. Ges. **65**,
378 (1932); Octadecylamin-Base; EILAR, KENDRIK, B. u. OWEN, A. MOC: J. Amer.
chem. Soc. **75**, 3841 (1953).

Butyraldehyd: CH_3—CH_2—CH_2—$C{<}^H_O$;

Dimethylamin; MANNICH, C., B. LESSER u. F. SILTEN: l. c.

Isobutyraldehyd: $\underset{CH_3}{\overset{CH_3}{>}}CH$—$C{<}^H_O$;

Methylamin; MANNICH, C., u. H. WIEDER: Ber. dtsch. chem. Ges. **65**, 385 (1932);
MANNICH, C., u. E. BUCHHOLZER: Chem. Ber. **80**, 19 (1947). — Dimethylamin,
Diäthylamin, Piperidin; MANNICH, C., B. LESSER u. F. SILTEN: Ber. dtsch. chem.
Ges. **65**, 378 (1932). — n-Butylamin, Morpholin; WENNER, W.: J. org. Chemistry
15, 301 (1950). — Di-n-propylamin, Di-n-butylamin, Di-n-amylamin; JACOBS,
TH. L., S. WINSTEIN, G. B. LINDEN u. D. SEYMOUR: J. org. Chemistry **11**, 223
(1946). — Didodecylamin-, Dodecylamin-Base; EILAR, KENDRIK, B. u. OWEN,
A. MOC: J. Amer. chem. Soc. **75**, 3841 (1953).

Isovaleraldehyd: $\underset{H_3C}{\overset{H_3C}{>}}CH$—$CH_2$—$C{<}^H_O$;

Dimethylamin, Piperidin; MANNICH, C., B. LESSER u. F. SILTEN: l. c.

γ-Acetamino-γ-carbäthoxy-γ-cyan-butyraldehyd:

$$H_5C_2OOC\overset{\overset{\textstyle NHCOCH_3}{|}}{\underset{\underset{\textstyle CN}{|}}{C}}\!\!-CH_2-CH_2-C{<}^H_O \; ;$$

Dimethylamin; HELLMANN, H., u. F. LINGENS: Chem. Ber. **89**, 77 (1956).

β) **Aromatische Aldehyde.** *p-Oxybenzaldehyd:* $HO-C_6H_4-C\overset{H}{\underset{O}{<}}$;

Diäthylamin, Piperidin (als Äthoxymethylderivate); CROMWELL, N. H.: J. Amer. chem. Soc. **68**, 2634 (1946).

γ) **Alicyclische Aldehyde.** *Hexahydrobenzaldehyd:*

Dimethylamin, Piperidin; MANNICH, C., B. Lesser u. F. SILTEN: Ber. dtsch. chem. Ges. **65**, 378 (1932).

δ) **Fettaromatische Aldehyde.** *Hydratropaaldehyd:*

Dimethylamin; HUEBNER, CHARLES F., u. H. A. TROXELL: J. org. Chemistry **18**, 736 (1953).

3. Ketone

α) **Aliphatische Ketone.** *Aceton:* $CH_3 \cdot CO \cdot CH_3$; Ammoniak; MANNICH, C.: Arch. Pharmaz. Ber. dtsch. pharmaz. Ges. **255**, 261 (1917); MANNICH, C., u. K. RITSERT: ibid. **264**, 164 (1926). — Methylamin; MANNICH, C.: Arch. Pharmaz. Ber. dtsch. pharmaz. Ges. **255**, 261 (1917); MANNICH, C., u. G. BALL: ibid. **264**, 65 (1926). — Benzylamin, 3,4-Methylendioxybenzylamin; MANNICH, C., u. O. HIERONIMUS: Ber. dtsch. chem. Ges. **75**, 49 (1942). — Anilin, Benzaldehyd; P. PETRENKO-KRITSCHENKO u. Mitarb.: Ber. dtsch. chem. Ges. **42**, 3683 (1909). — Dimethylamin-Base; MANNICH, C., u. O. SALZMANN: Ber. dtsch. chem. Ges. **75**, 506 (1939); Dimethylamin; MANNICH, C.: Arch. Pharmaz. Ber. dtsch. pharmaz. Ges. **255**, 261 (1917). — Diäthylamin; DU FEU, McQUILLIN u. R. ROBINSON: J. chem. Soc. 53 (1937); HAGEMEYER jr., H. J.: J. Amer. chem. Soc. **71**, 1119 (1949); NAIDA S. GILL, K. B. JAMES, F. LIONS u. K. T. POTTS: J. Amer. chem. Soc. **74**, 4923 (1952). — Diisopropylamin; DJERASSI, C., R. H. MIZZONI u. C. R. SCHOLZ: J. org. Chemistry **15**, 700 (1950). — *β*-Acetyläthylbenzyl-amin, Benzyl-(2-cyclohexanolylmethyl)-amin, 3,4-Methylendioxybenzyl-(2-cyclohexanolylmethyl)-amin (Hydrobromid); MANNICH, C., u. O. HIERONIMUS: Ber. dtsch. chem. Ges. **75**, 49 (1942). — Piperidin; MANNICH, C., u. W. HOF: Arch. Pharmaz. Ber. dtsch. pharmaz. Ges. **265**, 589 (1927); WILDS, A. L., u. R. G. WERTH: J. org. Chemistry **17**, 1149 (1952). — Morpholin; HARRADENCE, R. H., u. F. LIONS: J. Proc. Roy. Soc. New South Wales **72**, 233 (1939).

Methyläthylketon: $CH_3 \cdot CO \cdot CH_2 \cdot CH_3$; Dimethylamin, Piperidin; MANNICH, C., u. W. HOF: Arch. Pharmaz. Ber. dtsch. pharmaz. Ges. **265**, 589 (1927); CARDWELL, H. M. E.: J. chem. Soc. **1950**, 1056. — Benzaldehyd, Ammoniak, Methylamin, Benzylamin; NOLLER, C. R., u. V. BALLACH: J. Amer. chem. Soc. **70**, 3853 (1948).

Diäthylketon: $CH_3 \cdot CH_2 \cdot CO \cdot CH_2 \cdot CH_3$; Ammoniak, Methylamin, Dimethylamin; MANNICH, C.: Arch. Pharmaz. Ber. dtsch. pharmaz. Ges. **255**, 261 (1917); Morpholin; HARRADENCE, R. H., u. F. LIONS: J. Proc. Roy. Soc. New South Wales **73**, 14 (1939). — Benzaldehyd, Ammoniak, Methylamin, Äthylamin; Anisaldehyd, Ammoniak, Methylamin; Piperonal, Ammoniak, Methylamin; Veratrumaldehyd, Ammoniak, Methylamin; NOLLER, C. R., u. V. BALLACH: J. Amer. chem. Soc. **70**, 3853 (1948).

Methylpropylketon: $CH_3 \cdot CO \cdot CH_2 \cdot CH_2 \cdot CH_3$; Dimethylamin; MANNICH, C., u. W. HOF: Arch. Pharmaz. Ber. dtsch. pharmaz. Ges. **265**, 589 (1927).

$$\textit{Methylisopropylketon:}\quad CH_3 \cdot CO \cdot \underset{\underset{CH_3}{|}}{\overset{\overset{CH_3}{|}}{CH}}\ ;$$

Benzaldehyd, Ammoniak, Methylamin; NOLLER, C. R., u. V. BALLACH: l. c.

Allylaceton: $CH_3 \cdot CO \cdot CH_2 \cdot CH_2 \cdot CH{=}CH_2$; Piperidin; MANNICH, C., u. W. HOF: l. c.

$$\textit{Methyl-isobutylketon:}\quad CH_3 \cdot CO \cdot CH_2 \cdot CH \overset{\diagup CH_3}{\diagdown_{CH_3}}\ ;$$

Dimethylamin, Diäthylamin, Piperidin, Morpholin; REICHERT, B., unveröffentlicht. — Benzaldehyd, Ammoniak, Methylamin; NOLLER, C. R., u. V. BALLACH: l. c. — Dimethylamin: JAQUIER, R., u. Mitarb.: Bull. Soc. chim. France [5] **23**, 1653 (1956).

$$\textit{Methyl-tert.-butylketon, Pinacolin:}\quad CH_3 \cdot CO \cdot C \overset{\diagup CH_3}{\underset{\diagdown CH_3}{-CH_3}}\ ;$$

Piperidin; MANNICH, C., u. W. HOF: Arch. Pharmaz. Ber. dtsch. pharmaz. Ges. **265**, 589 (1927).

Dipropylketon: $CH_3 \cdot CH_2 \cdot CH_2 \cdot CO \cdot CH_2 \cdot CH_2 \cdot CH_3$; Benzaldehyd, Ammoniak, Methylamin; NOLLER, C. R., u. V. BALLACH: l. c.

$$\textit{Diisopropylketon:}\quad \overset{H_3C}{\underset{H_3C}{>}}CH{-}CO{-}CH\overset{\diagup CH_3}{\diagdown_{CH_3}}\ ;$$

Ammoniak, Methylamin, Dimethylamin, Diäthylamin; JACOBSON, R. A.: J. Amer. chem. Soc. **67**, 1999 (1945); Di-n-butylamin; WINSTEIN, S., TH. L. JACOBS, D. SEYMOUR u. G. B. LINDEN: J. org. Chemistry **11**, 215 (1946).

Methylheptylketon, Methylnonylketon, Methylundecylketon, Methylpentadecylketon, Octylketon, Dinonylketon, Diundecylketon: Alle Ketone mit Dimethylamin; MATT, J., u. E. P. GUNTHER: J. Amer. chem. Soc. **77**, 3655 (1955).

β) **Substitutionsprodukte aliphatischer Ketone.** *Methyl-benzylketon, Phenylaceton:* $CH_3 \cdot CO \cdot CH_2 \cdot C_6H_5$; Dimethylamin, Piperidin; WILSON, W., u. ZU YOONG KYI: J. chem. Soc. **1952**, 1321; HUEBNER, CHARLES F., u. H. A. TROXELL: J. org. Chemistry **18**, 736 (1953); Sharp & Dohme Inc., E. P. 693128. — Diäthylamin; WILSON, W., u. ZU YOONG KYI: l. c. — Methylallylamin; AVISON, A. W. D., u. A. L. MORRISON: J. chem. Soc. **1950**, 1474. — Morpholin; NAIDA S. GILL, K. B. JAMES, F. LIONS u. K. T. POTTS: J. Amer. chem. Soc. **74**, 4923 (1952); WILSON, W., u. ZU YOONG KYI: l. c.

1,1-Diphenyl-methylketon: $(C_6H_5)_2 \cdot CH \cdot CO \cdot CH_3$; Dimethylamin, Diäthylamin, Morpholin; WILSON, W., u. ZU YOONG KYI: l. c. — Piperidin; KATZ, L., u. L. S. KARGER: J. Amer. chem. Soc. **74**, 4085 (1952); WILSON, W., u. ZU YOONG KYI: l. c.

1,3-Diphenylaceton, Dibenzylketon: $C_6H_5 \cdot CH_2 \cdot CO \cdot CH_2 \cdot C_6H_5$; Ammoniumacetat, Methylammoniumacetat, n-Propylammoniumacetat, Benzylamin, 2-Oxyäthylammoniumacetat; ZU YOONG KYI u. W. WILSON: J. chem. Soc. **1951**, 1706; ibid. **1953**, 798. — Dimethylamin, Diäthylamin, Piperidin, Morpholin; WILSON, W., u. ZU YOONG KYI: ibid. **1952**, 1321. — Methylamin, Benzaldehyd; ZU YOONG KYI u. W. WILSON: ibid. **1953**, 798.

$$\textit{3,3-Diphenyl-2-butanon:}\quad (C_6H_5)_2 \cdot \underset{\underset{CH_3}{|}}{C}{-}COCH_3\ ;$$

Dimethylamin, Piperidin, Morpholin; ZAUGG, H. E., M. FREIFELDER u. B. W. HORROM: J. org. Chemistry **15**, 1191 (1950).

Nitroaceton: $CH_3 \cdot CO \cdot CH_2 \cdot NO_2$; Diäthylamin-, Piperidin-, Morpholin-Base; DORNOW, A., u. W. SASSENBERG: Liebigs Ann. Chem. **602**, 14 (1957).

β-Ionon:

Dimethylamin; KARRER, P., u. K. P. KARRANTH: Helv. chim. Acta **33**, 2202 (1950).

4-Methyl-6-[1′,1′,5-trimethylcyclohexen-(5′)-yl-(6′)]-hexatrien-(1′,3,5)-yl-methylketon: Formel analog vorst.; Dimetylamin; KARRER, P., u. K. P. KARRANTH: l. c.

γ) α, β-**ungesättigte Ketone.** *Benzalaceton, Benzylidenaceton:*

$$C_6H_5-CH=CH-CO-CH_3;$$

Dimethylamin; MANNICH, C., u. B. REICHERT: Arch. Pharmaz. Ber. dtsch. pharmaz. Ges. **271**, 116 (1933); MANNICH, C., u. M. SCHÜTZ: ibid. **265**, 684 (1927); NISBET, H. B.: J. chem. Soc. **1938**, 1237. — Diäthylamin; MANNICH, C., u. M. SCHÜTZ: Arch. Pharmaz. Ber. dtsch. pharmaz. Ges. **265**, 684 (1927). — Morpholin (hydrobromid); LUTZ, R. E., u. Mitarb.: J. org. Chemistry **14**, 982 (1949). — Benzylamin, 3,4-Methylendioxybenzylamin; MANNICH, C., u. O. HIERONIMUS: Ber. dtsch. chem. Ges. **75**, 55 (1942). — Piperidin; MANNICH, C., u. M. SCHÜTZ: l. c.; NISBET, H. B., u. C. G. GRAY: J. chem. Soc. **1933**, 839; NISBET, H. B.: J. chem. Soc. **1938**, 1237.

2-Methoxy-benzalaceton:

Piperidin; LEVVY, G. A., u. H. B. NISBET: J. chem. Soc. **1938**, 1572.

4-Methoxy-benzalaceton, Anisalaceton: CH_3O- ⟨⟩ $-CH=CH-CO-CH_3$;

Dimethylamin, Diäthylamin, Dipropylamin, Dibutylamin, Dibenzylamin; NISBET, H. B.: J. chem. Soc. **1938**, 1237. — Piperidin; MANNICH, C., u. M. SCHÜTZ: l. c. NISBET, H. B.: J. chem. Soc. **1938**, 1237.

2-Äthoxy-benzalaceton:

$R = C_2H_5$ und $R = C_3H_7$; Piperidin; LEVVY, G. A., u. H. B. NISBET: J. chem. Soc. **1938**, 1572.

2-Butoxy-benzalaceton:

Diäthylamin, Piperidin; LEVVY, G. A., u. H. B. NISBET: l. c.

1-(o-Nitrophenyl)-buten-(1)-on-(3), o-Nitro-benzalaceton:

Dimethylamin, Piperidin, Morpholin; BURCKHALTER, J. H., u. S. H. JOHSON: J. Amer. chem. Soc. **73**, 4835 (1951).

1-(p-Nitrophenyl)-buten-(1)-on-(3), p-Nitro-benzalaceton:

$$O_2N-⟨⟩-CH=CH-CO-CH_3;$$

Dimethylamin, Diäthylamin, Piperidin, Morpholin; BURCKHALTER, J. H., u. S. H. JOHNSON: l. c.

1-(o-Chlorphenyl)-buten-(1)-on-(3), o-Chlorbenzalaceton:

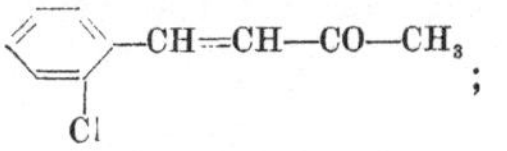

$$\text{—CH=CH—CO—CH}_3 ;$$

Cl

Dimethylamin, Piperidin, Morpholin; BURCKHALTER, J. H., u. S. H. JOHNSON: l. c.

p-Chlorbenzalaceton: Cl— —CH=CH—CO—CH_3

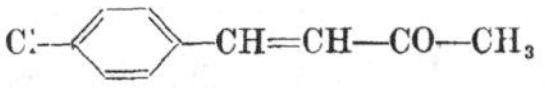

und

p-Brombenzalaceton: Formel analog vorst.; Benzylmethylamin (hydrobromid); LUTZ, R. E., u. Mitarb. (8): J. org. Chemistry **14**, 982 (1949).

1-(2,3-Dimethoxyphenyl)-buten-(1)-on-(3), 2,3-Dimethoxybenzalaceton:

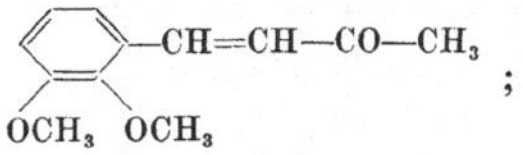

$$\text{—CH=CH—CO—CH}_3 ;$$

$\text{OCH}_3 \quad \text{OCH}_3$

Dimethylamin, Diäthylamin, Morpholin; BURCKHALTER, J. H., u. S. H. JOHNSON: l. c.

3,4-Dimethoxy-benzalaceton, Veratrylidenaceton:

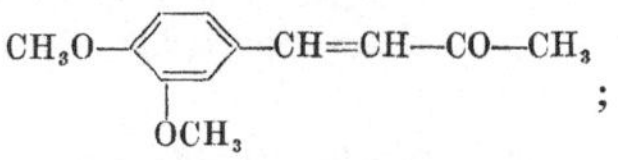

$$\text{CH}_3\text{O—} \text{—CH=CH—CO—CH}_3 ;$$

OCH_3

Diäthylamin, Piperidin. MANNICH, C., u. M. SCHÜTZ: Arch. Pharmaz. Ber. dtsch. pharmaz. Ges. **265**, 684 (1927); NISBET, H. B.: J. chem. Soc. **1938**, 1568.

3-Methoxy-4-äthoxy-benzalaceton: $\text{C}_2\text{H}_5\text{O—}$ —CH=CH—CO—CH_3 ;

OCH_3

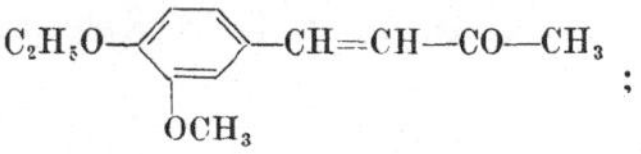

Dimethylamin, Piperidin; NISBET, H. B.: l. c.

3-Äthoxy-4-methoxy-benzalaceton: $\text{CH}_3\text{O—}$ —CH=CH—CO—CH_3 ;

OC_2H_5

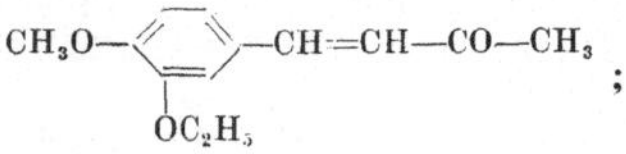

Dimethylamin, Diäthylamin; NISBET, H. B.: l. c.

1-(p-Nitrophenyl)-penten-(1)-on-(3): $\text{O}_2\text{N—}$ $\text{—CH=CH—CO—CH}_2\text{—CH}_3$

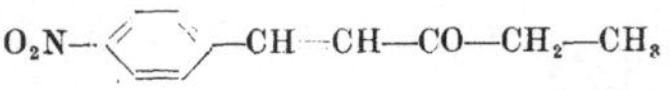

und

2-Methyl-1-(p-Nitrophenyl)-buten-(1)-on-(3):

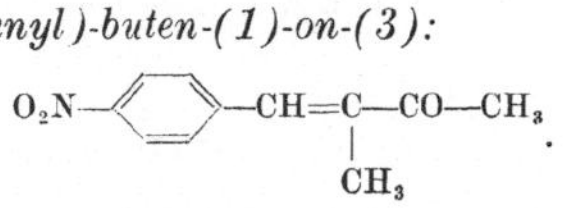

$$\text{O}_2\text{N—} \text{—CH=C—CO—CH}_3 .$$

CH_3

Beide Ketone mit Dimethylamin als Aminkomponente; BURCKHALTER, J. H., u. S. H. JOHNSON: J. Amer. chem. Soc. **73**, 4835 (1951).

ω-Nitrobenzalaceton: $\text{—CH=CH—CO—CH}_2\text{—NO}_2$;

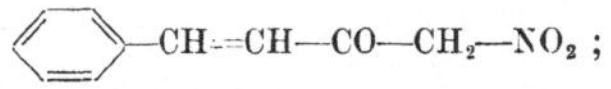

Morpholin (Eisessig), Piperidin (Eisessig); DORNOW, A., u. W. SASSENBERG: Liebigs Ann. Chem. **606**, 61 (1957).

ω-Nitroanisalaceton: $\text{CH}_3\text{O—}$ $\text{—CH=CH—CO—CH}_2\text{—NO}_2$;

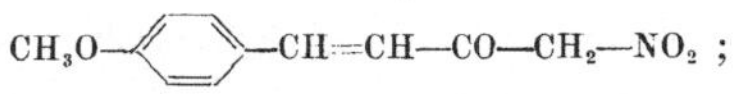

Piperidin (Eisessig); DORNOW, A., u. W. SASSENBERG: l. c.

Benzal-isonitrosoaceton: $\text{C}_6\text{H}_5 \cdot \text{CH=CH—CO—CH=NOH}$; Piperidin-Base; RIED, W., u. G. KEIL: Liebigs Ann. Chem. **605**, 167 (1957).

3,4-Methylendioxy-benzalaceton, Piperonylidenaceton:

$$O\text{—}\langle\rangle\text{—CH=CH—CO—CH} ;$$
$$H_2C\text{—}O$$

Dimethylamin; NISBET, H. B.: J. chem. Soc. **1938**, 1568; Diäthylamin, Piperidin; MANNICH, C., u. M. SCHÜTZ: Arch. Pharmaz. Ber. dtsch. pharmaz. Ges. **265**, 684 (1927).

6-Nitro-3,4-dimethoxy-benzalaceton: $CH_3O\text{—}\langle\rangle\text{—CH=CH—CO—CH}_3$;

with NO_2 and OCH_3 substituents.

Dimethylamin, Diäthylamin, Piperidin; MANNICH, C., u. O. SCHILLING: Arch. Pharmaz. Ber. dtsch. pharmaz. Ges. **276**, 582 (1938).

6-Nitro-3,4-methylendioxy-benzalaceton; o-Nitropiperonylidenaceton:

$$NO_2$$
$$O\text{—}\langle\rangle\text{—CH=CH—CO—CH}_3 ;$$
$$H_2C\text{—}O$$

Dimethylamin, Diäthylamin, Piperidin; MANNICH, C., u. O. SCHILLING: Arch. Pharmaz. Ber. dtsch. pharmaz. Ges. **276**, 582 (1938).

Furfuralaceton: $HC\text{—}CH$, HC $C\text{—CH=CH}\cdot CO\cdot CH_3$; (furan ring with O)

Methylamin, Äthylamin, n-Propylamin, Isopropylamin; ANDRISANO, R., u. B. TORNETTA: Gazz. chim. ital. **85**, 400 (1955). — Dimetylamin, Diäthylamin, Piperidin; NISBET, R. B., u. C. G. GRAY: J. chem. Soc. **1933**, 839; ANDRISANO, R., u. B. TORNETTA: l. c. — Morpholin, Piperazin; ANDRISANO, R., u. B. TORNETTA: l. c.

5-Methyl-furfuralaceton: $H_3C\cdot C$ $C\text{—CH=CH—CO—CH}_3$; (furan ring with O)

Methylamin, Äthylamin, n-Propylamin, Isopropylamin, Dimethylamin, Diäthylamin, Piperidin, Morpholin, Piperazin; ANDRISANO, R., u. B. TORNETTA: l. c.

5-Nitro-furfuralaceton: $O_2N\cdot C$ $C\text{—CH=CH—CO—CH}_3$; (furan ring with O)

Äthylamin, Diäthylamin; TORNETTA, B., u. A. ARCORIA: Boll. sci. Fac. Chim. ind. Bologna **14**, 50 (1956). — Dimethylamin, Piperidin, Morpholin; CALDWELL, H., u. CECIL u. W. LEWIS NOBLES: J. Amer. pharmac. Assoc., sci. Edit. **44**, 273 (1955); TORNETTA, B., u. A. ARCOVIA: l. c. — Diisopropylamin, 2-Methylpiperidin; CALDWELL, H., u. CECIL W. LEWIS NOBLES: l. c.

ω-Nitrofurfuralaceton: (furan ring with O)$\text{—CH=CH—CO—CH}_2\text{—NO}_2$;

Morpholin (Eisessig); Piperidin (Eisessig); DORNOW, A., u. W. SASSENBERG: Liebigs Ann. Chem. **606**, 61 (1957).

4-(2-Thienyl)-3-buten-2-on: (thiophene ring, positions 4 3 5 2 1 S)—CH=CH—CO—CH_3 ;

Dimethylamin, Diäthylamin, Diäthanolamin, Dipropylamin, Diisopropylamin, Piperidin, Morpholin, Pyrrolidin, 2-Methylpiperidin, (2-Pipecolin), Dibenzylamin;

BRITTON, S. B., H. C. CALDWELL u. W. LEWIS NOBLES: J. Amer. pharmac. Assoc. **43**, 644 (1954).

4-[2-(5'-Chlorthienyl)]-3-buten-on-2-on: Formel analog vorstehender; BRITTON, S. B., H. C. CALDWELL u. W. LEWIS NOBLES: J. Amer. pharmac. Assoc. **43**, 641 (1954).

δ) **Fettaromatische Ketone.** *Acetophenon:* C_6H_5—CO—CH_3; Ammoniak; SCHÄFER, H., u. B. TOLLENS: Ber. dtsch. chem. Ges. **39**, 2181 (1906); MANNICH, C., u. S. M. ABDULLHA: ibid. **68**, 113 (1935). — Methylamin; MANNICH, C., u. G. HEILNER: ibid. **55**, 356 (1922); BLICKE, F. F., u. J. H. BURCKHALTER: J. Amer. chem. Soc. **64**, 451 (1942); WARNAT, K.: Festschrift E. Barell, 1936; PLATI, J. T., u. W. WENNER: J. org. Chemistry **14**, 543 (1949). — Äthylamin, Isopropylamin, n-Butylamin; PLATI, J. T., R. A. SCHMIDT u. W. WENNER: J. org. Chemistry **14**, 873 (1949). — Äthanolamin; JÄGER, H., u. M. ARENZ: Chem. Ber. **83**, 182 (1950). — Benzylamin, Methylendioxybenzylamin; MANNICH, C., u. O. HIERONIMUS: Ber. dtsch. chem. Ges. **75**, 49 (1942); PLATI, J. T., R. A. SCHMIDT u. W. WENNER: l. c. — Dimethylamin; MANNICH, C., u. G. HEILNER: l. c.; NAIDA S. GILL, K. B. JAMES, F. LIONS u. K. T. POTTS: J. Amer. chem. Soc. **74**, 4923 (1952); ROSENLUND, O. HANSEN u. R. HAMMER: Acta chem. scand. **7**, 1331 (1953); MAXWELL, C. E.: Org. Syntheses **23**, 30 (1943). — Diäthylamin; BLICKE, F. F., u. J. H. BURCKHALTER: J. Amer. chem. Soc. **64**, 451 (1942); NAIDA S. GILL, K. B. JAMES, F. LIONS u. K. T. POTTS: l. c. — Methyläthylamin, Dipropylamin; WOLFF, E. M., u. J. F. ONETO: J. Amer. chem. Soc. **78**, 2615 (1956). — Diisoamylamin; BLICKE, F. F., u. C. E. MAXWELL: J. Amer. chem. Soc. **64**, 428 (1952); WOLFF, E. M., u. J. F. ONETO: ibid. **78**, 2615 (1956). — Methylenbenzylamin; WILLIAMS, A. L., u. ALBAN R. DAY: J. Amer. chem. Soc. **74**, 3875 (1952); MORRISON, A. L., u. H. RINDERKNECHT: J. chem. Soc. **1950**, 1510. — p-Methoxybenzylmethylamin, o-Methoxybenzylmethylamin; REICHERT, B.: Arch. Pharmaz. Ber. dtsch. pharmaz. Ges. **290**, 349 (1957). — Benzyl-(2-Cyclohexanonylmethyl)-aminhydrobromid; MANNICH, C., u. O. HIERONIMUS: Ber. dtsch. chem. Ges. **75**, 49 (1942). — Piperidin; MANNICH, C., u. D. LAMMERING: ibid. **55**, 3510 (1922); NASAROW, J. N., u. JE. M. TSCHERKASSOWA: J. allg. Chem. (russ.) **25**, 87 (1935); vgl. Chem. Zbl. **1957**, 4084. — 2-Methylpiperidin; WOLFF, M. E., u. J. F. ONETO: J. Amer. chem. Soc. **78**, 2615 (1956). — Tetrahydroisochinolin; MANNICH, C., u. D. LAMMERING: Ber. dtsch. chem. Ges. **55**, 3510 (1922). — Morpholin; HARRADENCE, R. H., u. F. LIONS: J. Proc. Roy. Soc. New South Wales **72**, 233 (1938); SNYDER, H. R., u. H. BREWSTER: J. Amer. chem. Soc. **70**, 4030 (1948). — Morpholinhydrobromid; WILLIAMS, A. L., u. ALLAN R. DAY: J. Amer. chem. Soc. **74**, 3875 (1952). — N-Methylhydroxylamin; THESING, J., H. UHRIG u. A. MÜLLER: Angew. Chem. **67**, 31 (1955).

o-Methylacetophenon: (Formel) —CO—CH_3 ; CH_3

Dimethylamin; BURCKHALTER, J. H., u. S. H. JOHNSON jr.: J. Amer. chem. Soc. **73**, 4827 (1951).

p-Methylacetophenon: H_3C—(Formel)—CO—CH_3 ;

Methylamin; PLATI, J. T., R. A. SCHMIDT u. W. WENNER: J. org. Chemistry **14**, 873 (1949). — Dimethylamin; ROSENLUND, O. HANSEN u. R. HAMMER: Acta chem. scand. **7**, 1331 (1953).

m-Methoxyacetophenon: (Formel) —CO—CH_3 ; OCH_3

Methylamin; PLATI, J. T., R. A. SCHMIDT u. W. WENNER: l. c.

4-Methoxyacetophenon, Acetoanison: CH_3O—(Formel)—CO—CH_3;

Methylamin; PLATI, J. T., R. A. SCHMIDT u. W. WENNER: l. c. — Dimethylamin, Piperidin, Piperazin; MANNICH, C., u. D. LAMMERING: Ber. dtsch. chem. Ges. **55**,

3510 (1922). — Methylendioxybenzylmethylamin; REICHERT, B.: Arch. Pharmaz. Ber. dtsch. pharmaz. Ges. **290**, 349 (1957). — Dimethylamin; HANSEN, O., ROSENLUND u. R. HAMMER: Acta chem. scand. **7**, 1331 (1953).

4-Methoxyacetophenon, 4-Äthoxyacetophenon, 4-n-Propoxy-, 4-iso-Propoxy-, 4-n-Butoxy-, 4-iso-Amyloxy-, 4-n-Lauryloxy-, 4-Allyloxy-, 4-Cyclohexyloxy-, 4-Phenyloxy-acetophenon: Piperidin; PROFFT, E.: Chem. Techn. **4**, 241 (1952).

3-n-Propoxyacetophenon: $\langle\!\!\langle\rangle\!\!\rangle$—CO—CH$_3$; R = —C$_3H_7$
$\overset{|}{O}$R

und

3-n-Butoxyacetophenon: R = —C$_4$H$_9$; Piperidin; ČELADNÉK, MILAN, K. PALÁT, ALES SEKÉRA u. ČENĚK VRBA: Arch. Pharmaz. Ber. dtsch. pharmaz. Ges. **290**,194 (1957).

4-n-Propoxyacetophenon: C$_3$H$_7$O—$\langle\!\!\langle\rangle\!\!\rangle$—CO—CH$_3$;

Dimethylamin, Diäthylamin, n-Dibutylamin, α-Methylpyrrolidin, Piperidin, 2-Methylpiperidin, 4-Methylpiperidin, 2,6-Dimethylpiperidin; ČELADNÉK, MILAN, K. PALÁT, ALES SEKÉRA u. ČENĚK VRBA: l. c. — Piperidin, Morpholin; NAJER, HENRY, P. CHABRIER u. R. GIUDICELLI: Bull. Soc. chim. France [5] **1956**, 613; s. a. E. PROFFT: l. c.

4-Propoxyphenylketon: 2-Pipecolin, Benzylamin; PROFFT, E.: Chem. Techn. **4**, 241 (1952).

4-n-Butoxyacetophenon: C$_4$H$_9$O—$\langle\!\!\langle\rangle\!\!\rangle$—CO—CH$_3$;

n-Dibutylamin, Piperidin; ČELADNÉK, MILAN, K. PALÁT, ALES SEKÉRA u. ČENĚK VRBA: l. c. — Morpholin, 3-Methylpiperidin; NAJER, HENRY, P. CHABRIER u. R. GIUDICELLI: l. c.

4-n-Hexyloxyacetophenon: RO—$\langle\!\!\langle\rangle\!\!\rangle$—CO—CH$_3$; R = —C$_6H_{13}$ und

4-n-Heptyloxyacetophenon: R = —C$_7$H$_{15}$; Piperidin, Morpholin, 3-Methylpiperidin, 4-Methylpiperidin (Heptylderivat); NAJER, HENRY, P. CHABRIER u. R. GIUDICELLI: Bull. Soc. chim. France [5] **1956**, 613.

4-n-Octyloxy- (R = —C$_8$H$_{17}$) und *4-n-Decyloxyacetophenon* (R = —C$_{10}$H$_{21}$); Piperidin, Morpholin; NAJER, HENRY, P. CHABRIER u. R. GIUDICELLI: l. c.

p-Chloracetophenon: Cl—$\langle\!\!\langle\rangle\!\!\rangle$—CO—CH$_3$;

Methylamin; PLATI, J. T., R. A. SCHMIDT u. W. WENNER: J. org. Chemistry **14**, 873 (1949). — Dimethylamin; HANSEN, O., ROSENLUND u. R. HAMMER: Acta chem. scand. **7**, 1331 (1953).

2-Nitroacetophenon: $\langle\!\!\langle\rangle\!\!\rangle$—CO—CH$_3$;
$\overset{|}{N}O_2$

Dimethylamin, Diäthylamin, Piperidin; MANNICH, C., u. M. DANNEHL: Arch. Pharmaz. Ber. dtsch. pharmaz. Ges. **276**, 206 (1938).

3-Nitroacetophenon: $\langle\!\!\langle\rangle\!\!\rangle$—CO—CH$_3$;
$\overset{|}{N}O_2$

Dimethylamin, Diäthylamin, Piperidin; MANNICH, C., u. M. DANNEHL: l. c. — Piperidin; ČELADNÉK, Milan, K. PALÁT, ALES SEKÉRA u. ČENĚK VRBA: ibid. **290**, 194 (1957). — Äthanolamin; JÄGER, H., u. M. ARENZ: Chem. Ber. **83**, 182 (1950).

p-Nitroacetophenon: O_2N—⟨_⟩—CO—CH$_3$;

Dimethylamin; STAMPER, M., u. B. F. AYCOCK: J. Amer. chem. Soc. **76**, 2786 (1954).

ω-Nitroacetophenon: ⟨_⟩—CO—CH$_2$—NO$_2$;

Dimethylamin-, Diäthylamin-, Piperidin-, Morpholin-Base; DORNOW, A., A. MÜL-LER u. S. LÜPFERT: Liebigs Ann. Chem. **594**, 191 (1955).

3-Acetylaminoacetophenon: ⟨_⟩—CO—C$_6$H$_5$, R = —CH$_3$; NHCOR

und

3-Benzoylaminoacetophenon: R = —C$_6$H$_5$; Dimethylamin; MANNICH, C., u. M. DANNEHL: Arch. Pharmaz. Ber. dtsch. pharmaz. Ges. **276**, 206 (1938).

p-Phenylmercaptoacetophenon: ⟨_⟩—S—⟨_⟩—CO—CH$_3$;

Dimethylamin; Piperidin, Morpholin; SZMANT, H. HARRY u. W. O. HENLEY jr.: J. org. Chemistry **19**, 1 (1954).

p-Benzolsulfonylacetophenon: ⟨_⟩—SO$_2$—⟨_⟩—CO · CH$_3$;

Morpholin; SZMANT, H. HARRY, u. W. O. HENLEY jr.: l. c.

4-Methylthiophenylketon, 4-Äthylthiophenylketon, 4-n-Propylthiophenyl-, 4-Iso-propylthiophenyl-, 4-n-Butylthiophenyl-, 4-Isobutylthiophenyl-, 4-Isoamylthiophe-nylketon, n-Propyl-thio-o-cresylketon, n-Butylthio-o-cresylketon, iso-Amylthio-o-cre-sylketon, 2-n-Propylthio-p-cresylketon, 2-Isoamylthio-p-cresylketon: Piperidin; PROFFT, E.: Chem. Techn. **5**, 239 (1953).

3,4-Dimethoxyacetophenon, Acetoveratron: CH_3O—⟨_⟩—CO—CH$_3$; OCH$_3$

Dimethylamin, Diäthylamin, Piperidin, Piperazin; MANNICH, C., u. D. LAMME-RING: Ber. dtsch. chem. Ges. **55**, 3510 (1922). — Morpholin; HARRADENCE, R. H., u. F. LIONS: J. Proc. Roy. Soc. New South Wales **72**, 233 (1938).

2-Methyl-4-propoxyacetophenon-(1)-, 3-Methyl-4-propoxyacetophenon-(1), 3-Methyl-4-isoamyloxyacetophenon-(1), 3-Isopropyl-4-propoxy-6-methylacetophenon-(1); 2-Propoxy-4-oxy-phenylketon, 2,4-Dipropoxyphenylketon, 3-Nitro-4-propoxy-phenylketon: Piperidin; PROFFT, E.: Chem. Techn. **4**, 241 (1952).

Propiophenon: C_6H_5—CO—CH$_2$—CH$_3$; Dimethylamin; MORRISON, A. L., u. H. RINDERKNECHT: J. chem. Soc. **1950**, 1510; NASAROW, J. N., u. JE. M. TSCHER-KASSOWA: J. allg. Chem. (russ.) **25** (87), 2120 (1955). — Morpholinhydrobromid; WILLIAMS, A. L., u. ALLAN R. DAY: J. Amer. chem. Soc. **74**, 3875 (1952). — Benzylmethylamin; POHLAND, A., H. R. SULLIVAN u. R. E. McMAHON: J. Amer. chem. Soc. **79**, 1442 (1957).

Äthyl-4-anisylketon: CH_3O—⟨_⟩—CO—CH$_2$—CH$_3$;

Piperidin; MANNICH, C., u. D. LAMMERING: Ber. dtsch. chem. Ges. **55**, 3510 (1922).

4-Propoxypropiophenon: C_3H_7O—⟨_⟩—CO—CH$_2$—CH$_3$;

Piperidin; HANNIG, E.: Arch. Pharmaz. Ber. dtsch. pharmaz. Ges. **288**, 560 (1955).

4-Propoxybutyrophenon: C_3H_7O—⟨_⟩—CO—CH$_2$—CH$_2$—CH$_3$;

Piperidin; HANNIG, E.: l. c.

Isobutyrophenon: $C_6H_5-CO-CH(CH_3)_2$;

WINSTEIN, S., TH. L. JACOBS, D. SEYMOUR u. G. B. LINDEN: J. org. Chemistry **11**, 215 (1946). — Dimethylamin; SNYDER, H. R., u. J. H. BREWSTER: J. Amer. chem. Soc. **71**, 1061 (1949).

Desoxybenzoin: $C_6H_5-CO-CH_2-C_6H_5$; Piperidin; MANNICH, C., u. D. LAMMERING: Ber. dtsch. chem. Ges. **55**, 3510 (1922).

α-*Phenoxyacetophenon:* $C_6H_5-CO-CH_2-O-C_6H_5$; Dimethylamin, Diäthylamin; WRIGHT, J. B., u. E. H. LINCOLN: J. Amer. chem. Soc. **74**, 6301 (1952). — A.P. 2655542.

α-*Phenoxy-p-[n-propoxy]-acetophenon:* H_7C_3O-⟨⟩$-CO\cdot CH_2\cdot O-$⟨⟩ ;

Piperidin; WRIGHT, J. B., u. E. H. LINCOLN: l. c. — A.P. 2655542.

α-*[p-Chlorphenoxy]-acetophenon:* ⟨⟩$-CO\cdot CH_2\cdot O-$⟨⟩$-Cl$;

Diäthylamin; WRIGHT, J. B., u. E. H. LINCOLN: l. c. — A.P. 2655542.

α-*[p-(n-Propoxy)-phenoxy]-acetophenon:* ⟨⟩$-CO\cdot CH_2\cdot O-$⟨⟩$-OC_3H_7$;

Dimethylamin-Base; WRIGHT, J. B., u. E. H. LINCOLN: l. c. — A.P. 2655542.

α-*Phenoxypropiophenon:* ⟨⟩$-CO\cdot CH_2\cdot CH_2\cdot O-$⟨⟩ ;

Dimethylamin; WRIGHT, J. B., u. E. H. LINCOLN: l. c. — A.P. 2655542.

α-*Acetonaphthon:*   (Naphthalin mit $CO\cdot CH_3$) ;

Dimethylamin, Diäthylamin, Piperidin, Morpholin; PELLETIER, S. W.: J. org. Chemistry **17**, 313 (1952). — Diamylamin, Dihexylamin; FRY, E. M.: ibid. **10**, 259 (1945).

β-*Acetonaphthon, Methyl-β-naphthylketon:*   (Naphthalin mit $-CO\cdot CH_3$) ;

Dimethylamin, Piperidin; BLICKE, F. F., u. C. E. MAXWELL: J. Amer. chem. Soc. **64**, 428 (1942). — Diäthylamin, Morpholin; PELLETIER, S. W.: J. org. Chemistry **17**, 313 (1952).

4-Methoxy-1-acetonaphthalin: (Naphthalin mit $CO\cdot CH_3$ und OCH_3) ;

Dimethylamin, Diäthylamin, n-Dibutylamin, n-Diamylamin; WINSTEIN, S., TH. L. JACOBS, D. SEYMOUR u. G. B. LINDEN: J. org. Chemistry **11**, 215 (1946).

1-Propoxynaphthylketon, 1-iso-Amyloxynaphthylketon, 2-n-Propoxynaphthyl-keton, 2-iso-Amyloxynaphthylketon, Tetrahydro-2-propoxynaphthylketon: Piperidin; PROFFT, E.: Chem. Techn. **4**, 241 (1952).

2-Acetyl-6-methoxy-naphthylketon: (Naphthalin mit $-COCH_3$ und OCH_3) ;

Dimethylamin; NOVELLO, F. C., M. E. CHRISTY: J. Amer. chem. Soc. **75**, 5431 (1953).

4-Chlor-1-acetonaphthalin: $CO \cdot CH_3$ / Cl ;

Dimethylamin, Diäthylamin, n-Dibutylamin, n-Diamylamin; WINSTEIN, S., TH. L. JACOBS, D. SEYMOUR u. G. B. LINDEN: J. org. Chemistry **11**, 215 (1946).

4-Methoxy-1-isobutyronaphthon: $CO \cdot CH_2 \cdot CH(CH_3)_2$ / OCH_3 ;

Dimethylamin; WINSTEIN, S., TH. L. JACOBS, D. SEYMOUR u. G. B. LINDEN: l. c.

9-Acetylanthracen: $CO \cdot CH_3$;

Dimethylamin, Diamylamin; FRY, E. M.: J. org. Chemistry **10**, 259 (1945).

9- (cder 10-) Bromphenanthren: Br ;

Dimethylamin; FRY, E. M.: l. c.

2-Acetylphenanthren: ;

Dimethylamin, Diäthylamin, Piperidin, Tetrahydroisochinolin; VAN DE KAMP u. E. MOSETTIG: J. Amer. chem. Soc. **58**, 1568 (1936). — Morpholin; MOSETTIG, E., F. W. SHAVER u. A. BURGER: ibid. **60**, 2464 (1938).

3-Acetylphenanthren: (allg. Formel s. vorst.); Dimethylamin, Diäthylamin, Piperidin, Tetrahydroisochinolin; VAN DE KAMP, u. E. MOSETTIG: l. c. — Morpholin; MOSETTIG, E., F. W. SHAVER u. A. BURGER: l. c.

9-Acetylphenanthren: (allg. Formel s. oben); Dimethylamin, Diäthylamin, Piperidin, Tetrahydroisochinolin; VAN DE KAMP, E. MOSETTIG: l. c.

β-Acetotetralin: $CO \cdot CH_3$;

Dimethylamin, Piperidin; MANNICH, C., u. D. LAMMERING: Ber. dtsch. chem. Ges. **55**, 3510 (1922); FRY, E. M.: J. org. Chemistry **10**, 259 (1945).

ε) **Alicyclische Ketone.** *Cyclopentanon:* ;

Dimethylamin, Piperidin; MANNICH, C., u. P. SCHALLER: Arch. Pharmaz. Ber. dtsch. pharmaz. Ges. **276**, 575 (1938). — Benzylamin, 3,4-Methylendioxybenzylamin;

MANNICH, C., u. O. HIERONIMUS: Ber. dtsch. chem. Ges. **75**, 49 (1942). — Morpholin; HARRADENCE, R. H., u. F. LIONS: J. Proc. Roy. Soc. New South Wales **72**, 233 (1938).

2-Methyl-cyclopentanon:

$$H_2C—CH_2$$
$$H_2C \quad CH \cdot CH_3 \; ;$$
$$C$$
$$\| \quad O$$

Diäthylamin; DU FEU, E. C., F. J. McQUILLIN u. R. A. ROBINSON: J. chem. Soc. **1937**, 53.

Cyclohexanon:

$$H_2C$$
$$H_2C \quad C=O$$
$$H_2C \quad CH_2 \; ;$$
$$CH_2$$

Ammoniak, Methylamin; MANNICH, C., u. R. BRAUN: Ber. dtsch. chem. Ges. **53**, 1874 (1920). — Benzylamin, 3,4-Methylendioxybenzylamin; MANNICH, C., u. O. HIERONIMUS: ibid. **75**, 49 (1942). — Benzylamin + Phenylacetaldehyd; MANNICH, C., u. O. HIERONIMUS: l. c. — Dimethylamin; MANNICH, C., u. R. BRAUN: l. c.; NAIDA S. GILL, K. B. JAMES, F. LIONS u. K. T. POTTS: J. Amer. chem. Soc. **74**, 4923 (1952). — Diäthylamin; Piperidin, Tetrahydroisochinolin; MANNICH, C., u. PH. HÖNIG: Arch. Pharmaz. Ber. dtsch. pharmaz. Ges. **265**, 598 (1927). — Piperidin-Base; BODENDORF, K., u. G. KORALEWSKI: ibid. **271**, 101 (1933). — Morpholin; HARRADENCE, R. H., u. F. LIONS: J. Proc. Roy. Soc. New South Wales **72**, 233 (1938); NAIDA S. GILL, K. B. JAMES, F. LIONS u. K. T. POTTS: J. Amer. chem. Soc. **74**, 4923 (1952). — N-Methylhydroxylamin; THESING, J., H. UHRIG u. A. MÜLLER: Angew. Chem. **67**, 31 (1955). — Methylenbenzylamin; MORRISON, A. L., u. H. RINDERKNECHT: J. chem. Soc. **1950**, 1510.

2-Methyl-cyclohexanon:

$$H_2C$$
$$H_2C \quad C=O$$
$$H_2C \quad C—CH_3 \; ;$$
$$CH_2 \quad H$$

Diäthylamin, Morpholin; DU FEU, E. C., F. J. McQUILLIN u. R. A. ROBINSON: J. chem. Soc. **1937**, 53. — Dimethylamin; MORRISON, A. L., u. H. RINDERKNECHT: J. chem. Soc. [London] **1950**, 1510.

4-Methylcyclohexanon:

$$H_2C$$
$$H_2C \quad C=O$$
$$H—C \quad CH_2 \; ;$$
$$H_3C \quad CH_2$$

Dimethylamin, Piperidin; MANNICH, C., u. PH. HÖNIG: Arch. Pharmaz. Ber. dtsch. pharmaz. Ges. **265**, 598 (1927).

2-Phenylcyclohexanon:

Dimethylamin, Piperidin, Morpholin; BACHMANN, W. E., u. L. B. WICK: J. Amer. chem. Soc. **72**, 3388 (1950).

2-Methyl-2-phenylcyclohexanon:

Dimethylamin; BACHMANN, W. E., u. L. B. WICK: l. c.

2-(p-Anisyl)-cyclohexanon: H_3CO—⟨⟩—⟨H⟩ ;
                                            O

Dimethylamin; BACHMANN, W. E., u. L. B. WICK: l. c.

2-(p-Isopropylphenyl)-cyclohexanon:
   H_3C–HC–⟨⟩–⟨H⟩ ; H_3C, O

Dimethylamin; BACHMANN, W. E., u. L. B. WICK: l. c.

6-Benzal-2-phenylcyclohexanon:
  ⟨⟩–⟨H⟩ , O CH–⟨⟩ ;

Dimethylamin; BACHMANN, W. E, u. L. B. WICK; l. c.

2,2-Diphenylcyclohexanon:
H_2C—CH_2 / H_2C $C{=}O$ / H_2C—C / C_6H_5 C_6H_5 ;

Dimethylamin, Morpholin, Piperidin; BURGER, A., u. W. B. BENNET: J. Amer. chem. Soc. **72**, 5414 (1950); Dimethylamin, Diäthylamin, Piperidin, Morpholin; ZAUGG, H. E., M. FREIFELDER u. B. W. HORROM: J. org. Chemistry **15**, 1191 (1950).

Menthon:
CH_3 / CH / H_2C CH_2 / H_2C $C{=}O$ / CH / H_3C—CH—CH_3 ;

Dimethylamin; MANNICH, C., u. PH. HÖNIG: Arch. Pharmaz. Ber. dtsch. pharmaz. Ges. **265**, 598 (1927).

Cycloheptanon: ⟨H⟩={=}O ;

Dimethylamin, Piperidin; TREIBS, W., u. M. MÜHLSTAEDT: Chem. Ber. **87**, 407 (1954).

Tropolon:
     O ‖ C / 1 HC^7 ^2C—OH ; HC^6 ^3CH $^5HC{=}CH^4$

Morpholin-Base; HARTWIG, E.: Angew. Chem. **66**, 605 (1954).

3-Bromtropolon: (vgl. vorst. Formel) und *5-Bromtropolon:* Morpholin-Base; HARTWIG, E.: Angew. Chem. **66**, 605 (1954).

Cyclooctanon: $(CH_2)_6$ $C{=}O$ / CH_2 ;

Dimethylamin, Diäthylamin, Pyrrolidin, Piperidin, Morpholin, Hexamethylenimin; Deutsche Patentanmeldung 1004171 vom 14. 3. 1957, BASF Ludwigshafen.

ζ) **Alicyclisch-aromatische Ketone.** *Indanon, α-Hydrindon:*

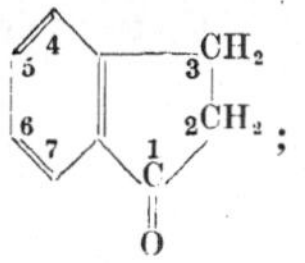

Piperidin; Jélec, J. O., u. M. Protiva: Chem. Listy **46**, 493 (1952). — Morpholin; Harradence, R. H., u. F. Lions: J. Proc. Roy. Soc. New South Wales **73**, 284 (1938). — Dimethylamin; Fry, E. M.: J. org. Chemistry **10**, 259 (1945).

5,6-Dimethoxy-α-hydrindon:

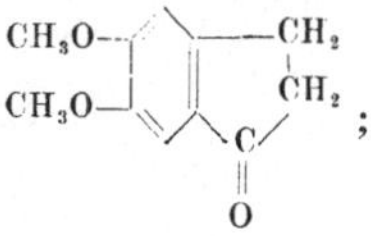

Morpholin; Harradence, R. H., u. F. Lions: l. c.

α-Tetralon:

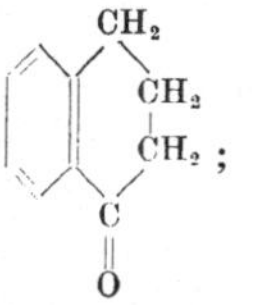

Benzylamin, 3,4-Methylendioxybenzylamin; Mannich, C., u. O. Hieronimus: Ber. dtsch. chem. Ges. **75**, 55 (1942). — Dimethylamin, Piperidin; Mannich, C., C. F. Borkowski u. W. H. Lin: Arch. Pharmaz. Ber. dtsch. pharmaz. Ges. **275**, 54 (1937). — Tetrahydroisochinolin, 6-Methoxy-1,2,3,4-tetrahydroisochinolin; Mosettig, E., u. E. L. May: J. org. Chemistry **5**, 528 (1940).

4-Phenyltetralon-(1):

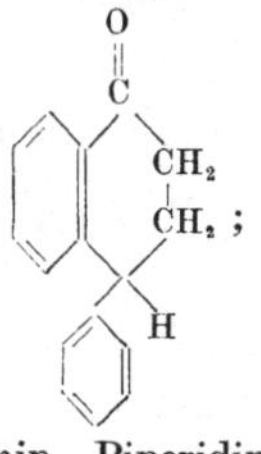

Dimethylamin, Diäthylamin, Piperidin; Stanley Wawzonek u. John Kozikowski: J. Amer. chem. Soc. **76**, 1641 (1954).

1-Keto-6-methoxy-1,2,3,4-tetrahydronaphthalin, 6-Methoxy-α-tetralon:

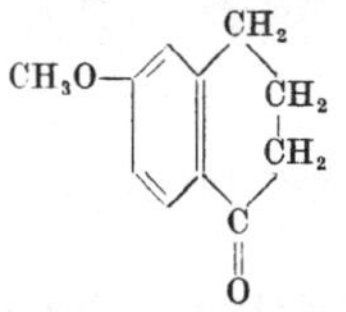

und

1-Keto-6-acetoxy-1,2,3,4-tetrahydronaphthalin: (Formel analog vorst.); Tetrahydroisochinolin und 6-Methoxy-1,2,3,4-tetrahydroisochinolin; Mosettig, E., u. E. L. May: J. org. Chemistry **5**, 528 (1940).

1-Keto-7-methoxy-1,2,3,4-tetrahydronaphthalin, 7-Methoxy-α-tetralon:

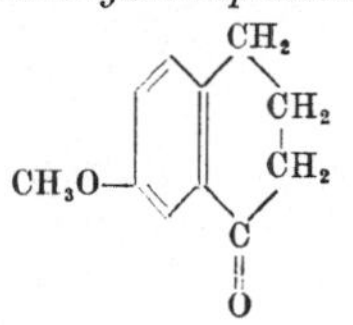

und

10*

1-Keto-7-acetoxy-1,2,3,4-tetrahydronaphthalin: (Formel analog vorst.); Tetrahydroisochinolin, 6-Methoxy-1,2,3,4-tetrahydroisochinolin; MOSETTIG, E., u.
E. L. MAY: l. c.

Benzsuberon:

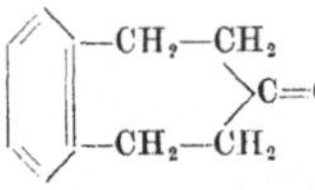

Dimethylamin, Piperidin; TARBELL, D. S., H. F. WILSON, u. E. OTT: J. Amer.
chem. Soc. **74**, 6263 (1952).

1-Keto-1,2,3,4-tetrahydrophenanthren:

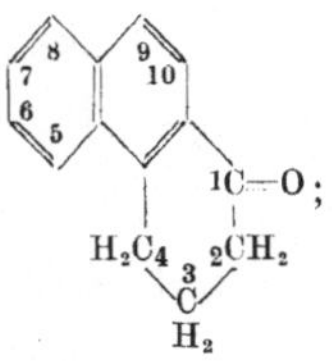

Dimethylamin, Diäthylamin, Piperidin, Tetrahydroisochinolin; BURGER, A., u.
E. MOSETTIG: J. Amer. chem. Soc. **58**, 1570 (1936); Morpholin; MOSETTIG, E.,
F. W. SHAVER u. A. BURGER: ibid. **60**, 2464 (1938).

1-Keto-9-methoxy-1,2,3,4-tetrahydrophenanthren: (Formel analog vorst.); Diäthylamin, Piperidin, Tetrahydroisochinolin; BURGER, A.: J. Amer. chem. Soc. **60**,
1533 (1938).

1-Keto-9-acetoxy-1,2,3,4-tetrahydrophenanthren: (Formel analog vorst.); Diäthylamin, Tetrahydroisochinolin; BURGER, A.: l. c.

4-Keto-1,2,3,4-tetrahydrophenanthren:

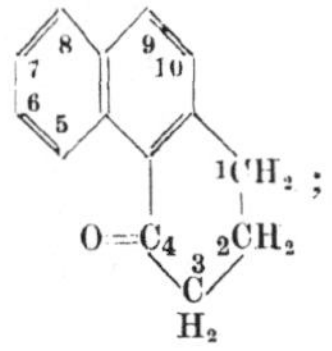

Dimethylamin, Diäthylamin, Piperidin; BURGER, A., u. E. MOSETTIG: J. Amer.
chem. Soc. **58**, 1570 (1936). — Morpholin; MOSETTIG, E., F. W. SHAVER u. A. BUR-
GER: ibid. **60**, 2464 (1938).

Dehydroiscandrosteron, *5 - Pregnen - 3 - ol - 20 - on, Ätioallo-cholan-3-ol-17-on,
Östron, Dehydroisoandrosteronacetat.* Alle Ketone mit Dimethylamin als Aminkomponente: JULIAN, P. L., F. W. MEYER u. H. C. PRINTY: U. S. Pat. 2562194
(1951); C. A. **46**, 1598 (1952).

η) Heterocyclische Ketone: *2-Acetyl-furan:*

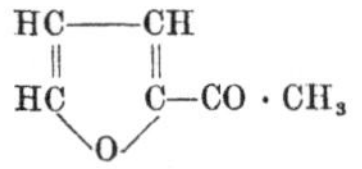

Dimethylamin, Dipropylamin, Dibutylamin, Piperidin, Diäthanolamin; LEVVY,
G. A., u. H. B. NISBET: J. chem. Soc. **1938**, 1053.

5-Nitro-2-acetylfuran, 5-Nitro-2-furylmethylketon:

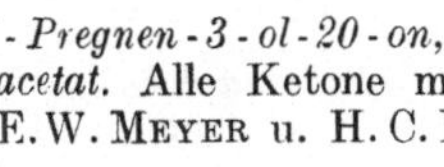

Dimethylamin, Diisopropylamin, Dibutylamin, Piperidin, 2-Methylpiperidin, Morpholin; CALDWELL, CECIL H., u. W. LEWIS NOBLES: J. Amer. pharmac. Assoc.,
sci. Edit. **44**, 273 (1955). — Dimethylamin, Piperidin; KENYON J. HAYES: U.S.Pat.
2663710.

Chromanon: 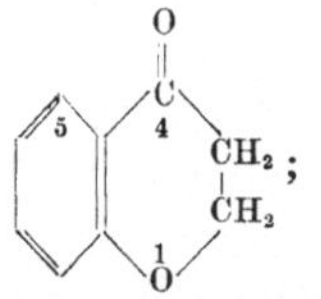

Diäthylamin, Piperidin, Morpholin; HARRADENCE, R. H., G. K. HUGHES u. F. LIONS: J. Proc. Roy. Soc. New South Wales **72**, 233 (1938).

2-Acetylthiophen: 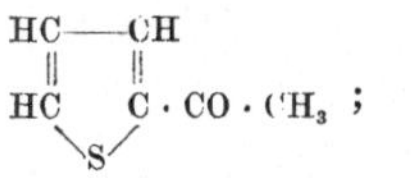

Methylamin; BLICKE, F. F., u. J. H. BURCKHALTER: J. Amer. chem. Soc. **64**, 451 (1941). — Dimethylamin, Piperidin; LEVVY, G. A., u. H. B. NISBET: J. chem. Soc. **1938**, 1053; BLICKE, F. F., u. J. H. BURCKHALTER: l. c. — Diäthylamin; BLICKE, F. F., u. J. H. BURCKHALTER: l. c. — Morpholin; HARRADENCE, R. H., u. F. LIONS: J. Proc. Roy. Soc. New South Wales **72**, 233 (1938).

Acetylthionaphthen: 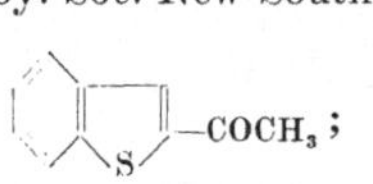

Dimethylamin; BLICKE, F. F., u. SHEETS: J. Amer. chem. Soc. **71**, 2856 (1949).

2-Acetyl-4-phenylthiazol: 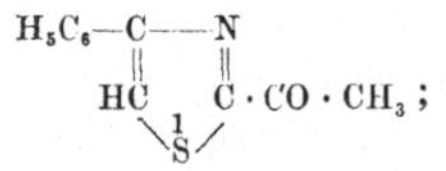

Dimethylamin, Diäthylamin, Di-n-Propylamin, Piperidin; LEVVY, G. A., u. H. B. NISBET: J. chem. Soc. **1938**, 1053.

Hydantoin: 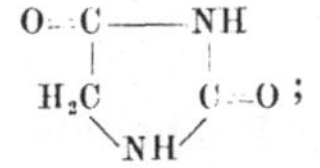

Piperidin-Base; BUTENANDT, A., u. H. HELLMANN: Hoppe-Seyler's Z. physiol. Chem. **284**, 168 (1949).

7-Acetonyltheophyllin: 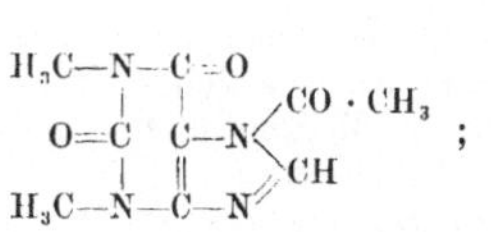

Piperidin; SPIEGELBERG, H., u. K. DOEBEL: Helv. chim. Acta **39**, 283 (1956).

2-Propionylthiophen: 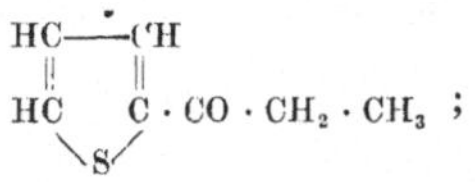

Dimethylamin; BLICKE, F. F., u. J. H. BURCKHALTER: J. Amer. chem. Soc. **64**, 451 (1942).

2-Acetyldibenzothiophen: 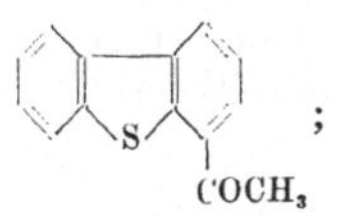

Dimethylamin, Diäthylamin, Piperidin, Tetrahydroisochinolin; BURGER, A., u. W. H. BRYANT: J. Amer. chem. Soc. **63**, 1954 (1941).

4-Acetyldibenzothiophen: (Formel analog vorst.); Piperidin; BURGER, A., u. W. H. BRYANT: l. c.

2-Acetyl-9-methylcarbazol:

Dimethylamin, Diäthylamin, Tetrahydroisochinolin; RUBERG, L. A., u. L. F. SMALL: J. Amer. chem. Soc. **60**, 1591 (1938).

3-Acetyl-9-methylcarbazol: (Formel analog vorst.); Dimethylamin, Diäthylamin, Tetrahydroisochinolin; RUBERG, L. A., u. L. F. SMALL: J. Amer. chem. Soc. **63**, 736 (1941).

1-Keto-9-methyl-1,2,3,4-tetrahydrocarbazol:

Dimethylamin; RUBERG, L. A., u. L. F. SMALL: J. Amer. chem. Soc. **60**, 1591 (1938).

ϑ) Ketoalkohole und Diketone. *Benzoin:* $C_6H_5 \cdot CO \cdot CH(OH) \cdot C_6H_5$; Dimethylamin-, Piperidin-, Morpholin-Base; RIED, W., u. G. KEIL: Liebigs Ann. Chem. **605**, 167 (1957).

Dibenzoylmethan: $C_6H_5 \cdot CO \cdot CH_2 \cdot CO \cdot C_6H_5$; Dibenzylamin, Morpholin; LIEBERMANN, S. V., u. E. C. WAGNER: J. org. Chemistry **14**, 1001 (1949).

1,2-Dibenzoyläthan: $C_6H_5 \cdot CO \cdot CH_2 \cdot CH_2 \cdot CO \cdot C_6H_5$; Dimethylamin, Diäthylamin, Morpholin; BAILEY, P. S., u. R. E. LUTZ: J. Amer. chem. Soc. **70**, 2412 (1948). — Morpholin; BAILEY, P. S., G. NOWLIN u. H. W. BOST: ibid. **73**, 4078 (1951).

4. Phenole

α) Einwertige Phenole. *Phenol:* HO—⟨⟩ ;

Dimethylamin-Base, DRP 92309; DÉCOMBE, J.: Compt. rend. **196**, 866 (1933); BRUSON, H. A., u. MACMULLEN: J. Amer. chem. Soc. **63**, 270 (1941); U.S.Pat. 2636019 (1953). — Diäthylamin-, Morpholin-Base; BURCKHALTER, J. H., F. H. TENDICK, E. M. JONES, W. F. HOLCOMB u. A. L. RAWLINS: J. Amer. chem. Soc. **68**, 1894 (1946). — Morpholin-Base; BRUSON, H. A., u. MACMULLEN: l. c. — Methylamin, Cyclohexylamin, Benzylamin, 2-Aminoäthanol; BURKE, W. H., u. WAYNE STEPHENS: J. Amer. chem. Soc. **74**, 1518 (1952). — Anilin; ROSENBUSCH, K.: Leder **6**, 58 (1955).

o-Kresol:

Dimethylamin-Base; DÉCOMBE, J.: Compt. rend. **196**, 866 (1933). — Diäthylamin-Base; BURCKHALTER, J. H., F. H. TENDICK, E. M. JONES, W. F. HOLCOMB u. A. L. RAWLINS: J. Amer. chem. Soc. **68**, 1894 (1946); CARLIN, R. B., u. H. P. LANDERL: J. Amer. chem. Soc. **72**, 2762 (1950).

m-Kresol:

Dimethylamin-Base; BRUSON, H. A., u. MACMULLEN: J. Amer. chem. Soc. **63**, 270 (1941).

p-Kresol: $H_3C-\langle\rangle-OH$;

Dimethylamin-Base; Décombe, J.: Compt. rend. **196**, 866 (1933). — Diäthylamin-Base; Burckhalter, J. H., F. H. Tendick, E. M. Jones, W. F. Holcomb u. A. L. Rawlins: J. Amer. chem. Soc. **68**, 1894 (1946); Burke, W. J., R. P. Smith u. C. Weatherbee: ibid. **74**, 602 (1952). — Benzylamin-Base; Burke, W. J.: ibid. **71**, 609 (1949).

p-tert.-Butylphenol: $(CH_3)_3C\cdot\langle\rangle-OH$;

Diäthylamin-Base; Burckhalter, J. H., F. H. Tendick, E. M. Jones, W. F. Holcomb u. A. L. Rawlins: J. Amer. chem. Soc. **68**, 1894 (1946). — p-Toluidin; Burke, W. J., K. C. Murdoc u. Grace Ec.: ibid. **76**, 1677 (1954). — Cyclohexyl-amin-Base; Burke, W. J.: ibid. **71**, 609 (1949); Burke, W. J., R. P. Smith u. C. Weatherbee: ibid. **74**, 602 (1952). — β-Aminoäthanol-Base; Bruson, H. A.: ibid. **58**, 1741 (1936).

2,4-Dimethylphenol: $H_3C-\langle\rangle-OH$ (mit CH_3) ;

Methylamin-, β-Oxyäthylamin-, Cyclohexylamin-Base; Burke, W. J.: J. Amer. chem. Soc. **71**, 609 (1949); Burke, W. J., R. P. Smith u. C. Weatherbee: ibid. **74**, 602 (1952).

4,5-Dimethylphenol: $H_3C-\langle\rangle-OH$ (mit CH_3)

und

3,5-Dimethylphenol: $H_3C-\langle\rangle-OH$ (mit CH_3) ;

Diäthylamin-Base; Burckhalter, J. H., F. H. Tendick, E. M. Jones, W. F. Holcomb u. A. L. Rawlins: l. c.

4-t-Butyl-5-methylphenol: $H_3C-C(CH_3)(CH_3)-\langle\rangle-OH$ (mit CH_3)

und

4-t-Butyl-6-methylphenol: Formel analog vorstehender. Diäthylamin-Base; Burckhalter, J. H., F. H. Tendick, E. M. Jones, W. F. Holcomb u. A. L. Rawlins: J. Amer. chem. Soc. **68**, 1894, (1946).

4-t-Butyl-6-allylphenol: $H_3C-C(CH_3)(CH_3)-\langle\rangle-OH$ (mit $CH_2-CH=CH_2$) ;

4-t-Amyl-6-allylphenol: $H_5C_2-C(CH_3)(CH_3)-\langle\rangle-OH$ (mit $CH_2-CH=CH_2$)

Beide Phenole mit Diäthylamin-Base; Burckhalter, J. H., u. Mitarb.: J. Amer. chem. Soc. **68**, 1894 (1946).

1,3,5-Xylenol: $H_3C-\langle\rangle-CH_3$ (mit OH) ;

Anilin; Rosenbusch, K.: Leder **6**, 58 (1955). — Dimethylamin-Base; Aldwell, W. T., u. T. R. Thompson: J. Amer. chem. Soc. **61**, 765 (1939).

2-Methyl-4-äthylphenol: H_5C_2—◯—OH ;
CH₃ (CH$_3$)

Dimethylamin-Base; DÉCOMBE, J.: Compt. rend. **196**, 866 (1933).

3,5,6-Trimethylphenol, Isopseudocumenol: ◯—OH;
(CH$_3$ / CH$_3$ CH$_3$)

Anilin; ROSENBUSCH, K.: l. c. — Diäthylamin-Base; BURCKHALTER, J. H., F. H. TENDICK, E. M. JONES, W. F. HOLCOMB u. A. L. RAWLINS: J. Amer. chem. Soc. **68**, 1894 (1946).

p-Bromphenol: Br—◯—OH ;

p-Toluidin; BURKE, W. J., K. C. MURDOC u. GRACE EC.: J. Amer. chem. Soc. **76**, 1677 (1954). — Cyclohexylamin-Base; BURKE, W. J., R. P. SMITH u. C. WEATHER-BEE: ibid. **74**, 602 (1952); BURKE, W. J., u. C. WAYNE STEPHENS: ibid. **74**, 1518 (1952); BURKE, W. J.: ibid. **71**, 609 (1949). — Diäthylamin-Base; BURCKHALTER, J. H., F. H. TENDICK, E. M. JONES, W. F. HOLCOMB u. A. L. RAWLINS: ibid. **68**, 1894 (1946).

6-Bromphenol: ◯—OH ;
(Br)

Diäthylamin-Base; BURCKHALTER, J. H., F. H. TENDICK, E. M. JONES, W. F. HOLCOMB u. A. L. RAWLINS: l. c.

4-Methyl-6-bromphenol: H_3C—◯—OH und
(Br)

4-Brom-6-methylphenol: Br—◯—OH ;
(CH$_3$)

Diäthylamin-Base; BURCKHALTER, J. H., F. H. TENDICK, E. M. JONES, W. F. HOLCOMB u. A. L. RAWLINS: l. c.

4-Cyclohexyl-6-bromphenol: ◯H—◯—OH ;
(Br)

Diäthylamin-Base; BURCKHALTER, J. H., F. H. TENDICK, E. M. JONES, W. F. HOLCOMB u. A. L. RAWLINS: l. c.

p-Nitrophenol: O_2N—◯—OH ; ·

β-Aminoäthanol-Base; BRUSON, H. A.: J. Amer. chem. Soc. **58**, 1741 (1936). — Diäthylamin-, Diisopropylamin-, Di-n-butylamin-, Diisobutylamin-, Diisoamyl-amin-Base, Piperidin-Base, Isopropylamin-, Isobutylamin-, t-Butylamin-Base; BURCKHALTER, J. H., F. H. TENDICK, E. M. JONES, P. A. JONES, W. F. HOLCOMB u. A. L. RAWLINS: J. Amer. chem. Soc. **70**, 1363 (1948). — Diäthylamin-, Piperidin-Base; BURCKHALTER, J. H.: ibid. **72**, 1308 (1950).

4-Nitro-6-phenylphenol: O_2N—◯—OH ;

Diäthylamin-Base; BURCKHALTER, J. H., u. Mitarb.: l. c.

4-tert.-Butyl-6-nitrophenol:

Diäthylamin-Base; BURCKHALTER, J. H., u. Mitarb.: l. c.

o-Phenyl-phenol:

Diäthylamin-Base; BURCKHALTER, J. H.: J. Amer. chem. Soc. **72**, 5309 (1950).

4-Phenylphenol:

Ammoniak, Dimethylamin-, Diäthylamin-, Oxyäthyläthylamin-, Piperidin-, Morpholin-Base; BURCKHALTER, J. H., F. H. TENDICK, E. M. JONES, W. F. HOLCOMB u. A. L. RAWLINS: J. Amer. chem. Soc. **68**, 1894 (1946).

4-Chlor-2-phenyl-phenol:

Diäthylamin-Base; BURCKHALTER, J. H.: J. Amer. chem. Soc. **72**, 5309 (1950); BURCKHALTER, J. H., u. Mitarb.: J. Amer. chem. Soc. **68**, 1894 (1946).

2-Chlor-6-phenyl-phenol:

Diäthylamin-Base; BURCKHALTER. J. H.: J. Amer. chem. Soc. **72**, 5309 (1950); BURCKHALTER, J. H., u. Mitarb.: ibid. **68**, 1894 (1946).

2-Methoxy-phenol, Guajacol:

und

4-Methoxyphenol:

Dimethylamin-Base; DÉCOMBE, J.: Compt. rend. 197, 258 (1933); MADINAVEITIA, A.: An. Soc. españ. Física Quím. **19**, 259 (1921); ELIEL, E. L.: J. Amer. chem. Soc. **73**, 43 (1951). — Piperidin-Base; AUWERS, K. v., u. A. DOMBROWSKI: Liebigs Ann. Chem. **344**, 288 (1905).

4-Acetylamino-phenol:

Dimethylamin-Base, Piperidin-Base; DRP 92309; Frdl. **4**, 103 (1899). — Methylamin-, Benzylamin-Base; BURKE, W. J.: J. Amer. chem. Soc. **71**, 609 (1949). — Diäthylamin-, Di-n-butylamin-, Dibenzylamin-, 2-Methyl-piperidin-, Morpholin-, Methyl-(2-hydroxyläthyl)-amin-, Butylamin-β-hydroxyäthylamin-Base; BURCKHALTER, J. H., F. H. TENDICK, E. M. JONES, P. A. JONES, W. F. HOLCOMB u. A. L. RAWLINS: J. Amer. chem. Soc. **70**, 1363 (1948).

4-Acetamido-6-allylphenol:

Diäthylamin-Base; BURCKHALTER, J. H., u. Mitarb.: l. c.

5-Acetamidophenol:

Diäthylamin-Base; BURCKHALTER, J. H., u. Mitarb.: l. c.

6-Acetamido-4-chlorphenol: [Struktur: Cl—Benzolring mit NHCOCH$_3$ und OH] ;

Diäthylamin-Base; BURCKHALTER, J. H., u. Mitarb.: l. c.

6-Acetamido-4-tert.-butylphenol: [Struktur: H$_3$C—C(CH$_3$)(CH$_3$)—Benzolring mit NHCOCH$_3$ und OH] ;

Diäthylamin-Base; BURCKHALTER, J. H., u. Mitarb.: l. c.

6-Acetamido-4-phenylphenol: [Struktur mit NHCOCH$_3$ und OH] ;

Diäthylamin-Base; BURCKHALTER, J. H., u. Mitarb.: l. c.

N-(p-Hydroxybenzyl)-acetamid: HO—Benzolring—CH$_2$NHCOCH$_3$;

Piperidin (als N-Äthoxymethylpiperidin); CROMWELL, N. H.: J. Amer. chem. Soc. **68**, 2634 (1946).

2-Benzylphenol: [Benzolring mit —OH und CH$_2$·C$_6$H$_5$] ;

Dimethylamin-Base; WHEATLEY, WM. B., u. LEE C. CHENEY: J. Amer. chem. Soc. **74**, 2940 (1952).

2,6-Dimethoxy-phenol: [Benzolring mit OCH$_3$, —OH und OCH$_3$] ;

Methylamin-, Cyclohexylamin-Base; BURKE, W. J., R. P. SMITH u. C. WEATHERBEE: J. Amer. chem. Soc. **74**, 602 (1952).

2-Benzyl-4-chlorphenol: [Benzolring mit Cl—, —OH und CH$_2$·C$_6$H$_5$] ;

Dimethylamin-Base; WHEATLEY, WM. B., u. LEE C. CHENEY: l. c.

p-Chlorthymol: [Benzolring mit H$_3$C, Cl—, —OH und CH(CH$_3$)$_2$] ;

Methylamin-Base; BURKE, W. J., R. P. SMITH u. C. WEATHERBEE: J. Amer. chem. Soc. **74**, 602 (1952).

4-Chlorphenol: Cl—Benzolring—OH ;

Diäthylamin-, Piperidin-Base; BURCKHALTER, J. H., F. H. TENDICK, E. M. JONES, W. F. HOLCOMB u. A. L. RAWLINS: J. Amer. chem. Soc. **68**, 1894 (1946). — Piperidin-Base; CHANG-TSING YANG: J. org. Chemistry **10**, 67 (1945).

2-Chlor-4-tert.-butylphenol: [H$_3$C—C(CH$_3$)(CH$_3$)—Benzolring mit Cl und —OH] ;

Methylamin-, Cyclohexylamin-Base; BURKE, W. J., R. P. SMITH u. C. WEATHERBEE: J. Amer. chem. Soc. **74**, 602 (1952).

2,4-Di-tert.-butyl-5-methylphenol:

Methylamin-Base; BURKE, W. J., R. P. SMITH u. C. WEATHERBEE: J. Amer. chem. Soc. **74**, 602 (1952).

p-Anilinophenol:

Dimethylamin-Base; MEADOW, J. R., u. E. E. REID: J. Amer. chem. Soc. **76**, 3479 (1954).

N-Acetyl-p-anilinophenol:

Dimethylamin-Base; MEADOW, J. R., u. E. E. REID: l. c.

4-(2'-Methylcyclohexyl)-phenol:

Diäthylamin; BURCKHALTER, J. H., F. H. TENDICK, E. M. JONES, W. F. HOLCOMB u. A. L. RAWLINS: J. Amer. chem. Soc. **68**, 1894 (1946).

6-n-Heptylphenol:

Diäthylamin-Base; BURCKHALTER, J. H., F. H. TENDICK, E. M. JONES, W. F. HOLCOMB u. A. L. RAWLINS: J. Amer. chem. Soc. **68**, 1894 (1946).

4-n-Octylphenol: $(R=C_8H_{17})$ und *4-n-Dodecylphenol* $(R=C_{12}H_{25})$

Diäthylamin-, Piperidin-Base; BURCKHALTER, J. H., F. H. TENDICK, E. M. JONES, W. F. HOLCOMB u. A. L. RAWLINS: l. c.

p-tert.-Amylphenol:

β-Aminoäthanol-Base; BRUSON, H. A.: J. Amer. chem. Soc. **58**, 1741 (1936).

p-Benzoylphenol:

β-Aminoäthanol-Base; BRUSON, H. A.: J. Amer. chem. Soc. **58**, 1741 (1936).

3-Nitro-4-oxytoluol:

β-Aminoäthanol-Base; BRUSON, H. A.: J. Amer. chem. Soc. **58**, 1741 (1936).

2,4-Dichlorphenol:

β-Aminoäthanol-Base; BRUSON, H. A.: J. Ame. chem. Soc. **58**, 1741 (1936).

5-Chlor-2-oxydiphenyl:

β-Aminoäthanol-Base; BRUSON, H. A.: J. Amer. chem. Soc. **58**, 1741 (1936).

4-Cyclohexyl-6-allylphenol: 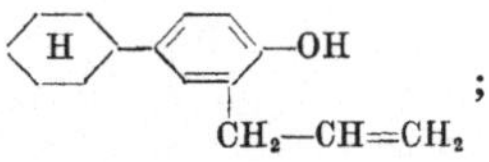 ;

Diäthylamin-Base; BURCKHALTER, J. H., u. Mitarb.: l. c.

4-t-Butyl-6-cyclohexyl-phenol: 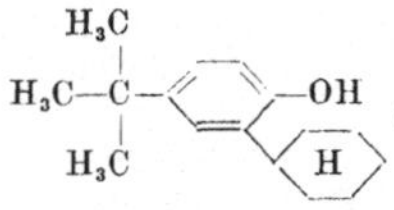 ;

Diäthylamin-Base; BURCKHALTER, J. H., u. Mitarb.: J. Amer. chem. Soc. **68**, 1894 (1946).

4-Chlor-5-methylphenol: 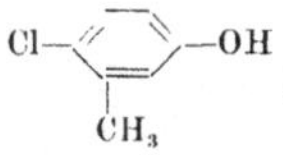 ;

Piperidin-, Morpholin-Base; BURCKHALTER, J. H., F. H. TENDICK, E. M. JONES, W. F. HOLCOMB u. A. L. RAWLINS: J. Amer. chem. Soc. **68**, 1894 (1946).

4-(1,1,3,3-Tetramethylbutyl)-phenol: 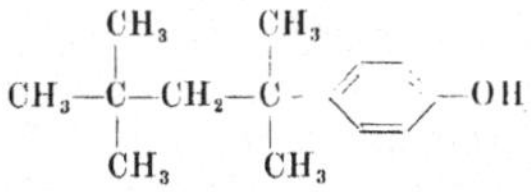 ;

Dimethylamin, U.S.Pat. 2033092; Di-n-Amylamin-, Piperidin-, Morpholin-, Oxyäthyläthylamin-, Diäthanolamin-, Dibenzylamin-Base; BURCKHALTER, J. H., F. H. TENDICK, E. M. JONES, W. F. HOLCOMB u. A. L. RAWLINS: J. Amer. chem. Soc. **68**, 1894 (1946).

4-(1,1,3,3-Tetramethylbutyl)-6-methylphenol:

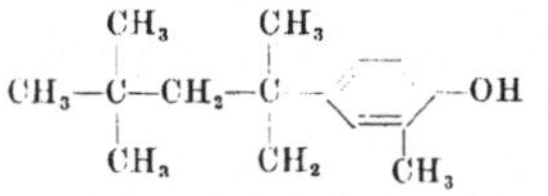 ;

Dimethylamin-Base; BURCKHALTER, J. H., F. H. TENDICK, E. M. JONES, W. F. HOLCOMB u. A. L. RAWLINS: l. c.

4-(1,1,3,3-Tetramethylbutyl)-6-chlorphenol: 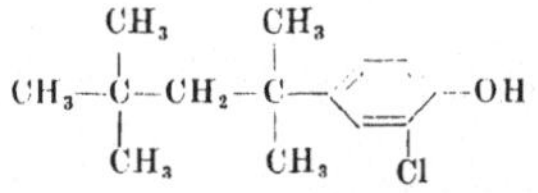 ;

Diäthylamin-Base; BURCKHALTER u. Mitarb.: J. Amer. chem. Soc. **68**, 1894 (1946).

5-Phenylphenol:  ;

Diäthylamin-Base; BURCKHALTER, J. H. u. Mitarb.: J. Amer. chem. Soc. **68**, 1894, (1946).

6-Phenylphenol: 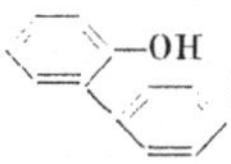 ;

Äthylamin-, Diäthylamin-, Äthanolamin-, n-Decylamin-Base; BURCKHALTER, J. H., F. H. TENDICK, E. M. JONES, W. F. HOLCOMB u. A. L. RAWLINS: J. Amer. chem. Soc. **68**, 1894 (1946).

4-Phenyl-6-chlorphenol: 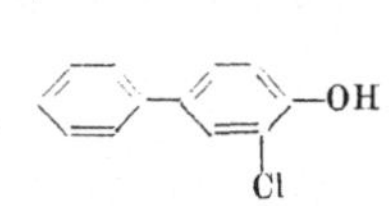 ;

Diäthylamin-, Piperidin-Base; BURCKHALTER, J. H., u. Mitarb.: J. Amer. chem. Soc. **68**, 1894 (1946).

4-Phenyl-6-bromphenol: Formel analog vorstehender; Diäthylamin-Base; BURCKHALTER, J. H., u. Mitarb.: l. c.

4-Chlor-6-phenyl-phenol: und

4-Brom-6-phenyl-phenol: Formel analog vorstehender; Diäthylamin-Base: BURCKHALTER, J. H., u. Mitarb. J. Amer. chem. Soc. **68**, 1894 (1946).

2-Chlor-3-phenyl-phenol: ;

Diäthylamin-Base; BURCKHALTER, J. H., F. H. TENDICK, E. M. JONES, W. F. HOLCOMB u. A. L. RAWLINS: J. Amer. chem. Soc. **68**, 1894 (1946).

4-Chlor-6-(1'-methallyl)-phenol: ;

Diäthylamin-Base; BURCKHALTER, J. H., F. H. TENDICK, E. M. JONES, W. F. HOLCOMB u. A. L. RAWLINS: l. c.

4-t-Amyl-6-chlorphenol: ;

Diäthylamin-Base; BURCKHALTER, J. H., F. H. TENDICK, E. M. JONES, W. F. HOLCOMB u. A. L. RAWLINS: l. c.

4-Chlor-5-methylphenol: ;

Diäthylamin-Base; BURCKHALTER, J. H., F. H. TENDICK, E. M. JONES, W. F. HOLCOMB u. A. L. RAWLINS: l. c.

3-Methyl-4-chlor-6-n-hexylphenol: ;

Diäthylamin-Base; BURCKHALTER, J. H., u. Mitarb.: J. Amer. chem. Soc. **68**, 1894 (1946).

4-Benzyl-phenol: ;

Diäthylamin-Base; BURCKHALTER, J. H., F. H. TENDICK, E. M. JONES, W. F. HOLCOMB u. A. L. RAWLINS: l. c.

6-Benzyl-phenol: ;

Diäthylamin-Base; BURCKHALTER, J. H., u. Mitarb.: J. Amer. chem. Soc. **68**, 1894 (1946).

4,6-Dibenzyl-phenol: ;

Diäthylamin-Base; BURCKHALTER, J. H., u. Mitarb.: l. c.

4-Benzyl-6-methyl-phenol: $\left\langle\!\!\!\!\!\bigcirc\right\rangle-CH_2-\left\langle\!\!\!\!\!\bigcirc\right\rangle-OH$;
CH_3

Diäthylamin-Base; BURCKHALTER, J. H., u. Mitarb.: l. c.

4-(1-Methyl-1-phenyläthyl)-phenol:

Diäthylamin-Base; BURCKHALTER, J. H., u. Mitarb.: J. Amer. chem. Soc. **68**, 1894 (1946).

4-tert.-Butyl-6-phenyl-phenol:

Diäthylamin-, Dimethylamin-, Äthylamin-, β-Oxyäthylamin-Base; BURCKHALTER, J. H., u. Mitarb.: l. c.

0-Acetyl-4-tert.-butyl-6-phenyl-phenol:

Dimethylamin-, Diäthylamin-Base; BURCKHALTER, J. H., u. Mitarb.: l. c.

4-tert.-Amyl-6-phenyl-phenol:

Diäthylamin-Base; BURCKHALTER, J. H., F. H. TENDICK, E. M. JONES, W. F. HOLCOMB u. A. L. RAWLINS: J. Amer. chem. Soc. **68**, 1894 (1946).

4-(1,1,3,3-Tetramethylbutyl)-6-phenyl-phenol:

Diäthylamin-Base; BURCKHALTER, J. H., F. H. TENDICK, E. M. JONES, W. F. HOLCOMB u. A. L. RAWLINS: J. Amer. chem. Soc. **68**, 1894 (1946).

4-Phenyl-6-(1-methylallyl)-phenol:

Diäthylamin-Base: BURCKHALTER, J. H., u. Mitarb.: l. c.

4-tert.-Butyl-5-phenyl-phenol:

Diäthylamin-Base; BURCKHALTER, J. H., F. H. TENDICK, E. M. JONES, W. F. HOLCOMB u. A. L. RAWLINS: J. Amer. chem. Soc. **68**, 1894 (1946).

4-(2,5-Dimethyl-1-pyrryl)-phenol: [structural formula: 2,5-dimethylpyrrole—N—C₆H₄—OH]

Diäthylamin-Base; BURCKHALTER, J. H., u. Mitarb.: J. Amer. chem. Soc. **68**, 1894 (1946).

4-Morpholinyl-phenol: [structural formula: morpholine—N—C₆H₄—OH]

Diäthylamin-Base; BURCKHALTER, J. H., u. Mitarb.: l. c.

4-Cyan-phenol: NC—C₆H₄—OH und

4-Guanidyl-phenol: [structural formula: (HN)(H₂N)C—C₆H₄—OH]

Diäthylamin-Base; BURCKHALTER, J. H., F. H. TENDICK, E. M. JONES, W. F. HOLCOMB u. A. L. RAWLINS: J. Amer. chem. Soc. **68**, 1894 (1946).

6-Cyclohexylphenol: [structural formula]

Diäthylamin-Base; BURCKHALTER, J. H., u. Mitarb.: J. Amer. chem. Soc. **68**, 1894 (1946).

2,6-Diphenylphenol: [structural formula]

Diäthylamin-Base; BURCKHALTER, J. H., u. Mitarb.: l. c.

2-Allyl-6-phenylphenol: [structural formula with CH₂—CH=CH₂ and OH]

Diäthylamin-Base; BURCKHALTER, J. H., u. Mitarb.: l. c.

α-Naphthol: [structural formula]

Diäthylamin-Base; BURCKHALTER, J. H., u. Mitarb.: l. c. — Cyclohexylamin, Piperidin; BURKE, W. J., M. J. KOLBEEZEN u. C. WAYNE STEPHENS: J. Amer. chem. Soc. **74**, 3601 (1952).

β-Naphthol: [structural formula]

Dimethylamin-, Piperidin-Base; DÉCOMBE, J.: Compt. rend. **197**, 258 (1933). — Diäthylamin-Base; BURCKHALTER, J. H., u. Mitarb.: l. c. — Dibenzylamin, Morpholin; LIEBERMANN, S. V., u. E. C. WAGNER: J. org. Chemistry **14**, 1001 (1949). — Methylamin-, Butylamin-, Benzylamin-, Cyclohexylamin-Base; BURKE, W. J., u. Mitarb.: l. c. — Anilin, o-Toluidin, p-Toluidin, p-Phenylendiamin, p-Aminobenzoesäure, p-Bromanilin, sym-Tribromanilin, o-Nitranilin, m-Nitranilin, p-Nitranilin; BURKE, W. J., K. C. MURDOC u. GRACE EC.: J. Amer. chem. Soc. **76**, 1677

(1954). — Methylanilin, Dimethylanilin; THESING, J., H. ZIEG u. H. MAYER: Chem. Ber. 88, 1978 (1955). — β-Naphthylamin; CORLEY, R. S., u. E. R. BLOUT: J. Amer. chem. Soc. 69, 761 (1947). — Anilin; ROSENBUSCH, K.: Leder 6, 58 (1955). — N-Methyl-hydroxylamin; THESING, J., H. UHRIG u. A. MÜLLER: Angew. Chem. 67, 31 (1955). — Methylanilin, Dimethylanilin; THESING, J., Z. ZIEG u. H. MAYER: Chem. Ber. 88, 1978 (1955). — Propanolamin, Äthanolamin, 3-Amino-2,4-dimethyl-pentan; E. PP. 788082, 788122, 788196; C. 1958, 9573.

2-Oxyphenanthren:

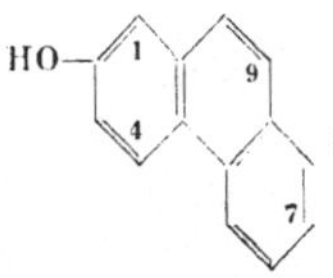

Morpholin, Piperidin; KARRMAN, K. J., u. E. BLADH: Acta chem. scand. 4, 1541 (1950).

3-Oxyphenanthren: Formel analog vorst.; Morpholin; KARRMAN, K. J., u. E. BLADH: l. c.

2-Oxyreten:

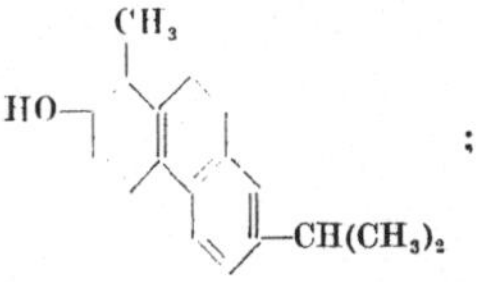

Morpholin; KARRMAN, K. J., u. E. BLADH: l. c.

3-Oxyreten: Formel analog vorst.; Morpholin: KARRMAN, K. J., u. E. BLADH: l. c.

3-Oxyretensulfosäure(9) oder *(10)*: Formel entspr. obiger; Piperidin; KARRMAN, K. J., u. E. BLADH: l. c.

3-Oxy-9- bzw. *10-bromreten:* Formel analog obiger; Morpholin; KARRMAN, K. J., u. E. BLADH: l. c.

3-Oxy-17-methylmorphinan:

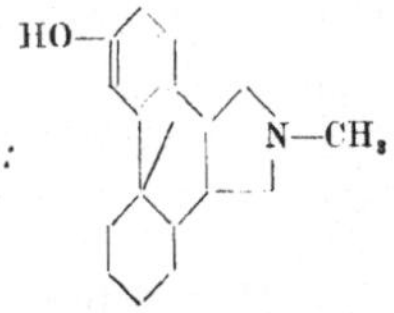

Dimethylamin, Diäthylamin, E.P. 731787.

β) Mehrwertige Phenole. *Brenzcatechin:*

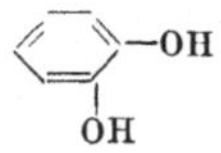

Dimethylamin-Base; DÉCOMBE, J.: Compt. rend. 197, 258 (1933).

4-tert.-Butyl-brenzcatechin:

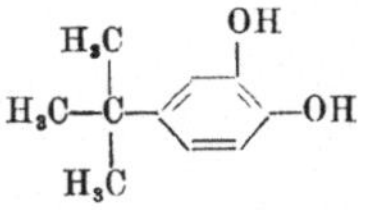

Diäthylamin-Base; BURCKHALTER, J. H., F. H. TENDICK, E. M. JONES, W. F. HOLCOMB u. A. L. RAWLINS: J. Amer. chem. Soc. 68, 1894 (1946).

Resorcin:

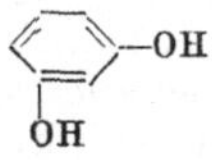

Dimethylamin-Base; DÉCOMBE, J.: l. c.; VERBANC, JOHN T., U.S.Pat. 2670342.

Hydrochinon: HO—⬡—OH ;

Dimethylamin-Base; DÉCOMBE, J.: l. c.; CALDWELL, W. T., u. T. R. THOMPSON: J. Amer. chem. Soc. **61**, 765 (1939).

4-Methoxy-phenol, Hydrochinonmonomethyläther: CH_3O—⬡—OH   und

4-Äthoxy-phenol: Formel analog vorstehender; Diäthylamin-Base: BURCKHALTER, J. H., F. H. TENDICK, E. M. JONES, W. F. HOLCOMB u. A. L. RAWLINS: J. Amer. chem. Soc. **68**, 1894 (1946).

4-Benzyloxyphenol, Hydrochinonmonobenzyläther: ⬡—CH_2O—⬡—OH ;

Diäthylamin-Base; BURCKHALTER, J. H., u. Mitarb.: J. Amer. chem. Soc. **68**, 1894 (1946).

4-Phenoxyphenol: ⬡—O—⬡—OH ;

Diäthylamin-Base; BURCKHALTER, J. H., u. Mitarb.: l. c.

4-Phenylbrenzcatechin: ⬡—⬡—OH, OH ;

Diäthylamin-Base; BURCKHALTER, J. H., F. H. TENDICK, E. M. JONES, W. F. HOLCOMB u. A. L. RAWLINS: J. Amer. chem. Soc. **68**, 1894 (1946).

4-(1-Methyl-1-phenyläthyl)-brenzcatechin: ⬡—C(CH_3)(CH_3)—⬡—OH, OH ;

Diäthylamin-Base; BURCKHALTER, J. H., F. H. TENDICK, E. M. JONES, W. F. HOLCOMB u. A. L. RAWLINS: J. Amer. chem. Soc. **68**, 1894 (1946).

4,4′-Dioxydiphenyl: HO—⬡—⬡—OH ;

Diäthylamin-Base; BURCKHALTER, J. H., F. H. TENDICK., E. M. JONES, W. F. HOLCOMB u. A. L. RAWLINS: J. Amer. chem. Soc. **68**, 1894 (1946).

5,5′-Dioxyphenyl: OH OH ⬡—⬡ ;

wie 4,4′-Dioxydiphenyl.

3,3′-Dimethyl-4,4′-dioxydiphenyl: HO—⬡(CH_3)—⬡(CH_3)—OH ;

Diäthylamin-Base; BURCKHALTER, J. H., u. Mitarb.: J. Amer. chem. Soc. **68**, 1894 (1946).

3,3′-Di-n-propyl-4,4′-dioxydiphenyl: Formel analog vorstehender; Diäthylamin-Base; BURCKHALTER, J. H., u. Mitarb.: l. c.

3,3′-Di-(2-chlorallyl)-4,4′-dioxydiphenyl: HO—⬡(CH_2—C(Cl)=CH_2)—⬡(CH_2—C(Cl)=CH_2)—OH

Diäthylamin-Base; BURCKHALTER, J. H., u. Mitarb.: l. c.

3,3′-Di-(2-methylallyl)-4,4′-dioxydiphenyl: Formel analog vorstehender, anstelle von Cl—CH_3; Diäthylamin-Base; BURCKHALTER, J. H., u. Mitarb.: l. c.

3,3'-Diallyl-4,4'-dioxydiphenyl: HO—⟨ ⟩—⟨ ⟩—OH ; CH$_2$—CH=CH$_2$ CH$_2$—CH=CH$_2$

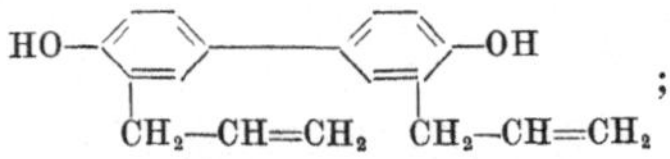

Dimethylamin-, Diäthylamin-, Di-n-propylamin-, Di-n-butylamin-, Piperidin-, Morpholin-, β-Oxyäthylamin-, Diäthanolamin-Base; BURCKHALTER, J. H., F. H. TENDICK, E. M. JONES, W. F. HOLCOMB u. A. L. RAWLINS: J. Amer. chem. Soc. **68**, 1894 (1946).

O-Diacetylverbindung und *O-Dipropionylverbindung* des *3,3'-Diallyl-4,4'-dioxydiphenyls* (s. vorstehende Formel); Diäthylamin-Base; BURCKHALTER, J. H., u. Mitarb.: l. c.

4,4-Dioxydiphenyläther: HO—⟨ ⟩—O—⟨ ⟩—OH ;

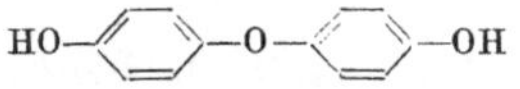

Diäthylamin-Base; BURCKHALTER, J. H., F. H. TENDICK, E. M. JONES, W. F. HOLCOMB u. A. L. RAWLINS: J. Amer. chem. Soc. **68**, 1894 (1946).

3,3'Diallyl-4,4'-dioxy-diphenyläther: HO—⟨ ⟩—O—⟨ ⟩—OH ; CH$_2$—CH=CH$_2$ CH$_2$—CH=CH$_2$

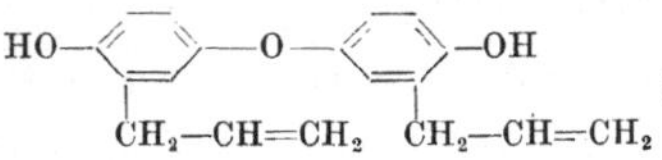

Diäthylamin-Base; BURCKHALTER, J. H., u. Mitarb.: J. Amer. chem. Soc. **68**, 1894 (1946).

Dimethyl-di-(3-methyl-4-oxyphenyl)-methan: HO—⟨ ⟩—C(CH$_3$)—⟨ ⟩—OH ; CH$_3$ CH$_3$ CH$_3$

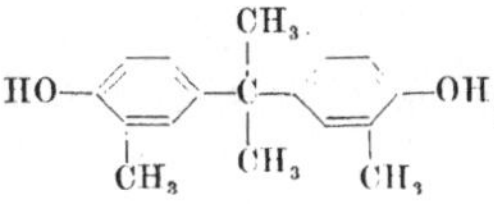

Diäthylamin-Base; BURCKHALTER, J. H., u. Mitarb.: l. c.

Dimethyl-di-(3-phenyl-4-oxyphenyl)-methan: HO—⟨ ⟩—C(CH$_3$)(CH$_3$)—⟨ ⟩—OH ;

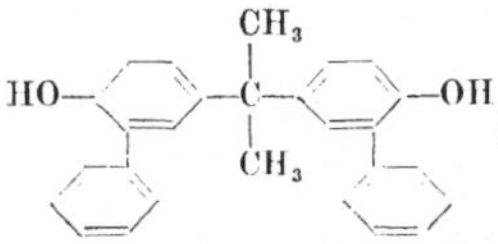

Diäthylamin-Base; BURCKHALTER, J. H., u. Mitarb.: l. c.

4,4'-(α,β-Diäthyl-α,β-dioxy)äthyl-diphenol:

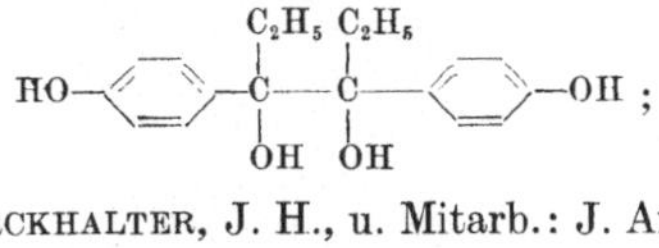

HO—⟨ ⟩—C(C$_2$H$_5$)(OH)—C(C$_2$H$_5$)(OH)—⟨ ⟩—OH ;

Diäthylamin-Base; BURCKHALTER, J. H., u. Mitarb.: J. Amer. chem. Soc. **68**, 1894 (1946).

4,4'-(α,β-Diäthyl)-vinyl-diphenol: HO—⟨ ⟩—C(C$_2$H$_5$)=C(C$_2$H$_5$)—⟨ ⟩—OH ;

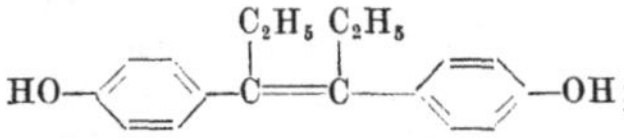

Diäthylamin-Base; BURCKHALTER, J. H., u. Mitarb.: J. Amer. chem. Soc. **68**, 1894 (1946).

4,4'-Di-o-Kresol: HO—⟨ ⟩—⟨ ⟩—OH ; CH$_3$ CH$_3$

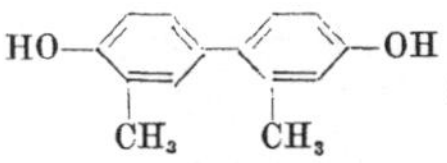

Dimethylamin-, Diäthylamin-, Pyrrolidin-, Piperidin-, Morpholin-Base; MEADOW J. R., u. E. E. REID: J. Amer. chem. Soc. **76**, 3479 (1954).

4,4'-Oxy-bis-(2-chlorphenol):   HO—⟨ ⟩—O—⟨ ⟩—OH ; Cl Cl

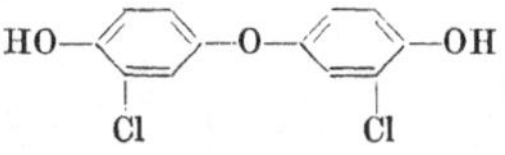

Dimethylamin-, Pyrrolidin-, Piperidin-, Morpholin-Base; MEADOW, J. R., u. E. E. REID: l. c.

4,4′-Sulfonyl-bis-(2-acetamidophenol):   HO—⟨ ⟩—SO$_2$—⟨ ⟩—OH ;   NH·COCH$_3$ NH·COCH$_3$

Diäthylamin-Base; MEADOW, J. R., u. E. E. REID: l. c.

4,4′-Thio-bis-(2,5-dimethylphenol):   HO—⟨ ⟩—S—⟨ ⟩—OH ;

Dimethylamin-Base, Diäthylamin-, Piperidin-, Morpholin-Base; MEADOW, J. R., u. E. E. REID: l. c.

4,4′-Thio-bis-(2-isopropyl-5-methylphenol):   HO—⟨ ⟩—S—⟨ ⟩—OH ;

Dimethylamin-, Diäthylamin-, Pyrrolidin-, Piperidin-, Morpholin-Base; MEADOW, J. R., u. E. E. REID: l. c.

2,2′-Thio-bis-(4,5-dimethylphenol):   H$_3$C—⟨ ⟩—S—⟨ ⟩—CH$_3$;

Dimethylamin-, Pyrrolidin-, Piperidin-, Morpholin-Base; MEADOW, J. R., u. E. E. REID: l. c.

2,2′-Thio-bis-(4-chlor-5-methylphenol):   H$_3$C—⟨ ⟩—S—⟨ ⟩—CH$_3$;

Dimethylamin-, Diäthylamin-, Pyrrolidin-, Piperidin-, Morpholin-Base; MEADOW, J. R., u. E. E. REID: l. c.

2,2′-Thio-bis-(4-chlor-3-methylphenol):   ⟨ ⟩—S—⟨ ⟩ ;

Dimethylamin-, Diäthylamin-, Pyrrolidin-, Piperidin-, Morpholin-Base; MEADOW, J. R., u. E. E. REID: l. c.

2,2′-Thio-bis-(4-chlor-3,5-dimethylphenol):   H$_3$C—⟨ ⟩—S—⟨ ⟩—CH$_3$;

Dimethylamin-, Diäthylamin-, Morpholin-Base; MEADOW, J. R., u. E. E. REID: l. c.

Phloroglucin: ⟨ ⟩—OH ;

Dimethylamin-Base: DÉCOMBE, J.: l. c.

4,4′,4″,4‴-Äthylendiäthylidin-tetrakisphenol: ;

Diäthylamin-Base; BURCKHALTER, J. H., u. Mitarb.: l. c.

11*

5. Chinone

2,5-Dioxy-benzochinon-(1,4):

Dimethylamin, n-Octylamin, Piperidin; DALGLIESH, CH. E.: J. Amer. chem. Soc. **71**, 1697 (1949).

2-Oxynaphthochinon-(1,4); LAWSON:

n-Octylamin, n-Dodecylamin, n-Tetradecylamin, n-Hexadecylamin, n-Octadecylamin, Pyridyl-(2)-amin; DALGLIESH, CH. E.: J. Amer. chem. Soc. **71**, 1697 (1949). — Mit *Acetaldehyd* anstelle von *Formaldehyd:* α-n-Octylamin, α-n-Dodecylamin, α-n-Hexadecylamin, α-Pyridyl-(2)-amin; DALGLIESH, CH. E.: l. c. — Mit *Benzaldehyd* anstelle von *Formaldehyd:* α-n-Octylamin, α-n-Decylamin, α-n-Dodecylamin, α-n-Tetradecylamin, α-n-Hexadecylamin, α-n-Octadecylamin, α-Pyridyl-(2)-amin; DALGLIESH, CH. E.: l. c. — Butylamin-, Amylamin-, Decylamin-, Benzylamin-, Cyclohexylamin-, Äthanolamin-, Dimethylamin-, Piperidin-, 2-Methylpiperidin-, 4-Methylpiperidin-, Morpholin-, 5-Methyl-dioamylamin-Base; LEFFLER, M.T., u. R. J. HATHAWAY: ibid. **70**, 3222 (1948).

6. Monocarbonsäuren

(einschl. Oxy- und Oxocarbonsäuren)

Cyanessigsäure: $NC \cdot CH_2 \cdot COOH$; Dimethylamin-Base; MANNICH, C., u. F. GANZ: Ber. dtsch. chem. Ges. **55**, 3486 (1922).

Cyanessigsäuremethylester: Dimethylamin-, Piperidin-Base; HELLMANN, H., u. K. SEEGMÜLLER: Chem. Ber. **90**, 1363 (1957).

Cyanessigsäureäthylester: Piperidin-, Morpholin-Base; HELLMANN, H., u. K. SEEGMÜLLER: l. c.

Acetamino-cyanessigester:

Piperidin-Base, Diäthylamin-Base; BUTENANDT, A., u. H. HELLMANN: Hoppe-Seyler's Z. physiol. Chem. **284**, 168 (1949).

Phenyl-cyan-essigsäureäthylester: $C_6H_5(CN)CH \cdot COOC_2H_5$; Piperazin; HELLMANN, H., u. K. SEEGMÜLLER: l. c.

Nitroessigsäure (als Kaliumsalz): $O_2N \cdot CH_2 \cdot COOK$; Piperidin; BUTENANDT, A., u. H. HELLMANN: Hoppe-Seyler's Z. physiol. Chem. **284**, 168 (1949).

4-Nitrophenylessigsäure:

Methylamin-, Dimethylamin-, Piperidin-Base; MANNICH, C., u. L. STEIN: Ber. sch. chem. Ges. **58**, 2659 (1925).

2,4-Dinitrophenylessigsäure:

Dimethylamin-, Diäthylamin-, Piperidin-Base; MANNICH, C., u. L. STEIN: l. c.

o-Nitromandelsäure: $\langle\!\!\langle\quad\rangle\!\!\rangle$—CH(OH)·COOH ;

(NO$_2$)

Piperidin-Base; MANNICH, C., u. L. STEIN: l. c.; GRILLOT, G. F., u. R. J, BASH-
FORD: J. Amer. chem. Soc. **72**, 2813 (1950); ibid. **73**, 5598 (1951).

α-Cyan-β-phenylpropionsäureäthylester: $CH_2 \cdot (C_6H_5) \cdot CH(CN) \cdot COOC_2H_5$; Piperazin; HELLMANN, H., u. K. SEEGMÜLLER: Chem. Ber. **90**, 1363 (1957).

Brenztraubensäure: $CH_3 \cdot CO \cdot COOH$; Dimethylamin, Piperidin-Base; MAN-
NICH, C., u. M. BAUROTH: Ber. dtsch. chem. Ges. **57**, 1108 (1924).

Acetessigsäure: $CH_3 \cdot CO \cdot CH_2 \cdot COOH$; Dimethylamin-Base; MANNICH, C., u.
K. CURTAZ: Arch. Pharmaz. Ber. dtsch. pharmaz. Ges. **264**, 741 (1926).

Methylacetessigsäure: $CH_3 \cdot CO \cdot CH(CH_3) \cdot COOH$; Dimethylamin-, Piperidin-
Base; MANNICH, C., u. K. CURTAZ: l. c.

Äthylacetessigsäure: $CH_3 \cdot CO \cdot CH(C_2H_5) \cdot COOH$; Dimethylamin-, Piperidin-
Base; MANNICH, C., u. M. BAUROTH: Ber. dtsch. chem. Ges. **57**, 1108 (1924); Di-
propylamin-Base; MANNICH, C., u. K. CURTAZ: Arch. Pharmaz. Ber. dtsch. pharmaz. Ges. **264**, 741 (1926).

Allylacetessigsäure: $CH_3 \cdot CO \cdot CH(CH_2 \cdot CH = CH_2) \cdot COOH$; Dimethylamin-,
Piperidin-Base; MANNICH, C., u. K. CURTAZ: Arch. Pharmaz. Ber. dtsch.pharmaz.
Ges. **264**, 741 (1926).

Benzylacetessigsäure: $CH_3 \cdot CO \cdot CH(CH_2 \cdot C_6H_5) \cdot COOH$; Diäthylamin-, Piperidin-Base; MANNICH, C., u. K. CURTAZ: l. c.

Benzoylessigsäureäthylester: $C_6H_5CO \cdot CH_2 \cdot COOC_2H_5$; Cyclohexylhydroxylamin; THESING, J., H. UHRIG u. A. MÜLLER: Angew. Chem. **67**, 31 (1955).

Lävulinsäure: $CH_3 \cdot CO \cdot CH_2 \cdot CH_2 \cdot COOH$; Dimethylamin-, Piperidin-Base;
MANNICH, C., u. M. BAUROTH: Ber. dtsch. chem. Ges. **57**, 1108 (1924).

Cyclopentanoncarbonsäureäthylester:

$$
\begin{array}{c}
\quad\quad COOC_2H_5 \\
H_2C \quad C \quad \diagdown H \\
\mid \quad\quad \mid \\
H_2C \quad C = O \\
\quad\quad CH_2
\end{array} \;;
$$

Dimethylamin, Diäthylamin, Piperidin; MANNICH, C., u. ED. STRAUSS: Arch.
Pharmaz. Ber. dtsch. pharmaz. Ges. **280**, 361 (1942).

Cyclohexanoncarbonsäureäthylester:

$$
\begin{array}{c}
CH_2 \\
H_2C \quad C \diagup COOC_2H_5 \\
\mid \quad\quad \mid \diagdown H \\
H_2C \quad C = O \\
CH_2
\end{array} \;;
$$

Dimethylamin-, Diäthylamin-, Piperidin-Base; MANNICH, C., u. ED. STRAUSS:
Arch. Pharmaz. Ber. dtsch. pharmaz. Ges. **280**, 361 (1942).

7. Dicarbonsäuren

Malonsäure: $HOOC \cdot CH_2 \cdot COOH$; Dimethylamin-Base; MANNICH, C., u.
B. KATHER: Ber. dtsch. chem. Ges. **53**, 1368 (1920). — Piperazin; MANNICH, C.,
u. F. GANZ: ibid. **55**, 3486 (1922).

Methylmalonsäure: $HOOC \cdot CH(CH_3) \cdot COOH$; Methylamin-, Dimethylamin-
Base; MANNICH, C., u. B. KATHER: l. c.

Äthylmalonsäure: HOOC · CH(C_2H_5) · COOH; Methylamin-, Dimethylamin-Base; MANNICH, C., u. F. GANZ: Ber. dtsch. chem. Ges. **55**, 3486 (1922).

Allylmalonsäure: HOOC · CH(CH_2 · CH = CH_2) · COOH; Dimethylamin-Base; MANNICH, C., u. F. GANZ: l. c.

Phenylmalonsäure: HOOC · CH(C_6H_5) · COOH; Ammoniak, Dimethylamin-Base; MANNICH, C., u. F. GANZ: l. c.

Benzylmalonsäure: HOOC · CH(CH_2 · C_6H_5) · COOH; Ammoniak, Methylamin-, Allylamin-, Dimethylamin-, Piperidin-Base; MANNICH, C., u. F. GANZ: l. c.

γ-Phenyl-propylmalonsäure: HOOC · CH(CH_2 · CH_2 · CH_2 · C_6H_5) · COOH; Dimethylamin-Base; MANNICH, C., u. F. GANZ: l. c.

Phenacylmalonsäure: HOOC · CH(CH_2 · CO · C_6H_5) · COOH; Methylamin-, Dimethylamin-Base; MANNICH, C., u. F. GANZ: l. c.

Tartronsäure: HOOC—CH(OH)—COOH; Ammoniak, Methylamin-, Dimethylamin-, Piperidin-Base; MANNICH, C., u. M. BAUROTH: Ber. dtsch. chem. Ges. **55**, 3504 (1922).

8. Tricarbonsäuren und deren Ester

Methantricarbonsäuretriäthylester: CH($COOC_2H_5$)$_3$; Piperazin; HELLMANN, H., u. K. SEEGMÜLLER: Chem. Ber. **90**, 1363 (1957).

Äthantricarbonsäure: (HOOC)$_2$=CH—CH_2 · COOH; Methylamin-Base; MANNICH, C., u. F. GANZ; Ber. dtsch. chem. Ges. **55**, 3486 (1922).

9. Monoester von Dicarbonsäuren

Malonsäuremonoäthylester: HOOC · CH_2 · $COOC_2H_5$; Diäthylamin-Base; MANNICH, C., u. K. RITSERT: Ber. dtsch. chem. Ges. **57**, 1116 (1924).

Methylmalonsäuremonoäthylester: HOOC · CH(R) · $COOC_2H_5$, R = —CH_3.

Äthylmalonsäuremonoäthylester: vorst. Formel, R = —C_2H_5;

Allylmalonsäuremonoäthylester: vorst. Formel, R = —CH_2—CH = CH_2;

Benzylmalonsäuremonoäthylester: vorst. Formel, R = —CH_2 · C_6H_5. Alle Ester mit Diäthylamin-Base; MANNICH, C., u. K. RITSERT: Ber. dtsch. chem. Ges. **57**, 1116 (1924).

10. Di-Ester von Dicarbonsäuren

Nitromalonsäurediäthylester: C_2H_5OOC · CH(NO_2) · $COOC_2H_5$; Piperazin; HELLMANN, H., u. K. SEEGMÜLLER: Chem. Ber. **90**, 1363 (1957).

Formaminomalonsäuredimethylester: OHC · NH · CH($COOCH_3$)$_2$; 1-Carbäthoxypiperazin, 1-p-Nitrophenylpiperazin; HELLMANN, H., u. G. OPITZ: Chem. Ber. **90**, 8 (1957).

Formaminomalonsäurediäthylester: OHC · NH · CH($COOC_2H_5$)$_2$; Dimethylamin-, Base; ATKINSON, R. O.: J. chem. Soc. **1952**, 3317. — Diisobutylamin-, Piperidin-, Morpholin-, Piperazin-Base; BUTENANDT, A., u. H. HELLMANN: Hoppe-Seyler's Z. physiol. Chem. **284**, 168 (1949).

Acetaminomalonsäurediäthylester: CH_3 · CO · NH · CH($COOC_2H_5$)$_2$; Dimethylamin-Base; ATKINSON, R. O.: J. chem. Soc. **1952**, 3317. — Diisobutylamin-, Morpholin-, Piperazin-Base; BUTENANDT, A., u. H. HELLMANN: Hoppe-Seyler's Z. physiol. Chem. **284**, 168 (1949).

11. Oxodicarbonsäureester

Acetondicarbonsäuredimethylester: $CH_3OOC \cdot CH_2 \cdot CO \cdot CH_2 \cdot COOCH_3$; Ammoniak, Benzaldehyd; PETRENKO-KRITSCHENKO, P., u. Mitarb.: Ber. dtsch. chem. Ges. **39**, 1358 (1906). — Methylamin-Base, Benzaldehyd; PETRENKO-KRITSCHENKO, P., u. Mitarb.: ibid. **42**, 3683 (1909). — Allylamin-Base-Benzaldehyd, Allylamin-Base-Anisaldehyd; MANNICH, C., u. P. MOHS: ibid. **63**, 608 (1930). — β-Hydroxyäthylamin-Base-Benzaldehyd; MANNICH, C., u. P. MOHS: l. c. — β-Phenyläthylamin-Acetaldehyd, Benzylamin-Benzaldehyd, Methylamin-Acetaldehyd; PECKELHOFF, P.: Diss. Stuttgart 1933; DRP 510184.

Acetondicarbonsäurediäthylester: $C_2H_5OOC \cdot CH_2 \cdot CO \cdot CH_2 \cdot COOC_2H_5$; Ammoniak-Benzaldehyd; PETRENKO-KRITSCHENKO, P., u. Mitarb.: l. c. — Ammonium-bromid-Acetaldehyd; PECKELHOFF, P.: l. c. — Methylamin-Base-Benzaldehyd; PETRENKO-KRITSCHENKO, P., u. Mitarb.: l. c.; MANNICH, C., u. P. MOHS: l. c.; NOLLER, C. R., u. V. BALLACH: J. Amer. chem. Soc. **70**, 3853 (1948). — Methylamin-Acetaldehyd; PECKELHOFF, P.: l. c. — Äthylamin-Base-Benzaldehyd; PETRENKO-KRITSCHENKO, P., u. Mitarb.: l. c.

α, α'-*Diäthylacetondicarbonsäurediäthylester:*
$$C_2H_5OOC \cdot CH(C_2H_5) \cdot CO \cdot CH(C_2H_5) \cdot COOC_2H_5;$$
Methylamin-Base; MANNICH, C., u. P. SCHUMANN: Ber. dtsch. chem. Ges. **69**, 2299 (1936) und

α, α'-*Diallylacetondicarbonsäurediäthylester:*
$$C_2H_5OOC \cdot CH(CH_2 \cdot CH{=}CH_2) \cdot CO \cdot CH(CH_2 \cdot CH{=}CH_2) \cdot COOC_2H_5;$$
wie vorstehend.

1-Methyl-2,6-diphenyl-4-oxo-piperidin-3,5-dicarbonsäure-dimethylester:

$$
\begin{array}{l}
C_6H_5 \cdot CH{-}CH \cdot COOCH_3 \\
H_3C \cdot N \quad\; C{=}O \\
C_6H_5 \cdot CH{-}CH \cdot COOCH_3
\end{array}
\; ;
$$

Methylamin-, Allylamin-Base; MANNICH, C., u. P. MOHS: Ber. dtsch. chem. Ges. **63**, 608 (1930).

1-Allyl-2,6-diphenyl-4-oxo-piperidin-3,5-dicarbonsäure-dimethylester:

$$
\begin{array}{l}
C_6H_5 \cdot CH{-}CH \cdot COOCH_3 \\
CH_2{=}CH{-}CH_2{-}N \quad\; C{=}O \\
C_6H_5 \cdot CH{-}CH \cdot COOCH_3
\end{array}
\; ;
$$

Methylamin-Base; MANNICH, C., u. P. MOHS: Ber. dtsch. chem. Ges. **63**, 608 (1930).

4-Oxoheptan-1,3,5,7-tetracarbonsäuretetraäthylester:

$$
\begin{array}{l}
H_2C{-}{-}CH_2{-}CH{-}{-}C{-}CH{-}{-}CH_2{-}CH_2 \\
\;\;\; COOC_2H_5 \quad\; COOC_2H_5 \; O \; COOC_2H_5 \quad\; COOC_2H_5
\end{array}
\; ;
$$

Methylamin; TSUDA, K., u. Mitarb.: J. org. Chemistry **21**, 598 (1956).

12. Sulfinsäuren

Benzolsulfinsäure: $C_6H_5 \cdot SO_2H$; Benzidin, o-Phenylendiamin, Piperazin, 1-Carbäthoxypiperazin, 1-p-Nitrophenylhydrazin; HELLMANN, H., u. G. OPITZ: Chem. Ber. **90**, 8 (1957).

p-Toluolsulfinsäure: $H_3C{-}\langle\rangle{-}SO_2H$;

Piperazin, 1-Carbäthoxypiperazin, 1-p-Nitrophenylpiperazin; HELLMANN, H., u. G. OPITZ: l. c.

α-*Phenylsulfonyl-α-äthyl ssigsäure:* $\langle\!=\!\rangle\!-\!SO_2\!-\!\overset{\displaystyle C_2H_5}{\underset{\displaystyle |}{CH}}\!-\!COOH$;

Diäthylamin-Base; CHODROFF, S., u. W. F. WHITMORE: J. Amer. chem. Soc. **72**, 1073 (1950).

α-*Phenylsulfonyl-α-isopropylessigsäure*, α-*Phenylsulfonyl-α-n-butylessigsäure* und α-*Phenylsulfonyl-α-benzylessigsäure*; Formeln analog vorst. Alle Säuren mit Diäthylamin-Base; CHODROFF, S., u. W. F. WHITMORE: l. c.

α-*p-Tolylsulfonyl-propionsäure:* $H_3C\!-\!\langle\!=\!\rangle\!-\!SO_2\!-\!\overset{\displaystyle CH_3}{\underset{\displaystyle |}{CH}}\!-\!COOH$;

Diäthylamin-Base; CHODROFF, S., u. W. F. WHITMORE: l. c.

13. Nitroverbindungen

Nitromethan: CH_3NO_2; Piperidin-Base; BLOMQUIST, A. T., u. T. H. SHELLEY jr.: J. Amer. chem. Soc. **70**, 147 (1948).

Nitroäthan: $CH_3 \cdot CH_2 \cdot NO_2$; Diisopropylamin-, Piperidin-Base, Diäthylamin-Base (nicht rein erhalten); SHOEMAKER, G. L., u. R. W. KEOWN: J. Amer. chem. Soc. **76**, 6374 (1954). — Cyclohexylamin-Base; GÜRNE, D., u. T. URBAŃSKI: Bull. Acad. polon. Sci. Cl. III, **4**, 221 (1956); Chem. Zbl. **1957**, 5559; vgl. auch A. T. BLOMQUIST u. T. H. SHELLEY jr.: l. c.

1-Nitropropan: $CH_3 \cdot CH_2 \cdot CH_2 \cdot NO_2$; Diisopropylamin-Base; SHOEMAKER, G. L., u. R. W. KEOWN: l. c. — Cyclohexylamin-Base; GÜRNE, D., u. T. URBAŃSKI: l. c. — Diäthylamin-Base; BLOMQUIST, A. T., u. T. H. SHELLEY jr.: l. c. — Dimethylamin-, Diäthylamin-Base; SNYDER, H. R., W. E. HAMLIN: J. Amer. chem. Soc. **72**, 5082 (1950). — Äthylendiamin; URBAŃSKI, T., u. R. KOLIŃSKI: Roczniki Chem. [Ann. Soc. chim. Polonorum] **30**, 201 (1956).

2-Nitropropan: Dimethylamin-Base; SNYDER, H. R., u. W. E. HAMLIN: l. c.

1-Nitrobutan: $CH_3 \cdot CH_2 \cdot CH_2 \cdot CH_2 \cdot NO_2$; Cyclohexylamin-Base; GÜRNE, D., u. T. URBAŃSKI: l. c. — Diäthylamin-Base; BLOMQUIST, A. T., u. T. H. SHELLEY jr.: l. c. — Ammoniak; URBAŃSKI, T., u. H. PIOTROWSKA: Roczniki Chem. [Ann. Soc. chim. Polonorum] **29**, 379 (1955); dies. Bull. Acad. polon. Sci. Cl. III, **3**, 179 (1955).

d-2-Nitrobutan: $CH_3 \cdot CH(NO_2) \cdot CH_2 \cdot CH_3$; Isopropylamin; GRILLOT, G. F., u. R. J. BASHFORD: J. Amer. chem. Soc. **73**, 5598 (1951).

1-Nitro-isobutan: $O_2N \cdot CH_2\!-\!(CH(CH_3) \cdot CH_3$; Ammoniak; URBAŃSKI, T., u. J. KOLESIŃSKA: Roczniki Chem. [Ann. Soc. chim. Polonorum] **29**, 379 (1955).

2-Nitro-2-cyclohexen-(1)-yl-propandiol-(1,3): $HOH_2C\!-\!\overset{\displaystyle NO_2}{\underset{\displaystyle \underset{C_6H_{11}}{|}}{\overset{|}{C}}}\!-\!CH_2OH$;

Methylamin-, Äthylamin-, Äthanolamin-, Isopropylamin-, Cyclohexenylamin-, Benzylamin-Base; ECKSTEIN, Z., W. SOBÓTKA u. T. URBAŃSKI: Roczniki Chem. [Ann. Soc. chim. Polonorum] **30**, 133 (1956).

2-Nitro-2-n-propylpropandiol-(1,3): $HOH_2C\!-\!\overset{\displaystyle NO_2}{\underset{\displaystyle \underset{C_3H_7}{|}}{\overset{|}{C}}}\!-\!CH_2OH$;

und

2-Nitro-2-isopropylpropandiol-(1,3): Formel analog vorstehender; Ammoniak; URBAŃSKI, T., J. KOLESIŃSKA u. H. PIOTROWSKA: Bull. Acad. polon. Sci. Cl. III, **3**, 179 (1955).

1-Nitropentan: $CH_3 \cdot CH_2 \cdot CH_2 \cdot CH_2 \cdot CH_2 \cdot NO_2$; Diäthylamin-Base; BLOM-
QUIST, A. T., u. T. H. SHELLEY jr.: l. c.

1-Nitrohexan: $CH_3 \cdot CH_2 \cdot CH_2 \cdot CH_2 \cdot CH_2 \cdot CH_2 \cdot NO_2$; Diäthylamin-Base; BLOM
QUIST, A. T., u. T. H. SHELLEY jr.: l. c.

2,4-Dinitrotoluol:

Diäthylamin, Piperidin; KERMACK, O. W., u. W. MUIR: J. chem. Soc. [London]
1933, 300.

Trinitrotoluol:

Dimethylamin-, Diäthylamin-, Di-n-butylamin-, Diäthanolamin-, Dibenzylamin-,
Dicyclohexylamin-, Piperidin-, Morpholin-, Methylanilin-, Piperazin-Base; BRU-
SON, H. A., u. G. B. BUTLER: J. Amer. chem. Soc. **68**, 2348 (1946).

14. Heterocyclen

a) Heterocyclen mit O im Ring

2-Methylfuran:

Dimethylamin (Eisessig); ELIEL, E. L., u. M. T. FISK: Org. Syntheses **35**, 78 (1955).

2-Hydroxy-dibenzofuran:

Dimethylamin-Base; GILMAN, H., u. H. SMITH-BROADBENT: J. Amer. chem. Soc.
70, 3963 (1948).

α-Carboxy-γ-phenylbutyrolakton:

Diäthylamin-Base; VAN TAMELEN, E. EUGENE u. SHIRLEY ROSENBERG-BACH: J.
Amer. chem. Soc. **77**, 4683 (1955).

4-Hydroxy-cumarin:

Äthylamin-, Dimethylamin-, Piperidin-Base; ROBINSON, DALE N., u. K. P. LINK:
J. Amer. chem. Soc. **75**, 1883 (1953).

Chromon:

Dimethylamin, Diäthylamin, Piperidin, Morpholin; WILEY, P. F.: J. Amer. chem.
Soc. **74**, 4326 (1952).

6-Methoxychromon, 7-Methoxychromon, 6-Methylchromon und 6-Chlorchromon:
Formel analog vorst. Alle Chromone mit Dimethylamin; WILEY, P. F.: l. c.

6-Hydroxychromanon: HO—(Formel)

Dimethylamin; WILEY, P. F.: J. Amer. chem. Soc. **73**, 4205 (1951).

6-Methoxychromanon: entsprechend vorstehender Formel; Dimethylamin,
Piperidin, Diäthylamin, Morpholin, 2-Dimethylaminoäthylamin, Benzylamin;
WILEY, P. S.: J. Amer. chem. Soc. **73**, 4205 (1951).

7-Methoxy-chromanon, 8-Methoxy-chromanon, 6-Äthoxy-chromanon, 6-Methyl-
chromanon, 6-Brom-chromanon, 7-Chlor-chromanon, 6,7-Dimethoxy-chromanon;
Formeln analog vorst. Alle substituierten Chromanone mit Dimethylamin als basischer Komponente; WILEY, P. F.: J. Amer. chem. Soc. **73**, 4205 (1951).

2-Methyl-6-methoxychromanon: CH_3O—(Formel)

Dimethylamin; WILEY, P. F.: l. c.

2-Methyl-6-methoxythiochromanon: CH_3O—(Formel)

Dimethylamin; WILEY, P. F.: l. c.

Kojisäure: (Formel)

Anilin, Methylanilin, p-Toluidin, p-Bromanilin; WOODS, L. L.: J. Amer. chem. Soc.
68, 2744 (1946).

2,6-Dimethyltetrahydropyron-3,5-dicarbonsäurediäthylester:

(Formel)

Methylamin-, Diäthylamin-, Piperidin-Base; MANNICH, C., u. W. MÜCK: Ber. dtsch.
chem. Ges. **63**, 604 (1930).

2,6-Diphenyltetrahydropyron-3,5-dicarbonsäurediäthylester:

(Formel)

Methylamin-Base; MANNICH, C., u. W. MÜCK: l. c.

b) N-haltige Heterocyclen

Pyrrol:

$$\begin{array}{c} HC\!=\!\!=\!CH \\ HC \quad\ CH \\ \diagdown N \diagup \\ H \end{array}$$

Dimethylamin, Piperidin; KUTSCHER, W., u. O. KLAMERTH: Chem. Ber. **86**, 352 (1953).

1-Methylpyrrol:

$$\begin{array}{c} HC\!-\!\!-\!CH \\ HC \quad\ CH \\ \diagdown N \diagup \\ | \\ CH_3 \end{array}$$

Methylamin, Äthylamin, Dimethylamin, Diäthylamin, Piperidin, Morpholin; HERZ, W., u. J. L. ROGERS: J. Amer. chem. Soc. **73**, 4921 (1951).

2-Oxymethylpyrrol:

$$\begin{array}{c} HC\!-\!\!-\!CH \\ HC \quad\ C\cdot CH_2OH \\ \diagdown NH \diagup \end{array} ;$$

Piperidin; SILVERSTEIN, R. M., E. E. RYSKIEWICZ, C. WILLARD u. R. KOEHLER: J. org. Chemistry **20**, 668 (1955).

1-Phenylpyrrol:

$$\begin{array}{c} HC\!-\!\!-\!CH \\ HC \quad\ CH \\ \diagdown N \diagup \\ | \\ C_6H_5 \end{array} ;$$

Äthylamin, Dimethylamin, Piperidin; HERZ, W., u. J. L. ROGERS: l. c.

2,4-Dimethyl-5-carbäthoxypyrrol:

$$\begin{array}{c} H_3C\!-\!C\!-\!\!-\!CH \\ H_5C_2OOC\!-\!C \quad\ C\!-\!CH_3 \\ \diagdown NH \diagup \end{array} ;$$

Diäthylamin-Base; TREIBS, A., u. R. ZINSMEISTER: Chem. Ber. **90**, 97 (1957).

2,4-Dimethyl-3-carbäthoxy-pyrrol: Formel analog vorstehender; Diäthylamin-Base; TREIBS, A., u. R. ZINSMEISTER: l. c.

2,4-Dimethyl-3-acetylpyrrol:

$$\begin{array}{c} H_3C\!-\!C\!-\!\!-\!C\!-\!CO\cdot CH_3 \\ HC \quad\ C\!-\!CH_3 \\ \diagdown NH \diagup \end{array} ;$$

Diäthylamin-Base; TREIBS, A., u. R. ZINSMEISTER: l. c.

2,3,4-Trimethylpyrrol: Diäthylamin-Base; TREIBS, A., u. R. ZINSMEISTER: l. c. (Mannich-Base nicht isoliert.)

Indol:

$$\begin{array}{c} \underset{6}{\overset{4}{\diagup}}\underset{7}{\overset{5}{\Big|}}\quad\underset{2}{\overset{3}{\Big|}} \\ \diagdown_{\ 1} NH \diagup \end{array} ;$$

Dimethylamin-, Diäthylamin-, Piperidin-Base; KÜHN, H., u. O. STEIN: Ber. dtsch. chem. Ges. **70**, 567 (1937). — Diallylamin, Methylbenzylamin; BREHM, W. J., u. H. G. LINDWALL: J. org. Chemistry **15**, 685 (1950). — Dimethylamin-, Piperidin-Base; SNYDER, H. R., C. W. SMITH u. J. M. STEWART: J. Amer. chem. Soc. **66**, 200 (1944). — Piperidin-Base; vgl. a. C. S. RUNTI: Gazz. chim. ital. **81**, 613 (1951). — Morpholin-, Piperidin-Base; RUNTI C., u. G. ORLANDO: Ann. Chim. (Rome) **43**,

308 (1953). — Sulfanilamid, p-Aminobenzoesäure; LICARI, J. J., L. W. HATZEL, GREGG DOUGHERTY u. F. R. BENSON: J. Amer. chem. Soc. **77**, 5386 (1955). — Methylanilin; BREHM, J. W., u. H. G. LINDWALL: J. org. Chemistry **15**, 685 (1950); THESING, J., H. MAYER u. S. KLÜSSENDORF: Chem. Ber. **87**, 901 (1954); THESING, J., u. H. MAYER: ibid. **87**, 1084 (1954); THESING, J., S. KLÜSSENDORF, P. BALLACH u. H. MAYER: ibid. **88**, 1295 (1955); THESING, J., H. MAYER u. H. ZIEG: ibid. **88**, 1978 (1955). — Indolin; THESING, J., H. MAYER u. S. KLÜSSENDORF: l. c. — Dimethylanilin; THESING, J., H. ZIEG u. H. MAYER: l. c. — N-Methylhydroxylamin, Cyclohexylhydroxylamin; THESING, J., H. UHRIG u. A. MÜLLER: Angew. Chem. **67**, 31 (1955).

1-Methylindol: Dimethylamin; SNYDER, H. R., u. E. L. ELIEL: J. Amer. chem. Soc. **70**, 1703 (1948). — Piperidin; SNYDER, H. R., u. E. L. ELIEL: ibid. **70**, 4733 (1948).

4-Cyanmethylindol: 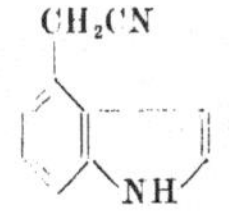

;

Dimethylamin-Base; PLIENINGER, H., u. K. SUHR: Chem. Ber. **90**, 1984 (1957).

1-Cyanoäthylindol: Dimethylamin; BELL, J. B., u. H. G. LINDWALL: J. org. Chemistry **13**, 547 (1948).

2-Methylindol: Dimethylamin; RYDON, H. N.; J. chem. Soc. **1948**, 705; SUPNIEWSKI u. J. V. SERAFIN-GAJEWSKA: Acta polon. pharmac. **2**, 125 (1938). — Morpholin, Piperidin; BELL, J. B., u. H. G. LINDWALL: J. org. Chemistry **15**, 685 (1950).

2-Carbäthoxyindol: 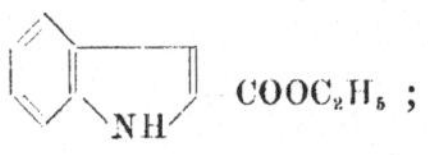

;

Dimethylamin, Diallylamin, Dipropylamin, Diäthanolamin, Morpholin, Methylbenzylamin, 1-Diäthylamino-4-(n-propylamino)-pentan; BREHM, J. W., u. H. G. LINDWALL: J. org. Chemistry **15**, 685 (1950).

4-Methylindol: Dimethylamin; RYDON, H. N.: J. chem. Soc. **1948**, 705.

5-Methylindol: Dimethylamin; JACKMAN, M., u. S. ARCHER: J. Amer. chem. Soc. **68**, 2105 (1946); RYDON, H. N.: l. c.

6-Methylindol: Dimethylamin; RYDON, H. N.: l. c.; SNYDER, H. G., u. F. J. PILGRIM: J. Amer. chem. Soc. **70**, 3787 (1948).

7-Methylindol: Dimethylamin; RYDON, H. N.: l. c.

5-Bromindol: Dimethylamin; SNYDER, H. R., S. M. PARMERTER u. L. KATZ: J. Amer. chem. Soc. **70**, 222 (1946).

5-Methoxyindol: Dimethylamin; BELL, J. B., u. H. G. LINDWALL: J. org. Chemistry **13**, 547 (1948).

7-Methoxyindol: Dimethylamin; BELL, J. B., u. H. G. LINDWALL: l. c.

1-Benzylindol: 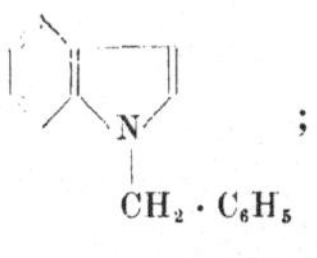

;

Dimethylamin; CORNFORTH, J. W., R. H. CORNFORTH, C. E. DALGLIESH u. A. NEUBERGER: Biochem. Z. **48**, 591 (1951). Dimethylamin, Diäthylamin, Morpholin (Eisessig): GOLDSMITH, I. A., u. H. G. LINDWALL: J. org. Chemistry **18**, 507 (1953).

3-Benzylindol: ;

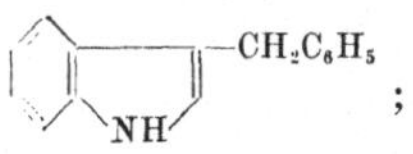

Dimethylamin-Base; THESING, J., u. P. BINGER: Chem. Ber. **90**, 1419 (1957).

1,3-Dimethylindol: ;

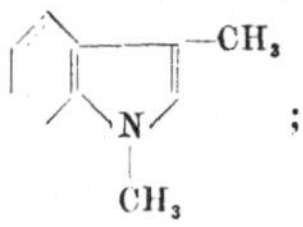

Dimethylamin (Eisessig); THESING, J., u. P. BINGER: l. c.

β,β-Diindolylmethan: ;

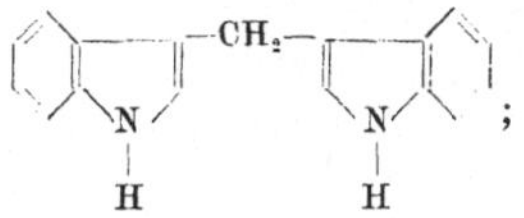

Dimethylamin-Base; THESING, J., u. P. BINGER: l. c.

2-Methyl-5-methoxyindol: Dimethylamin; BELL, J. B., u. H. G. LINDWALL: l. c.

2-Carbäthoxy-5-methoxyindol: Dimethylamin; BELL, J. B., u. H. G. LIND-WALL: l. c.

2-Carbäthoxy-7-methoxyindol: Dimethylamin; BELL; J. B., u. H. G. LIND-WALL: l. c.

2-Phenylindol: Dimethylamin-, Diäthylamin-, Piperidin-Base; SNYDER, H. R., S. SWAMINATHAN u. H. J. SIMS: J. Amer. chem. Soc. **74**, 5110 (1952). — Diäthyl-amin-Base; KISSMAN, H. M., u. B. WITKOP: ibid. **75**, 1967 (1953).

β-Indolaldehyd: ;

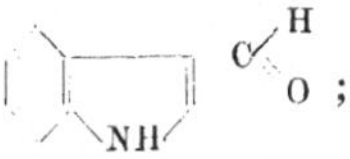

Dimethylamin-Base; THESING, J., u. P. BINGER: l. c.

3-Dimethylaminomethylindol; Gramin: ;

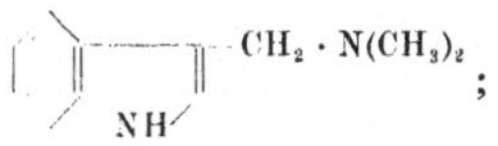

Dimethylamin-Base; THESING, J., u. P. BINGER: l. c.

1-Benzyl-2-indolcarbonsäure: ;

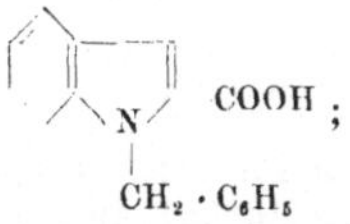

CORNFORTH, J. W., R. H. CORNFORTH, C. E. DALGLIESH u. A. NEUBERGER: l. c.

1-Skatylindol: ;

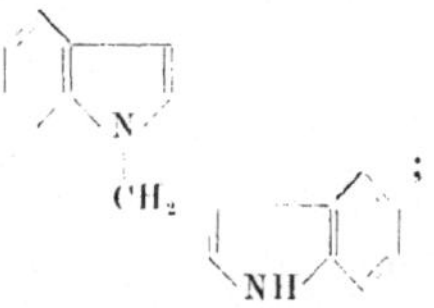

Dimethylamin (Eisessig); THESING, J., S. KLÜSSENDORF, P. BALLACH u. H. MAYER: Chem. Ber. **88**, 1295 (1955).

5-Skatylindol: ;

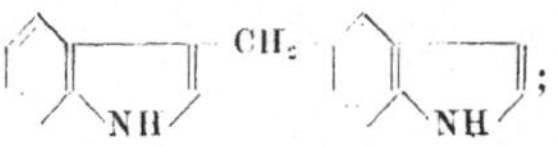

Dimethylamin (Eisessig); THESING, J., S. KLÜSSENDORF, P. BALLACH u. H. MAYER: l. c.

O,N-*Dibenzoyl-dioxindol:*

Diäthylamin-, Piperidin-Base; HELLMANN, H., u. E. RENZ: Chem. Ber. **84**, 901 (1951).

O,N-*Diacetyl-dioxindol:*

Diäthylamin-, Piperidin-Base; HELLMANN, H., u. E. RENZ: l. c.

1-Phenyl-2-methyl-isoindol:

Morpholin; THEILACKER, W., u. H. KALENDA: Liebigs Ann. Chem. **584**, 87 (1953).

α-*Picolin:*

Diäthylamin-Base; TSEOU HÉOU-FÉO: Compt. rend. **192**, 1242 (1931).

3-Pyridol:

Dimethylamin-, Diäthylamin-, Dipropylamin-, Dibutylamin-, Piperidin-, Morpholin-, Methylbenzylamin-, Methylamin-Base; STEMPEL, A., u. E. C. BUZZI: J. Amer. chem. Soc. **71**, 2969 (1949).

6-Methyl-pyridol-(3):

Dimethylamin-, Methylbenzylamin-, Methylamin-Base; STEMPEL, A., u. E. C. BUZZI: J. Amer. chem. Soc. **71**, 2969 (1949). — Diäthylamin-, Di-n-Butylamin-, Piperidin-Base; BROWN, R. F., u. ST. J. MILLER: J. org. Chemistry **11**, 388 (1946),

2-Picolin-3-ol:

Diäthylamin-, Dibutylamin-, Piperidin-Base; BROWN, R. F., u. ST. J. MILLER: J. org. Chemistry **11**, 388 (1946).

Pyridin-2-aldehydphenylhydrazon:

Dimethylamin-, Piperidin-, Morpholin-Base; RIED, W., u. G. KEIL: Liebigs Ann. Chem. **605**, 167 (1957).

2-Methylchinolin, Chinaldin: [Struktur] ;

(als Base und als salzsaures Salz verwendet); Diäthylamin-Base; KERMACK, W. O.,
u. W. MUIR: J. chem. Soc. **1931**, 3089; TSEOU HÉOU-FÉO: l. c. — Dimethylamin,
DRP 497907; Frdl. **16**, 2669 (1931). — Piperidin-Base, Methylanilin; KERMACK,
W. O., u. W. MUIR: l. c. (Chinaldin als salzsaures Salz verwendet).

7-Oxychinolin: HO—[Struktur] ;

Diäthylamin-Base; BURCKHALTER, J. H., F. H. TENDICK, E. M. JONES, W. F.
HOLCOMB u. A. L. RAWLINS: J. Amer. chem. Soc. **68**, 1894 (1946).

8-Oxychinolin, Oxin: [Struktur] ;

Piperidin-Base, DRP 92309; Frdl. **4**, 103 (1899). Mit Benzaldehyd und p-Nitranilin;
PIRRONE, F.: Gazz. chim. ital. **70**, 520 (1940). — Mit Benzaldehyd und Anilin;
PIRRONE, F.: ibid. **71**, 320 (1941). — Dimethylamin-, Piperidin-Base; BURCK-
HALTER, J. H., F. H. TENDICK, E. M. JONES, W. F. HOLCOMB u. A. L. RAWLINS:
l. c. — Mit Benzaldehyd anstelle von Formaldehyd und folgenden Aminen: 2-Amino-
3-methylpyridin, 2-Amino-4-methylpyridin, 2-Amino-5-methylpiridin, 2-Amino-
6-methylpyridin, 2,6-Diaminopyridin, 2-Aminobenzthiazol, 2-Aminothiazol, 3-
Aminochinolin, Anthranilsäure; PHILLIPS, J. P., R. W. KEOWN u. QU. FERNANDO:
J. org. Chemistry **19**, 907 (1954). — a) Mit *Benzaldehyd* anstelle von Formaldehyd:
Anilin, o-Toluidin, p-Toluidin, o-Methoxyanilin, m-Chloranilin, o-Nitranilin, p-
Nitranilin; b) mit *Anisaldehyd* anstelle von Formaldehyd: Anilin; c) mit *Butyraldehyd* anstelle von Formaldehyd; d) mit *Furfurol* anstelle von Formaldehyd:
a-Nitranilin; PHILLIPS, J. P., R. W. KEOWN u. QU. FERNANDO: J. Amer. chem.
poc. **75**, 4306 (1953).

2-Methyl-8-oxychinolin: [Struktur] ;

mit Benzaldehyd anstelle von Formaldehyd: p-Nitranilin; PHILLIPS, J. P., R. W.
KEOWN u. QU. FERNANDO: J. Amer. chem. Soc. **75**, 4306 (1953).

2-Methyl-4-hydroxychinolin: [Struktur] :

Dimethylamin, Methyldiäthyläthylendiamin, DRP 497907; Frdl. **16**, 2669 (1941).

7-Chlor-4-(4-hydroxyanilino)-chinolin: [Struktur]   :

Äthylamin-Base; BURCKHALTER, J. H., F. H. TENDICK, E. M. JONES, P. A. JONES,
W. F. HOLCOMB u. A. L. RAWLINS: J. Amer. chem. Soc. **70**, 1363 (1948).

2-Methyl-8-nitrochinolin:

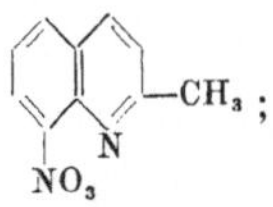

Äthylamin, DRP 497907; Frdl. **16**, 2669 (1931).

2-Äthoxy-4-methylchinolin:

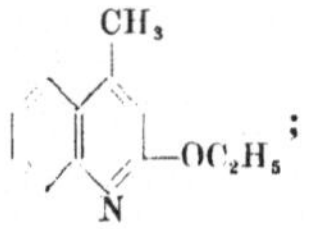

Dimethylamin, DRP 497907; Frdl. **16**, 2669 (1931).

1,2,6-Trimethyl-4-piperidon-3,5-dicarbonsäure-dimethylester:

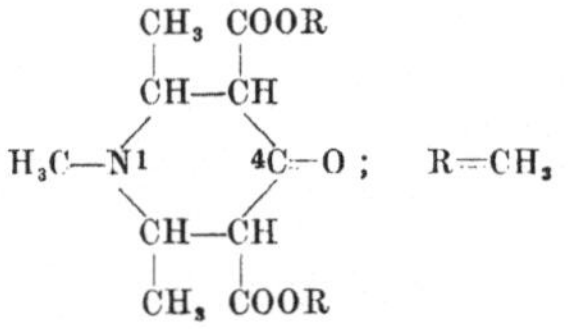

Methylamin, Allylamin, β-Chloräthylamin, β-Phenyläthylamin; MANNICH, C., u.
F. VEIT: Ber. dtsch. chem. Ges. **68**, 506 (1935).

1,2,6-Trimethyl-4-piperidon-3,5-dicarbonsäurediäthylester: s. vorstehende Formel; $R = C_2H_5$; Methylamin; MANNICH, C., u. F. VEIT: l. c.

1-Methyl-2,6-diphenyl-4-piperidon-3,5-dicarbonsäuredimethylester: Formel s.
entspr. vorstehend; $R = CH_3$; Methylamin-, Allylamin-Base; MANNICH, C., u.
P. MOHS: Ber. dtsch. chem. Ges. **63**, 608 (1930).

1-Allyl-2,6-diphenyl-4-piperidon-3,5-dicarbonsäuredimethylester: Formel s. vorstehend; $R = CH_3$; Methylamin-Base; MANNICH, C., u. P. MOHS: l. c.

2,6-Dimethyl-3,5-dicarbäthoxy-4-(4'-hydroxyphenyl)-1-4-dihydropyridin:

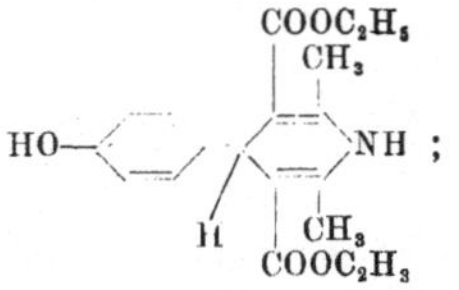

Dimethylamin-, Diäthylamin-, Piperidin-, Morpholin-Base; PHILLIPS, A. P.:
J. Amer. chem. Soc. **73**, 3522 (1951).

Tropanon-2,4-dicarbonsäuredimethylester:

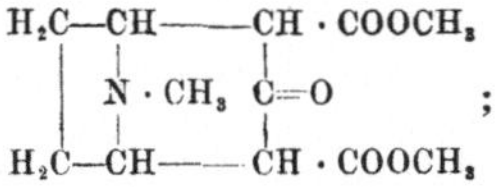

Methylamin-Base; MANNICH, C., u. F. VEIT: l. c.

Pyrazol:

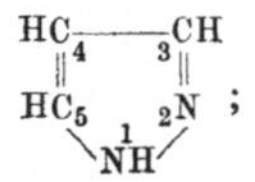

Dimethylamin-, Piperidin-Base; HÜTTEL, R., u. P. JOCHUM: Chem. Ber. **85**, 820
(1952).

4-Jodpyrazol: Formel entspr. vorstehend; Piperidin-Base; HÜTTEL, R., u.
P. JOCHUM: l. c.

4-Nitropyrazol: Formel entspr. obiger; Dimethylamin-, Piperidin-Base; HÜTTEL, R., u. P. JOCHUM: l. c.

4-Nitro-3- (oder 5)-methylpyrazol, 3,5-Dimethylpyrazol und 3,5-Dimethyl-4-nitropyrazol: mit Piperidin-Base; HÜTTEL, R., u. P. JOCHUM: l. c.

5-Amino-4-carbäthoxy-glyoxalin:

Diäthylamin-Base; BADER, H., J. D. DOWNER u. P. DRIVER: J. chem. Soc. **1950** 2775.

2,5-Dimethylpyrazin:

Dimethylamin, Piperidin, Morpholin; LINDER, SEYMOUR M., u. P. E. SPOERRI: J. Amer. chem. Soc. **74**, 1517 (1952).

4-Methyl-chinazolin:

Dimethylamin, Morpholin; SIEGLE, J., u. B. E. CHRISTENSEN: J. Amer. chem. Soc. **73**, 5777 (1951).

2-Methyl-6,5-(2',3'-pyrro)-chinolin:

Diäthylamin (Eisessig); DEWER, J. S.: J. chem. Soc. **1944**, 615; JACKMAN, M. E., u. S. ARCHER: J. Amer. chem. Soc. **68**, 2105 (1946).

2,4-Dimethyl-chinazolin: Formel analog obiger; Dimethylamin, Morpholin; SIEGLE, J., u. B. E. CHRISTENSEN: l. c.

6-Acetyl-2,4-dimethylchinazolin: Dimethylamin, Morpholin; SIEGLE, J., u. B. E. CHRISTENSEN: l. c.

1-Phenyl-2,3-dimethylpyrazolon (5); Antipyrin (WZ):

Ammoniumchlorid; MANNICH, C., u. W. KRÖSCHE: Arch. Pharmaz. Ber. dtsch. pharmaz. Ges. **250**, 647 (1912). — Methylamin, Äthylamin, Allylamin, Allylaminoacetat, ω-Aminoacetophenon, Tetrahydro-β-naphthylamin, Äthylendiamin, Dimethylamin, Diäthylamin, Methylanilin; MANNICH, C., u. B. KATHER: ibid. **257**, 18 (1919). — Dimethylamin-, Piperidin-Base; BODENDORF, K., u. G. KORALEWSKI: ibid. **271**, 101 (1933). — Piperidin, Piperazin; MANNICH, C., u. B. KATHER: l. c. — ω-Methylaminopropiophenon; MANNICH, C., G. HEILNER: Ber. dtsch. chem. Ges. **55**, 365 (1922). — Morpholin; HARRADENCE, R. H., u. F. LIONS: J. Proc. Roy. Soc. New South Wales **72**, 233 (1938). — Dibenzylamin, Morpholin; LIEBERMANN, S. V., u. E. C. WAGNER: J. org. Chemistry **14**, 1001 (1949). — Cyclohexylhydroxylamin; THESING, J., H. UHRIG u. A. MÜLLER: Angew. Chem. **67**, 31 (1955). — 1-Methylpiperazin; HELLMANN, H., u. G. OPITZ: Chem. Ber. **90**, 8 (1957). — Hydrazin, N,N'-Dimethylhydrazin, N,N'-Diäthyläthylendiamin, N,N'-Dimethyläthylendiamin; RIED, W., u. K. H. WESSELBORG: Angew. Chem. **68**, 335 (1956). — Anilin,

Methylanilin, Dimethylanilin; THESING, J., H. ZIEG u. H. MAYER: Chem. Ber. **88**, 1978 (1955). — Anilin, Methylanilin; BODENDORF, K., u. H. RAAF: Liebigs Ann. Chem. **592**, 26 (1955).

1-Phenyl-2,5-dimethylpyrazolon (3); *(= Isoantipyrin)*: Formel analog vorstehend; Dimethylamin; MANNICH, C., u. B. KATHER: l. c.

1-p-Tolyl-2,3-dimethylpyrazolon-(5); *p-Tolypyrin* (WZ): Formel analog obiger; Ammoniumchlorid; MANNICH, C., u. W. KRÖSCHE: Arch. Pharmaz. Ber. dtsch. pharmaz. Ges. **250**, 647 (1912).

Homoantipyrin:

$$\begin{array}{c} HC\!=\!\!=\!C\cdot CH_3 \\ | \qquad\quad | \\ O\!=\!C \qquad NC_2H_5 \\ \diagdown N\diagup \\ | \\ C_6H_5 \end{array} \quad;$$

Ammoniumchlorid; MANNICH, C., u. W. KRÖSCHE: l. c.

1-N-Cyclohexyl-2-methyl-4-benzal-imidazolon-(5):

$$\begin{array}{c} C_6H_5CH\!=\!\!\boxed{}\!=\!O \\ N \quad N\cdot C_6H_{11} \\ \diagdown C\diagup \\ | \\ CH_3 \end{array} \quad;$$

Dimethylamin; PFLEGER, R., u. G. MARKERT: Chem. Ber. **90**, 1494 (1957).

Thiophen: (Formel Thiophenring mit S) ;

Hydroxylamin; HARTOUGH, H. D.: J. Amer. chem. Soc. **69**, 1355 (1947). — Ammoniumchlorid; HARTOUGH, H. D., S. J. LUKASIEWICZ u. E. H. MURRAY jr.: ibid. **70**, 1146 (1948).

2-Chlorthiophen: (Formel Thiophenring—Cl) ;

Hydroxylamin; HARTOUGH, H. D.: l. c.

2-tert.-Butylthiophen: (Formel Thiophenring—C(CH₃)₃) ;

Ammonchlorid, Hydroxylamin; HARTOUGH, H. D.: l. c.

2-Methylthiophen:

$$\begin{array}{c} HC\!\!-\!\!-\!\!CH \\ \| \qquad \| \\ HC \quad C\!\!-\!\!CH_3 \\ \diagdown S\diagup \end{array} \quad;$$

Ammoniumchlorid; HARTOUGH, H. D., S. J. LUKASIEWICZ u. E. H. MURRAY jr.: l. c.

2-Acetamido-thiazol:

$$\begin{array}{c} HC\!=\!\!=\!CH \\ | \qquad | \\ N \quad S \\ \diagdown C\diagup \\ | \\ NHCOCH_3 \end{array} \quad;$$

Dimethylamin, Piperidin; ALBERTSON, N. F.: J. Amer. chem. Soc. **70**, 669 (1948).

2-Acetamido-4-methylthiazol:

$$\begin{array}{c} H_3C\!\!-\!\!C\!=\!\!=\!CH \\ | \qquad | \\ N \quad S \\ \diagdown C\diagup \\ | \\ NHCOCH_3 \end{array} \quad;$$

Dimethylamin (Eisessig); ALBERTSON, N. F.: J. Amer. chem. Soc. **70**, 669 (1948).

2,4-Dimethylthiazol:

Dimethylamin, Diäthylamin; MICHAILOW, B. M., u. I. K. PLATOWA: J. allg. Chem. (russ.) **26** (88), 491 (1956).

2-Methylmercapto-4-methyl-6-hydroxypyrimidin:

Piperidin (Eisessig); SNYDER, H. R., H. M. FOSTER u. G. A. NUSSBERGER: J. Amer. chem. Soc. **76**, 2441 (1954).

2-Thio-6-Methyluracil:

Piperidin (Eisessig); SNYDER, H, R., H. M. FOSTER u. G. A. NUSSBERGER: l. c.

II. Mannich-Basen mit NH-acider Komponente

Benzamid: $C_6H_5 \cdot CO \cdot NH_2$; Dimethylamin-, Diäthylamin-Base; daraus durch Austausch: Piperidin, N-Tetrahydrochinolin, Phthalimid, Benzolsulfonamid, N-Methyl-p-toluolsulfonamid, Isatin, Indol; HELLMANN, H., u. G. HAAS: Chem. Ber. **90**, 50 (1957); ibid. **90**, 53 (1957).

Benzhydroxamsäure: $C_6H_5 \cdot CO \cdot NHOH$; Piperidin; HELLMANN, H., u. K. TEICHMANN: Angew. Chem. **67**, 110 (1955).

Benzsulfhydroxamsäure: $C_6H_5 \cdot CS \cdot NHOH$; Dimethylamin-, Piperidin-, Morpholin-Base; HELLMANN, H., u. K. TEICHMANN: l. c.

Phenylhydroxylamin: $C_6H_5 \cdot NHOH$ und *p-Tolylhydroxylamin:* $H_3C \cdot C_6H_4$ NHOH; Piperidin-, Morpholin-Base; HELLMANN, H., u. K. TEICHMANN: l. c.

Succinimid:

Piperidin-, Morpholin-Base; HELLMANN, H., u. I. LÖSCHMANN: Chem. Ber. **87**, 1684 (1954).

Phthalimid:

Dimethylamin-, Diäthylamin-, Piperidin-, Morpholin-Base; HELLMANN, H., u. I. LÖSCHMANN: l. c. — HEINE, H.W., M. B. WINSTEAD u. R. P. BLAIR: J. Amer. chem. Soc. **78**, 672 (1956) ziehen aus Phthalimid, Formaldehyd und primären sekundären Aminen erhältliche N-Mannich-Basen zur Identifizierung primärer und sekundärer Amine heran. Die eingeklammerten Schmelzpunkte in nachstehender Tabelle beziehen sich auf die entsprechenden N-Phthalimidomethyl- und Bis-[phthalimidomethyl]-derivate der aufgeführten Amine.

12*

Tabelle

Di-(n-propyl)-amin (37—38°)
Diisobutylamin (63—64°)
Diisoamylamin (52—53°)
Dibenzylamin (145—146,5°)
Pyrrolidin (123—124°)
Piperidin (119,5—120,5°)
N-Methylanilin (93°)
N-Äthylanilin (80—81,5°)
2-Naphthylamin (170—171°)
4-Brom-2-methylanilin (167—169°)
5-Chlor-2-methoxyanilin (152,5—153,5°)
3-Chlor-2-methylanilin (194—194,5°)
3-Chlor-4-methylanilin (179—180°)
5-Chlor-2-methylanilin (192—193°)
p, p′-Diamino-diphenylmethan (Bis-Deriv.) 208—210°)
N-Methyl-m-toluidin (92—93,5°)
N-Methyl-p-toluidin (105—108°)
N-Äthyl-m-toluidin (82—83,5°)
m-Phenetidin (170—171°)
p-Phenylazoanilin (196,5—197,5°)
N-Phenylbenzylamin (164—165°)
p-Phenylendiamin (Bis-Deriv.) (245—247°, Zers.)
Anthranilsäureäthylester (151,5—152,5°)
p-Aminohippursäure (211°)
p-Aminophenylessigsäure (151—152°)
m-Aminoacetophenon (147—148,5°)
p-Aminopropiophenon (145,5—146,5°)
p-Amino-N′-methylacetanilid (203—203,5°)
p-Aminophenol (159—160°)
2-Antinoäthanol (95,5—96°)
o-Anilnophenyläthylalkohol (162—163°)
p-(sek.-Amyl)-anilin (102—103,5°)
2,5-Diäthoxyanilin (89—91°)
2,6-Dibrom-4-aminophenol (166—168°, Zers.)
N′, N′-Diäthyl-p-phenylendiamin (101—102°)
3-Aminochinolin (190,5—191,5°)

Bis-Derivate:
Methylamin (216—218°)
Äthylamin (172—174°)
n-Propylamin (145,5—146,5°)
Isopropylamin (166—167,5°)
3-Isopropoxypropylamin (120,5—121°)
n-Butylamin (143—144°)
Isobutylamin (156,5—157,5°)
sek.-Butylamin (188—190°)
Allylamin (125—126°)
n-Hexylamin (108,5—109,5°)
n-Heptylamin (111—111,5°)
2-Äthylhexylamin (154—155°)
Dodecylamin (69,5—70°)
Tetradecylamin (78,5—79°)
Hexadecylamin (82—82,5°)
Octadecylamin (77—79°)
3-Methoxypropylamin (114—115°)
2-Amino-4-methylpentan (122—123°)
Morpholinäthylamin (185—186°)
Morpholinopropylamin (119—121°)
Benzylamin (187—188°)

Isatin: 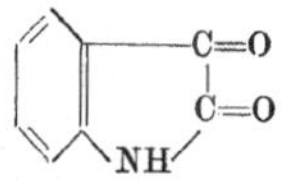 ;

Dimethylamin-, Diäthylamin-, Piperidin-, Morpholin-Base; HELLMANN, H., u. I. LÖSCHMANN: Chem. Ber. **87**, 1684 (1954).

Carbazol: 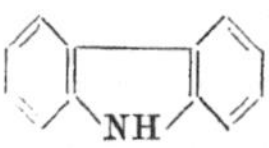 ;

Dimethylamin-, Diäthylamin-, Morpholin-Base; HELLMANN, H., u. I. LÖSCHMANN: l. c.

Pyridazon (6): 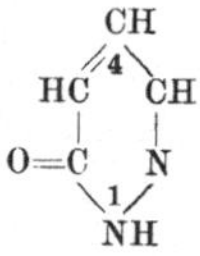 ;

Piperidin-, Morpholin-Base; HELLMANN, H., u. I. LÖSCHMANN: Chem. Ber. **89**, 594 (1956).

3-Methylpyridazon (6): Analog vorst. Formel; Piperidin-, Morpholin-Base; HELLMANN, H., u. I. LÖSCHMANN: l. c.

5-Cyan-Pyridazon (6): Analog obiger Formel; Dimethylamin-, Piperidin-Base; HELLMANN, H., u. I. LÖSCHMANN: l. c.

3,4-Dimethyl-5-cyanpyridazon (6): Analog obiger Formel; Piperidin-Base HELLMANN, H., u. I. LÖSCHMANN: l. c.

Maleinhydrazid: 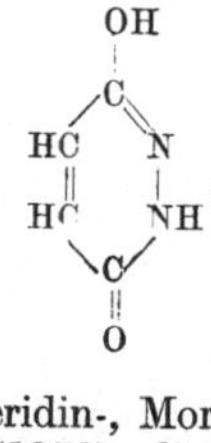 ;

Dimethylamin-, Piperidin-, Morpholin-Base; HELLMANN, H., u. I. LÖSCHMANN: Chem. Ber. **89**, 594 (1956); dies. Angew. Chem. **67**, 110 (1955).

Citraconsäurehydrazid: 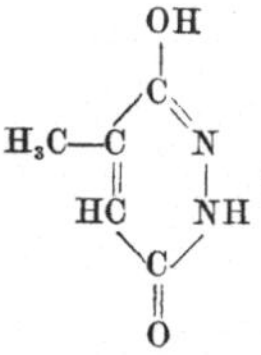 ;

Piperidin-Base; HELLMANN, H., u. I. LÖSCHMANN: Chem. Ber. **89**, 594 (1956).

Benzoxazolon: 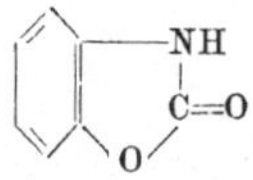 ;

Dimethylamin-, Diäthylamin-, Di-n-butylamin-, Piperidin-, Morpholin-Base; ZINNER, H., H. HERBIG u. H. WIGERT: Chem. Ber. **89**, 2131 (1956); ZINNER, H. u. H. HERBIG: Chem. Ber. **90**, 1548 (1957).

Benzoxazolthion:

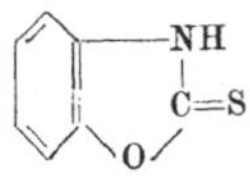

Dimethylamin-, Diäthylamin-, Di-n-propylamin-, Di-n-butylamin, Piperidin-, Morpholin-, Piperazin-Base; ZINNER, H., H. HÜBSCH u. D. BURMEISTER: Chem. Ber. **90**, 2246 (1957).

Phthalhydrazid:

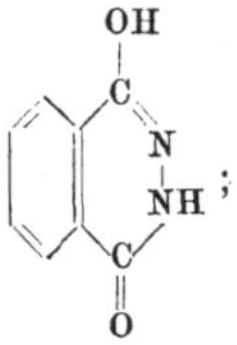

Morpholin-Base; HELLMANN, H., u. I. LÖSCHMANN: Angew. Chem. **67**, 110 (1955); diess. Chem. Ber. **89**, 594 (1956).

Benzotriazol:

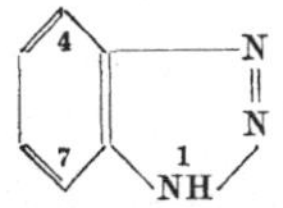

Piperidin, 2-Methylpiperidin; BACHMAN, G. B., u. L. V. HEISEY: J. Amer. chem. Soc. **68**, 2496 (1946). — Anilin, p-Nitranilin, Sulfanilamid, p-Aminobenzoesäure; LICARI, J. J., L. W. HARTZEL, GREGG DOUGHERTY u. F. R. BENSON: J. Amer. chem. Soc. **77**, 5386 (1955).

5,6-Dimethyl-benzotriazol: Analog vorstehender Formel; Anilin-, p-Aminobenzoesäure, p-Methoxyanilin, p-Nitranilin, α-Naphthylamin, β-Naphthylamin, p-Dimethylaminoanilin, p-Carbäthoxyanilin; LICARI, J. J., L. W. HARTZEL, GREGG DOUGHERTY u. F. R. BENSON: l. c.

3,5-Dimethylpyrazol:

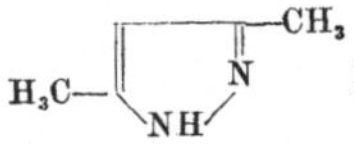

Piperidin; BACHMAN: G.B., u. L.V. HEISEY: J. Amer. chem. Soc. **68**, 2496 (1946)

Benzimidazol:

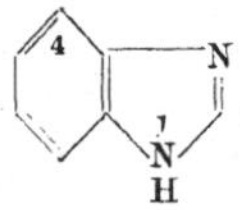

Diäthylamin, Piperidin, Morpholin; BACHMANN, G. B., u. L. V. HEISEY: l. c.

Sachverzeichnis

Die im Text aufgenommenen Darstellungsverfahren sind durch *Kursivschrift* gekennzeichnet